普通高等院校网络空间安全“十四五”规划系列教材

信息安全数学基础

XINXI ANQUAN SHUXUE JICHU

汤学明　骆　婷　崔永泉◆编著

華中科技大學出版社
http://press.hust.edu.cn
中国·武汉

图书在版编目(CIP)数据

信息安全数学基础/汤学明，骆婷，崔永泉编著.—武汉：华中科技大学出版社，2023.8
ISBN 978-7-5680-9703-1

Ⅰ.①信… Ⅱ.①汤… ②骆… ③崔… Ⅲ.①信息安全-应用数学-高等学校-教材
Ⅳ.①TP309 ②O29

中国国家版本馆 CIP 数据核字(2023)第 146788 号

信息安全数学基础
Xinxi Anquan Shuxue Jichu

汤学明　骆　婷　崔永泉　编著

策划编辑：范　莹
责任编辑：李　露
封面设计：原色设计
责任校对：张会军
责任监印：周治超
出版发行：华中科技大学出版社(中国・武汉)　电话：(027)81321913
武汉市东湖新技术开发区华工科技园　邮编：430223
录　排：武汉市洪山区佳年华文印部
印　刷：武汉市首壹印务有限公司
开　本：787mm×1092mm　1/16
印　张：11.75
字　数：262 千字
版　次：2023 年 8 月第 1 版第 1 次印刷
定　价：38.00 元

華中出版

本书若有印装质量问题，请向出版社营销中心调换
全国免费服务热线：400-6679-118　竭诚为您服务

序

本教材根据笔者在华中科技大学讲授的“信息安全数学基础”课程所编讲义整理而成，共分为8章，适合信息安全、网络空间安全、密码科学与技术及相关专业本科生学习使用，可为学生进一步学习密码学理论提供必要的知识储备。

第1章讲述整数整除中的带余除法、因子、最大公因数、最小公倍数和算术基本定理等基本概念，大多数学生对这部分内容是比较熟悉的，笔者希望通过展示从带余除法到最终的算术基本定理的推演过程，系统化地向学生展示整数研究的一般方法。在第3章所示的多项式的唯一因式分解定理的证明过程中，这种系统化的方法再次得到体现。

第2章讲述同余，也就是模运算，包括整数同余的基本性质和同余式(组)的求解。学习重点是欧拉定理、费马小定理、中国剩余定理和一般同余式(组)的基本求解方法。同余和同余式(组)是公钥密码学重要的研究对象，例如，RSA 加密算法就是模幂运算的体现。

第3章讲述有限域的结构定理，整数关于素数 p 的模加和模乘形成最小的有限域 $\mathbb{Z}_p$，$\mathbb{Z}_p$上的多项式关于 n 次不可约多项式的模加和模乘形成$\mathbb{Z}_p$的元素个数为 p^n 的扩域。有限域的学习重点是有限域的加法结构(向量结构)和乘法结构、子域及域的扩张的相关性质。

第4章讲述二次剩余与方根，这部分内容直接对应密码学中的 Rabin 密码、GM 密码和离散对数等问题。将第4章的内容放在有限域等代数知识之后学习是笔者经过多次教学实践之后的慎重决定，希望学生在学习的过程中能关联第3章所学的有限域的知识，进一步熟悉用代数的思想分析和解决问题，以免造成知识脱节。

第5章讲述代数系统中环的基础理论，一方面，将前面所学的多项式和有限域的知识作进一步的提升和串联，使学生掌握理想和剩余类环的基本概念，另一方面，重点介绍整环的唯一分解条件，说明在整环中，唯一分解定理并不总是成立的。

第6章讲述代数数论研究的重要内容——数域。包括数域的概念和数域的扩张、代数整数和代数整数环，以及研究数域的重要工具——范数与迹。学习的重点是代数整数环，整个代数学的知识架构再次得到补充和延伸。

第7章讲述格的相关理论，一方面介绍了格的定义与最短向量问题，另一方面介绍了格密码和误差还原问题，学生在学习时要重点了解格理论在密码学中的应用。

第 8 章讲述了布尔函数、两种 Walsh 变换、布尔函数的非线性度和 Bent 函数，介绍了布尔函数的安全性指标。

教材每一章后面均有适量的练习题，练习题是对相应章节内容的巩固和扩展，是完整学习“信息安全数学基础”不可缺少的部分。

为便于学生更好地理解抽象理论知识，提高解决实际数学、密码学问题的能力，教材在每一章后面还附有一定的补充知识或者思考题(扩展阅读与实践)，要求学生用 SageMath 编程解决问题，根据教学目的的不同，实际教学中也可以选择 Mathematica、Miracl、Python 等其他编程环境。

附录 A 对部分思考题的实现给出了参考代码，附录 B 对一些常见的 SageMath 函数分类进行了举例说明，便于读者查询。

梁哲铭、姜雨奇、何智禹等同学积极参与了本教材的写作、试用，付出了辛勤的劳动。

由于编者水平有限，教材内容难免存在疏漏，恳请广大师生批评指正。

编　者

2023 年 5 月于武汉

目录

1

整除

整数包括正整数、负整数和零，本章将讨论整除的相关理论和性质，包括整除性、最大公因数、最小公倍数、素数、算术基本定理，以及高斯函数等内容。

1.1 整除性

本节主要介绍整除的定义和基本性质。

定理 1.1 任意给定整数 a 和正整数 $b>0$，存在唯一的一对整数 $q,r(0\leqslant r<b)$，使得

$$a=qb+r \tag{1.1}$$

证明：存在性。因为实数集 $\mathbb{R}=U_{i\in\mathbb{Z}}[ib,(i+1)b)$，整数 $a\in\mathbb{R}$，所以，存在整数 q 使得 $a\in[qb,(q+1)b)$，如图 1.1 所示。令 $r=a-qb$，那么 $0\leqslant r<b$，且 $a=qb+r$。

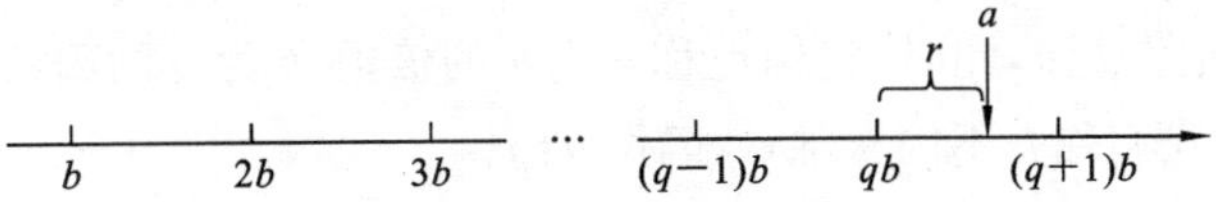

图 1.1 $qb\leqslant a<(q+1)b$

唯一性。若存在另一对整数 $q',r'(0\leqslant r'<b)$，也使得 $a=q'b+r'$，那么 $qb+r=q'b+r'$，即 $(q-q')b=r'-r$。由于 $0\leqslant|r'-r|<b$，所以 $q-q'=0$，得到 $q=q'$，同时有 $r=r'$。■

当 $r=0$ 时，我们通常将式(1.1)写作 $a=qb$。

推论 1 任意给定整数 a 和负整数 $b<0$，存在唯一的一对整数 $q,r(0\leqslant r<|b|)$，使得

$$a=qb+r$$

证明：当 b 为负整数时，$-b>0$，根据定理 1.1，存在整数 $q',r(0\leqslant r<|b|)$，满足 $a=q'(-b)+r$。令 $q=-q'$，有 $a=qb+r$，存在性得证。同定理 1.1 的证明，当 $0\leqslant r<|b|$ 时，这样的 q 和 r 也是唯一的。■

推论 2 任意给定整数 a,c 和整数 $b\neq 0$，存在唯一的一对整数 $q,r(c\leqslant r<|b|+c)$，使得

$$a=qb+r$$

证明:根据定理1.1及其推论1,对于整数$a-c$,存在一对整数$q,r'(0\leqslant r'<|b|)$,使得$a-c=qb+r'$,即$a=qb+c+r'$。令$r=c+r'$,有$c\leqslant r<|b|+c$。同定理1.1的证明,易知该推论的唯一性也是正确的。■

定义1.1 对于任意整数a和$b\neq 0$,式(1.1)称为整数a除以b的**带余除法算式**,其中,r称为a除以b的**余数**,q称为a除以b的**部分商**。实际上,当q取不同的整数时,可以得到不同的余数,而当$0\leqslant r<|b|$时,r称为a除以b的**最小非负余数**。

例如,取$a=15,b=4,q$依次取$-1,0,1,2,3,4$可得

$$15=(-1)\times 4+19,\quad 15=0\times 4+15,\quad 15=1\times 4+11,$$
$$15=2\times 4+7,\quad 15=3\times 4+3,\quad 15=4\times 4-1$$

如表1.1所示,19,15,11,7,3,-1都是15除以4的余数,3为最小非负余数。

表1.1 $15=q\times 4+r$

部分商 q	-1	0	1	2	3	4
余数 r	19	15	11	7	3	-1

定理1.1及其推论说明整数a除以b的任一余数在长度为$|b|$的区间内出现且仅出现一次。所有余数形成公差为b的等差数列。

设a除以b的最小非负余数为$r(r>0)$,那么$-|b|<r-|b|<0$,$r-|b|$称为a除以b的**绝对值最小的负余数**。当$r>|b|/2$时,$-r<r-|b|<0$,此时$r-|b|$的绝对值比r小,它是所有余数中**绝对值最小的余数**;当$r<|b|/2$时,r小于$r-|b|$的绝对值,此时r是所有余数中**绝对值最小的余数**。

上例中,因为$3>4/2$,所以$-1=3-4$是15除以4绝对值最小的余数。

定义1.2 对于两个整数$a,b\neq 0$,如果存在整数q,满足$a=qb$,则称a能被b**整除**,或者b能整除a,记作$b|a$,此时,我们也称a为b的**倍数**,b为a的**因数**或**因子**,q为a除以b的**商**。反之,我们称b不能整除a,记作$b\nmid a$。

0是任意非零整数的倍数,± 1是任意整数的因子。

由定义1.2可得整除的一些基本性质。

定理1.2 设a,b,c为整数,则:

(1) 若$a|b,b|a$,则$a=\pm b$;

(2) 设整数$k\neq 0$,若$a|b$,则$ka|kb$,反之亦然;

(3) 对任意整数k,若$a|b$,则$a|kb$;

(4) 若$a|b,b\neq 0$,则$\left.\frac{b}{a}\right|b$;

(5) 若$a|b,b|c$,则$a|c$;

(6) 若$a|b,a|c$,则对任意整数s和t,有$a|sb+tc$。

其中,(6)可推广至整除多个整数的情况。

证明:(1) 根据整除的定义,若$a|b$,可设$b=qa$,又$b|a$,可再设$a=q'b,q,q'\in\mathbb{Z}$,可得$b=qq'b$。又$b\neq 0$,所以$qq'=1$,于是$q=\pm 1$,即$a=\pm b$。

(2) 若$a|b$,可设$b=qa,q\in\mathbb{Z}$,那么$kb=kqa=q(ka)$,又$ka\neq 0$,根据整除的定

义，$ka|kb$，商为 q；反之，若 $ka|kb$，可令 $kb=q(ka)$，因为 $k\neq0$，所以 $b=qa$，又 $a\neq0$，所以 $a|b$。

(3) 若 $a|b$，可设 $b=qa,q\in\mathbb{Z}$，那么 $kb=kqa=(qk)a$，又 $a\neq0$，所以 $a|kb$。

(4) 若 $a|b$，可设 $b=qa,q\in\mathbb{Z}$，那么 $q=\dfrac{b}{a}\neq0$，$b=aq$，根据整除的定义，$q|b$。

(5) 若 $a|b,b|c$，设 $b=aq_1,c=bq_2,q_1,q_2\in\mathbb{Z}$，那么 $c=(q_1q_2)a$，又 $a\neq0$，所以 $a|c$。

(6) 若 $a|b,a|c$，设 $b=aq_1,c=aq_2,q_1,q_2\in\mathbb{Z}$，那么 $sb+tc=(sq_1+tq_2)a$，又 $a\neq0$，根据整除的定义，$a|sb+tc$。■

例 1.1 若 a 是整数，证明：a^3-a 是 6 的倍数。

证明：因为 $a^3-a=(a-1)a(a+1)$，而三个连续的整数中一定有一个是 3 的倍数，由定理 1.2 之(3)有，$3|(a-1)a(a+1)$，可设 $(a-1)a(a+1)=3q,q\in\mathbb{Z}$。同理，因为两个连续的整数中一定有一个是 2 的倍数，所以 $2|(a-1)a(a+1)$，说明 q 为偶数，不妨设 $q=2t,t\in\mathbb{Z}$。于是 $(a-1)a(a+1)=6t$，根据整除的定义，$6|(a-1)a(a+1)$。■

例 1.2 若 x,y 为整数，证明：$10|2x+5y\Leftrightarrow10|4x+5y$。

证明：若 $10|2x+5y$，因为 $4x+5y=10(x+2y)-3(2x+5y)$，由定理 1.2 之(6)，

$$10|10,10|2x+5y\Rightarrow10|4x+5y$$

反之，若 $10|4x+5y$，因为 $2x+5y=3(4x+5y)-10(x+y)$，由定理 1.2 之(6)，$10|10,10|4x+5y\Rightarrow10|2x+5y$ ■

1.2 最大公因数与最小公倍数

本节介绍如何利用欧几里得辗转相除法求最大公因数、最小公倍数，以及如何求解不定方程的整数解。

定义 1.3 设 a,b 是两个不全为 0 的整数，若整数 c 满足 $c|a$ 与 $c|b$，则称 c 为 a 和 b 的**公因数**，a 和 b 的公因数一定存在，例如 ±1，又由于 a 和 b 的公因数不会超过 $|a|$ 和 $|b|$ 中的较大者，所以 a 和 b 的公因数的数量是有限的，由此，在 a 和 b 的所有公因数中，一定有一个最大的，称为 a 和 b 的**最大公因数**，记作 (a,b) 或者 $\gcd(a,b)$。若 $(a,b)=1$，称 a,b **互质**或者**互素**。

根据定义 1.3，a 和 b 的最大公因数一定是正整数，且 $(a,b)=(\pm a,\pm b)=(\pm b,\pm a)$；若 $a\neq0$，则 $(a,0)=|a|$；$(a,\pm1)=1$。

例如：$(15,-9)=3,(-2,0)=2,(101,5)=1$。

定理 1.3 设 a,b 是两个不全为 0 的整数，且 $a=qb+r$，q,r 为整数，则 $(a,b)=(b,r)$。

证明：首先，若 a,b 是两个不全为 0 的整数，则 b,r 也一定是两个不全为 0 的整数，所以 b,r 存在最大公因数。

设 $d=(a,b),d'=(b,r)$，根据定义 1.2 有 $d|a,d|b$，由定理 1.2 之(6)，$d|a-qb$，即 $d|r$，因此 d 是 b 和 r 的一个公因数，且其不大于 b 和 r 的最大公因数，即 $d\leqslant d'$。

同理，$d'\leqslant d$。所以，$d=d'$。■

注意在定理 1.3 及其证明过程中，我们不需要限制余数 r 一定要满足 $0\leqslant r<|b|$。

由定理 1.3，可得到如下推论。

推论 设 a,b 是两个不全为 0 的整数，q 为整数，则 $(a,b)=(a\pm bq,b)=(a,b\pm aq)$。

证明：令 $r=a\pm bq$，那么 $a=b(\mp q)+r$，根据定理 1.3，$(a,b)=(b,r)$，所以 $(a,b)=(r,b)=(a\pm bq,b)$。同理 $(a,b)=(a,b\pm aq)$。■

根据推论，连续的两个整数一定互素，连续的两个奇数一定互素。

例 1.3 证明：若 n 为整数，则 $(21n+4,14n+3)=1$，$(n^3+2n,n^4+3n^2+1)=1$。

证明：由定理 1.3 之推论，$(21n+4,14n+3)=(7n+1,14n+3)=(7n+1,1)=1$，$(n^3+2n,n^4+3n^2+1)=(n^3+2n,n^2+1)=(n,n^2+1)=(n,1)=1$。■

定理 1.4 设 a,b 是两个正整数，a,b 的最大公因数可以通过**欧几里得辗转相除法**求得：令 $r_0=a,r_1=b$，反复运用带余除法算式(1.1)，有

$$
\begin{aligned}
&r_0=q_1r_1+r_2, \quad 0\leqslant r_2<r_1\\
&r_1=q_2r_2+r_3, \quad 0\leqslant r_3<r_2\\
&\cdots\\
&r_{n-2}=q_{n-1}r_{n-1}+r_n, \quad 0\leqslant r_n<r_{n-1}\\
&r_{n-1}=q_nr_n+r_{n+1}, \quad r_{n+1}=0
\end{aligned}
\tag{1.2}
$$

由于 $r_{n+1}<r_n<r_{n-1}<\cdots<r_2<r_1=b$，且 b 为有限的正整数，所以经过有限的步骤，必然存在 n，使得 $r_{n+1}=0$。则有：

(1) $(a,b)=r_n$；

(2) 存在整数 s,t，使得 $r_n=sa+tb$；

(3) 任意整数 c，若满足 $c|a$ 与 $c|b$，则 $c|r_n$。

证明：(1) 由定理 1.3，得

$$(a,b)=(r_0,r_1)=(r_1,r_2)=\cdots=(r_{n-1},r_n)=(r_n,r_{n+1})=(r_n,0)=r_n$$

(2) 由 $r_{n-2}=q_{n-1}r_{n-1}+r_n$，得

$$r_n=r_{n-2}-q_{n-1}r_{n-1} \tag{1.3}$$

由 $r_{n-3}=q_{n-2}r_{n-2}+r_{n-1}$，得 $r_{n-1}=r_{n-3}-q_{n-2}r_{n-2}$，将 r_{n-1} 代入式(1.3)，得

$$r_n=(-q_{n-1})r_{n-3}+(1+q_{n-2}q_{n-1})r_{n-2}$$

如此，依次继续将 $r_{n-2},r_{n-3},\cdots,r_2$ 回代，必然存在整数 s,t，使得 $r_n=sr_0+tr_1=sa+tb$。

(3) 由(2)和定理 1.2 之(6)，若 $c|a,c|b$，那么 $c|sa+tb$，即 $c|r_n$。■

例 1.4 试求 $(345,270)$。

解：利用欧几里得辗转相除法，令 $r_0=345,r_1=270$，按式(1.2)列出算式如下：

$$
\begin{aligned}
345&=1\times 270+75\\
270&=3\times 75+45\\
75&=1\times 45+30\\
45&=1\times 30+15\\
30&=2\times 15+0
\end{aligned}
$$

由定理 1.4，此时 $n=5$，所以 $(345,270)=r_n=r_5=15$。■

从定理 1.4 之(2)的证明过程我们看出，可以通过回代的方法求得合适的整数 s,t，使得 $r_n=sa+tb$，为了计算方便，我们通常还可以用下面的递推算法。

定理 1.5 设 a,b 是两个正整数，式(1.2)为其欧几里得辗转相除算式，则由 $S_0=0,S_1=1,S_{i+1}=S_{i-1}-q_{n-i}S_i,n>i\geqslant 1$ 递推所得的 S_{n-1} 和 S_n 满足 $S_{n-1}a+S_nb=r_n$。

证明：将式(1.2)改写为矩阵形式得到

$$\begin{pmatrix} r_1 \\ r_2 \end{pmatrix}=\begin{pmatrix} 0 & 1 \\ 1 & -q_1 \end{pmatrix}\begin{pmatrix} r_0 \\ r_1 \end{pmatrix}$$

$$\begin{pmatrix} r_2 \\ r_3 \end{pmatrix}=\begin{pmatrix} 0 & 1 \\ 1 & -q_2 \end{pmatrix}\begin{pmatrix} r_1 \\ r_2 \end{pmatrix}$$

$$\cdots$$

$$\begin{pmatrix} r_{n-1} \\ r_n \end{pmatrix}=\begin{pmatrix} 0 & 1 \\ 1 & -q_{n-1} \end{pmatrix}\begin{pmatrix} r_{n-2} \\ r_{n-1} \end{pmatrix}$$

所以，若 $S_0=0,S_1=1,S_{i+1}=S_{i-1}-q_{n-i}S_i,i\geqslant 1$，用“$*$”表示无须计算的整数，则

$$\begin{aligned}
\begin{pmatrix} r_{n-1} \\ r_n \end{pmatrix}&=\begin{pmatrix} 0 & 1 \\ 1 & -q_{n-1} \end{pmatrix}\begin{pmatrix} 0 & 1 \\ 1 & -q_{n-2} \end{pmatrix}\cdots\begin{pmatrix} 0 & 1 \\ 1 & -q_2 \end{pmatrix}\begin{pmatrix} 0 & 1 \\ 1 & -q_1 \end{pmatrix}\begin{pmatrix} r_0 \\ r_1 \end{pmatrix}\\
&=\begin{pmatrix} 1 & 0 \\ 0 & 1 \end{pmatrix}\begin{pmatrix} 0 & 1 \\ 1 & -q_{n-1} \end{pmatrix}\begin{pmatrix} 0 & 1 \\ 1 & -q_{n-2} \end{pmatrix}\cdots\begin{pmatrix} 0 & 1 \\ 1 & -q_2 \end{pmatrix}\begin{pmatrix} 0 & 1 \\ 1 & -q_1 \end{pmatrix}\begin{pmatrix} r_0 \\ r_1 \end{pmatrix}\\
&=\begin{pmatrix} * & * \\ S_0 & S_1 \end{pmatrix}\begin{pmatrix} 0 & 1 \\ 1 & -q_{n-1} \end{pmatrix}\begin{pmatrix} 0 & 1 \\ 1 & -q_{n-2} \end{pmatrix}\cdots\begin{pmatrix} 0 & 1 \\ 1 & -q_2 \end{pmatrix}\begin{pmatrix} 0 & 1 \\ 1 & -q_1 \end{pmatrix}\begin{pmatrix} r_0 \\ r_1 \end{pmatrix}\\
&=\begin{pmatrix} * & * \\ S_1 & S_0-q_{n-1}S_1 \end{pmatrix}\begin{pmatrix} 0 & 1 \\ 1 & -q_{n-2} \end{pmatrix}\cdots\begin{pmatrix} 0 & 1 \\ 1 & -q_2 \end{pmatrix}\begin{pmatrix} 0 & 1 \\ 1 & -q_1 \end{pmatrix}\begin{pmatrix} r_0 \\ r_1 \end{pmatrix}\\
&=\begin{pmatrix} * & * \\ S_1 & S_2 \end{pmatrix}\begin{pmatrix} 0 & 1 \\ 1 & -q_{n-2} \end{pmatrix}\cdots\begin{pmatrix} 0 & 1 \\ 1 & -q_2 \end{pmatrix}\begin{pmatrix} 0 & 1 \\ 1 & -q_1 \end{pmatrix}\begin{pmatrix} r_0 \\ r_1 \end{pmatrix}\\
&=\begin{pmatrix} * & * \\ S_2 & S_3 \end{pmatrix}\begin{pmatrix} 0 & 1 \\ 1 & -q_2 \end{pmatrix}\begin{pmatrix} 0 & 1 \\ 1 & -q_1 \end{pmatrix}\begin{pmatrix} r_0 \\ r_1 \end{pmatrix}=\cdots\\
&=\begin{pmatrix} * & * \\ S_{n-2} & S_{n-1} \end{pmatrix}\begin{pmatrix} 0 & 1 \\ 1 & -q_1 \end{pmatrix}\begin{pmatrix} r_0 \\ r_1 \end{pmatrix}=\begin{pmatrix} * & * \\ S_{n-1} & S_n \end{pmatrix}\begin{pmatrix} r_0 \\ r_1 \end{pmatrix}\\
&=\begin{pmatrix} * & * \\ S_{n-1} & S_n \end{pmatrix}\begin{pmatrix} a \\ b \end{pmatrix}
\end{aligned}$$

得到 $S_{n-1}a+S_nb=r_n$。■

例 1.5 试求整数 s,t，使得 $30111s+4520t=(30111,4520)$。

解：利用欧几里得辗转相除法求(30111,4520)，有

$$\begin{aligned}
30111&=6\times 4520+2991\\
4520&=1\times 2991+1529\\
2991&=1\times 1529+1462\\
1529&=1\times 1462+67\\
1462&=21\times 67+55\\
67&=1\times 55+12
\end{aligned}$$

$$55=4\times 12+7$$
$$12=1\times 7+5$$
$$7=1\times 5+2$$
$$5=2\times 2+1$$
$$2=2\times 1+0$$

所以$(30111,4520)=1$。其中部分商依次为$q_1=6,q_2=1,\cdots,q_9=1,q_{10}=2$,我们将其逆序排列,$n=11,S_i=S_{i-2}-q_{11-(i-1)}S_{i-1}$,列表计算如下(见图 1.2)。

i	0	1	2	3	4	5	6	7	8	9	10	11
q_{12-i}			2	1	1	4	1	21	1	1	1	6
S_i	0	1	−2	3	−5	23	−28	611	−639	1250	−1889	12584

图 1.2　列表计算

最终得到,$s=S_{10}=-1889,t=S_{11}=12584,30111\times(-1889)+4520\times 12584=1$。■

定理 1.6　设a,b是两个不全为 0 的整数,则:

(1) 对于任何正整数$k,(ka,kb)=k(a,b)$;

(2) $\left(\dfrac{a}{(a,b)},\dfrac{b}{(a,b)}\right)=1$。

证明:(1) 因为$k\neq 0$,可令$d=(a,b),d'=(ka,kb)$。一方面,因为$d\mid a,d\mid b$,由定理 1.2 之(2),$kd\mid ka,kd\mid kb$,再由定理 1.4 之(3),$kd\mid d'$;另一方面,设$d=sa+tb$,则$kd=s(ka)+t(kb)$,因为$d'\mid ka,d'\mid kb$,由定理 1.2 之(6),$d'\mid kd$,所以$d'=kd$。

(2) 由(1),因为(a,b)为正整数,所以

$$(a,b)\left(\frac{a}{(a,b)},\frac{b}{(a,b)}\right)=\left((a,b)\frac{a}{(a,b)},(a,b)\frac{b}{(a,b)}\right)=(a,b)$$

因此$\left(\dfrac{a}{(a,b)},\dfrac{b}{(a,b)}\right)=1$。■

我们通常用定理 1.6 之(1)来简化最大公因数的计算,即所谓的“提取公因数”。

在很多情况下,研究复杂整数之间的整除或者公因数可以先通过定理 1.6 之(2)将整数首先转化为互素的关系。

定理 1.7　设a,b,c是三个整数,$a\neq 0,c\neq 0$,若$(a,b)=1$,则$(a,bc)=(a,c)$。

证明:令$d=(a,bc),d'=(a,c)$,则$d'\mid a,d'\mid c$,由定理 1.2 之(3),得到$d'\mid bc$,由定理 1.4 之(3),$d'\mid(a,bc)$,即$d'\mid d$。

又因为$(a,b)=1$,存在整数s,t,使得$sa+tb=1$,得到$sac+tbc=c$,根据$d\mid a,d\mid bc$,由定理 1.2 之(6),$d\mid c=(sc)a+t(bc)$,再由定理 1.4 之(3),$d\mid(a,c)$,即$d\mid d'$。

综合以上,$d=d'$。■

推论　设a,b,c是三个整数,$a\neq 0$,若$(a,b)=1,a\mid bc$,则$a\mid c$。

证明:因为$a\mid bc$,由定理 1.7,$(a,c)=(a,bc)=|a|$,所以$a\mid c$。■

例 1.6　证明:$\dfrac{mn}{m+n}$为整数,当且仅当$(m+n)\mid(m,n)^2$。

证明:设$(m,n)=d$,且$m=dm'$,$n=dn'$,由定理1.6之(2),$(m',n')=1$,$\frac{mn}{m+n}=\frac{dm'n'}{m'+n'}$。因为$(m'+n',m')=(m'+n',n')=(n',m')=1$,根据定理1.7,$(m'+n',dm'n')=(m'+n',d)$。

充分性。若$(m+n)\mid(m,n)^2$,即$d(m'+n')\mid d^2$,根据定理1.2之(2),$(m'+n')\mid d$,所以$\frac{dm'n'}{m'+n'}$为整数。

必要性。若$\frac{dm'n'}{m'+n'}$为整数,那么$(m'+n',dm'n')=|m'+n'|$,于是$(m'+n',d)=|m'+n'|$,即$(m'+n')\mid d$,根据定理1.2之(2),$(m+n)\mid(m,n)^2$。■

例1.7 证明:若$a_1b_1-a_2b_2=1$,则$(a_1+a_2,b_1+b_2)=1$。

证明:因为$a_1b_1-a_2b_2=1$,设$(b_1,b_2)=d$,根据定理1.2之(6),$d\mid a_1b_1-a_2b_2$,所以$d=1$。由此,$(b_1,b_1+b_2)=(b_1,b_2)=1$。根据定理1.7,得

$$\begin{aligned}(a_1+a_2,b_1+b_2)&=((a_1+a_2)b_1,b_1+b_2)\\&=((a_1+a_2)b_1-a_2(b_1+b_2),b_1+b_2)\\&=(1,b_1+b_2)=1。\end{aligned}$$ ■

接下来我们研究多元一次方程的整数解。

定理1.8 设a,b是两个不全为0的整数,关于x和y的整系数不定方程$ax+by=c$有整数解的充要条件是$(a,b)\mid c$。若$x=x_0$,$y=y_0$是方程的一个特解,那么方程的所有整数解可以表示为

$$\begin{cases}x=x_0-\dfrac{b}{(a,b)}t\\ y=y_0+\dfrac{a}{(a,b)}t\end{cases},\quad t\in\mathbb{Z}$$

证明:先证方程有解的充分性。若$(a,b)\mid c$,可设$c=q(a,b)$,由定理1.4之(2),存在整数s,t,使得$(a,b)=sa+tb$,于是$c=q(sa+tb)=qsa+qtb$,那么$x=qs$,$y=qt$即为原方程的一个整数解。

再证方程有解的必要性。若方程有整数解,设$x=x_0$,$y=y_0$是方程的一个解,即$ax_0+by_0=c$,由定理1.2之(6),$(a,b)\mid ax_0+by_0$,得到$(a,b)\mid c$。

下面求方程的通解。一方面,通过代入计算可知,所有形如$\begin{cases}x=x_0-\dfrac{b}{(a,b)}t\\ y=y_0+\dfrac{a}{(a,b)}t\end{cases}$,$t\in\mathbb{Z}$的整数对$x,y$都是原方程的整数解。另一方面,若$ax_0+by_0=c$,以及$ax+by=c$,两式相减得到$b(y-y_0)=-a(x-x_0)$,于是有

$$\frac{b}{(a,b)}(y-y_0)=-\frac{a}{(a,b)}(x-x_0)\tag{1.4}$$

因为a,b不全为0,不妨设$a\neq0$,则有$\frac{a}{(a,b)}\left|\frac{b}{(a,b)}(y-y_0)\right.$。由定理1.6之(2),$\left(\frac{a}{(a,b)},\frac{b}{(a,b)}\right)=1$,所以$\frac{a}{(a,b)}\mid y-y_0$。设$y-y_0=\frac{a}{(a,b)}t$,$t\in\mathbb{Z}$,对应地,由式(1.4)

可求得 $x-x_0=-\frac{b}{(a,b)}t$。由此，原方程的所有解都可以表示为 $\begin{cases}x=x_0-\frac{b}{(a,b)}t\\ y=y_0+\frac{a}{(a,b)}t\end{cases}$，$t\in\mathbb{Z}$。■

例 1.8 求不定方程 $18x+7y=44$ 的所有整数解。

解：根据欧几里得辗转相除法，可求得 $18\times2+7\times(-5)=1$，所以不定方程 $18x+7y=44$ 的一个特解可以表示为 $x_0=2\times44=88$，$y_0=(-5)\times44=-220$，由定理 1.8，原不定方程的所有整数解可以表示为

$$\begin{cases}x=88-7t\\ y=-220+18t\end{cases},\quad t\in\mathbb{Z}$$ ■

例 1.9 求不定方程 $x+5y+10z=-1$ 的所有整数解。

解：由原方程可得 $x=-1-5y-10z$，即无论 y,z 取何整数值，都可求得相应的 x，这样原方程的整数解可以直接写为：

$$\begin{cases}x=-1-5t_1-10t_2\\ y=t_1\\ z=t_2\end{cases},\quad t_1,t_2\in\mathbb{Z}$$ ■

例 1.10 求不定方程 $10x+3y+13z=100$ 的所有整数解。

提示：利用 $3y+13z$ 可以表示任何整数来思考。

仿照定义 1.2，对于多个整数，我们有如下定义。

定义 1.4 设 $a_1,a_2,\cdots,a_n$ 是 n 个不全为 0 的整数，整数 c 满足 $c\mid a_1,c\mid a_2,\cdots,c\mid a_n$，称 c 为 $a_1,a_2,\cdots,a_n$ 的**公因数**，在 $a_1,a_2,\cdots,a_n$ 的所有公因数中，一定有一个最大的，称为 $a_1,a_2,\cdots,a_n$ 的**最大公因数**，记作 $(a_1,a_2,\cdots,a_n)$ 或者 $\gcd(a_1,a_2,\cdots,a_n)$。若 $(a_1,a_2,\cdots,a_n)=1$，则称 $a_1,a_2,\cdots,a_n$ **互质**或者**互素**。

定理 1.9 设 $a_1,a_2,\cdots,a_n$ 是 n 个不全为 0 的整数，不妨设 $a_1\neq0$，定义 $d_1=(a_1,a_2)$，$d_2=(d_1,a_3)$，$\cdots$，$d_{n-1}=(d_{n-2},a_n)$，则 $(a_1,a_2,\cdots,a_n)=d_{n-1}$。

证明：首先，因为 $a_1,a_2,\cdots,a_n$ 是 n 个不全为 0 的整数，所以最大公因数一定存在，若 $a_1\neq0$，则 $d_i\neq0$，$1\leqslant i\leqslant n-1$。

因为 $d_{n-1}=(d_{n-2},a_n)$，所以 $d_{n-1}\mid d_{n-2}$，$d_{n-1}\mid a_n$，又因为 $d_{n-2}=(d_{n-3},a_{n-1})$，所以 $d_{n-2}\mid d_{n-3}$，$d_{n-2}\mid a_{n-1}$，于是 $d_{n-1}\mid d_{n-3}$，$d_{n-1}\mid a_{n-1}$，依此类推，有 $d_{n-1}\mid a_1$，$d_{n-1}\mid a_2$，$\cdots$，$d_{n-1}\mid a_n$，所以 d_{n-1} 是 $a_1,a_2,\cdots,a_n$ 的公因数。

另一方面，设 c 是 $a_1,a_2,\cdots,a_n$ 的任一公因数，即 c 满足 $c\mid a_1,c\mid a_2,\cdots,c\mid a_n$，因为 $d_1=(a_1,a_2)$，根据定理 1.4 之(3)，有 $c\mid d_1$，又因为 $d_2=(d_1,a_3)$，所以 $c\mid d_2$，依此类推，有 $c\mid d_{n-1}$，说明 d_{n-1} 是所有公因数中最大的。■

例 1.11 求 $(48,60,66,210)$。

解：由定理 1.9，$d_1=(48,60)=12$，$d_2=(12,66)=6$，$d_3=(6,210)=6$，则 $(48,60,66,210)=d_3=6$。■

推论 若正整数 d 是 $a_1,a_2,\cdots,a_n$ 的最大公因数，则存在整数 $s_1,s_2,\cdots,s_n$，使得

$$d=s_1a_1+s_2a_2+\cdots+s_na_n$$

定理 1.10 正整数 c 是 $a_1,a_2,\cdots,a_n$ 的最大公因数,当且仅当:

(1) $c|a_1,c|a_2,\cdots,c|a_n$;

(2) 任何整数 c' 若满足 $c'|a_1,c'|a_2,\cdots,c'|a_n$,则 $c'|c$。

证明:先证充分性。(1) 说明 c 是 $a_1,a_2,\cdots,a_n$ 的公因数;(2) 说明 c 是 $a_1,a_2,\cdots,a_n$ 的公因数中最大的一个。所以,根据定义 1.4,c 就是 $a_1,a_2,\cdots,a_n$ 的最大公因数。

再证必要性。若正整数 c 是$a_1,a_2,\cdots,a_n$的最大公因数,则 c 是$a_1,a_2,\cdots,a_n$的公因数,所以(1)成立。由定理 1.9 之推论,设 $c=s_1a_1+s_2a_2+\cdots+s_na_n$,若整数 c' 满足 $c'|a_1,c'|a_2,\cdots,c'|a_n$,由定理 1.2 之(6)的推广,$c'|s_1a_1+s_2a_2+\cdots+s_na_n$,即 $c'|c$。■

所以,最大公因数不仅是所有公因数中最大的,更深层的含义是,它是所有公因数的倍数。

定义 1.5 设 a,b 是两个不为 0 的整数,整数 c 满足 $a|c$ 且 $b|c$,则称 c 为 a 和 b 的**公倍数**,在 a 和 b 的所有公倍数中,一定有一个正的最小的公倍数($\leqslant|ab|$),称为 a 和 b 的**最小公倍数**,记作$[a,b]$或者 $\mathrm{lcm}(a,b)$。

根据定义,$[a,b]=[\pm a,\pm b]=[\pm b,\pm a]$。

定理 1.11 设 a,b 是两个正整数,且$(a,b)=1$,则:

(1) 若 $a|c,b|c$,则 $ab|c$;

(2) $[a,b]=ab$。

证明:(1) 因为 $b|c$,可设 $c=bk_1,k_1\in\mathbb{Z}$,又因为 $a|c$,所以 $a|bk_1$,但$(a,b)=1$,所以 $a|k_1$。再设 $k_1=k_2a,k_2\in\mathbb{Z}$,有 $c=bk_1=abk_2$,即 $ab|c$。

(2) 由(1),$a|[a,b],b|[a,b]$,于是 $ab|[a,b]$,所以 $ab\leqslant[a,b]$,而由定义 1.5,$[a,b]\leqslant ab$,所以$[a,b]=ab$。■

定理 1.12 设 a,b 是两个正整数,则:

(1) 对于任何正整数 k,$[ka,kb]=k[a,b]$;

(2) $[a,b]=\dfrac{ab}{(a,b)}$;

(3) 若 $a|c,b|c$,则$[a,b]|c$。

证明:(1) 根据定义 1.5,有

$$[ka,kb]=\min_{t_1>0,t_2>0}(\{kat_1\}\cap\{kbt_2\})=k\min_{t_1>0,t_2>0}(\{at_1\}\cap\{bt_2\})=k[a,b]$$

(2) 由(1),$[a,b]=\left[(a,b)\dfrac{a}{(a,b)},(a,b)\dfrac{b}{(a,b)}\right]=(a,b)\left[\dfrac{a}{(a,b)},\dfrac{b}{(a,b)}\right]$。又因为$\left(\dfrac{a}{(a,b)},\dfrac{b}{(a,b)}\right)=1$,所以

$$\left[\frac{a}{(a,b)},\frac{b}{(a,b)}\right]=\frac{ab}{(a,b)(a,b)}$$

故

$$[a,b]=(a,b)\frac{ab}{(a,b)(a,b)}=\frac{ab}{(a,b)}$$

(3) 若 $a|c,b|c$,则$\dfrac{a}{(a,b)}\left|\dfrac{c}{(a,b)},\dfrac{b}{(a,b)}\right|\dfrac{c}{(a,b)}$,因为$\left(\dfrac{a}{(a,b)},\dfrac{b}{(a,b)}\right)=1$,由定

理 1.11，$\frac{ab}{(a,b)(a,b)} \mid \frac{c}{(a,b)}$，于是，$\frac{ab}{(a,b)} \mid c$，所以$[a,b] \mid c$。■

例 1.12 证明：若 M 是非零整数 a，b 的公倍数，则：

(1) $\left(\frac{M}{a},\frac{M}{b}\right)=\frac{M}{[a,b]}$；

(2) $\left[\frac{M}{a},\frac{M}{b}\right]=\frac{M}{(a,b)}$。

证明：(1) 因为 M 是非零整数 a，b 的公倍数，可设 $M=k[a,b]=k\frac{ab}{(a,b)}$，$k\in\mathbb{Z}$，于是，$\left(\frac{M}{a},\frac{M}{b}\right)=\left(\frac{kab}{a(a,b)},\frac{kab}{b(a,b)}\right)=k\left(\frac{b}{(a,b)},\frac{a}{(a,b)}\right)=k=\frac{M}{[a,b]}$。

(2) 由(1)，$\left[\frac{M}{a},\frac{M}{b}\right]=\frac{M}{\left(\frac{M}{\frac{M}{a}},\frac{M}{\frac{M}{b}}\right)}=\frac{M}{(a,b)}$。■

例 1.13 若 x，y，$\sqrt{x}+\sqrt{y}$均为整数，试证明$\sqrt{x}$，$\sqrt{y}$均为整数。

证明：若$\sqrt{x}+\sqrt{y}=0$，则 $x=y=0$，结论成立。否则，$\sqrt{x}+\sqrt{y}>0$，此时$\sqrt{x}-\sqrt{y}=\frac{x-y}{\sqrt{x}+\sqrt{y}}$为有理数，所以

$$\sqrt{x}=\frac{1}{2}((\sqrt{x}+\sqrt{y})+(\sqrt{x}-\sqrt{y})),\quad \sqrt{y}=\frac{1}{2}((\sqrt{x}+\sqrt{y})-(\sqrt{x}-\sqrt{y}))$$

均为有理数。

不妨设$\sqrt{x}=\frac{b}{a}$，a，b 为正整数，且$(a,b)=1$。因为 x 为整数，所以 $x=\frac{b^2}{a^2}$为整数，即$(a^2,b^2)=a^2$。由定理 1.7，$1=(a,b)=(a,b^2)=(a^2,b^2)$，所以 $a=1$，故此$\sqrt{x}$为整数。同理，$\sqrt{y}$为整数。■

定理 1.13 设a_1，a_2，…，a_n是 n 个不为 0 的整数，定义

$$m_1=[a_1,a_2],\quad m_2=[m_1,a_3],\cdots,\quad m_{n-1}=[m_{n-2},a_n]$$

则$[a_1,a_2,\cdots,a_n]=m_{n-1}$。

证明：因为 $m_{n-1}=[m_{n-2},a_n]$，所以 $m_{n-2}\mid m_{n-1}$，$a_n\mid m_{n-1}$，又因为 $m_{n-2}=[m_{n-3},a_{n-1}]$，所以$m_{n-3}\mid m_{n-2}$，$a_{n-1}\mid m_{n-2}$，于是$m_{n-3}\mid m_{n-1}$，$a_{n-1}\mid m_{n-1}$，依此类推，直到$a_2\mid m_{n-1}$，$a_1\mid m_{n-1}$，所以$m_{n-1}$是$a_1$，$a_2$，…，$a_n$的一个公倍数。

另一方面，设 m 是a_1，a_2，…，a_n的任意一个正的公倍数，因为$a_1\mid m$，$a_2\mid m$，又$m_1=[a_1,a_2]$，根据定理 1.12 之(3)，$m_1\mid m$。又因为$a_3\mid m$，所以$[m_1,a_3]\mid m$，即$m_2\mid m$。依此类推，有$m_3\mid m$，…，$m_{n-1}\mid m$，所以$m_{n-1}\leqslant m$，即m_{n-1}是最小的正的公倍数。■

定理 1.14 正整数 m 是a_1，a_2，…，a_n的最小公倍数，当且仅当：

(1) $a_1\mid m$，$a_2\mid m$，…，$a_n\mid m$；

(2) 任何整数 m'若满足 $a_1\mid m'$，$a_2\mid m'$，…，$a_n\mid m'$，则 $m\mid m'$。

证明：先证充分性。(1) 说明 m 是a_1，a_2，…，a_n的公倍数，(2) 说明 m 在a_1，a_2，…，a_n的所有正公倍数中最小，所以 m 是a_1，a_2，…，a_n的最小公倍数。

再证必要性。若正整数 m 是a_1，a_2，…，a_n的最小公倍数，则 m 也是a_1，a_2，…，a_n的

公倍数,所以(1)成立。任何整数m'若满足$a_1|m',a_2|m',\cdots,a_n|m'$,则$m'$是$a_1,a_2,\cdots,a_n$的公倍数,由定理1.13的证明过程知$m|m'$。■

所以,最小公倍数不仅是最小的正公倍数,它还是所有公倍数的公因数。

1.3 素数与算术基本定理

本节主要讲述整数分解的相关理论与应用。

定义1.6 设p是一个整数,$p\neq 0,\pm 1$,如果除了$\pm 1,\pm p$外,p没有其他的因子,则称p为**素数**(或**质数**,或**不可约数**),否则为**合数**(或**可约数**)。

如果p是一个素数,那么$-p$也是一个素数;如果p是一个合数,那么$-p$也是一个合数,所以,如果不作特别说明,当我们说p是一个素数或者合数的时候,通常默认p为正整数。

例如,2,3,5,7等都是素数,4,6,8,9等都是合数。

例1.14 试证明,设p是一个素数,a是一个整数,如果$p\nmid a$,则p与a互素。

证明:设$(p,a)=d$,则有$d|p$,因为p是素数,所以$d=1$或$d=p$。

若$d=p$,由$d|a$,有$p|a$,这与假设$p\nmid a$矛盾。因此,$d=1$,结论成立。■

例1.15 试证明,对于任意的正整数n,必有n个连续正整数都是合数。

证明:构造连续n个正整数:

$$a_1=(n+1)!+2,\quad a_2=(n+1)!+3,\cdots,\quad a_n=(n+1)!+n+1$$

即对于$1\leqslant m\leqslant n$有

$$a_m=(n+1)!+m+1=(m+1)+1\times 2\times\cdots\times(m+1)\times(m+2)\times\cdots\times(n+1)$$

即

$$a_m=(m+1)\times(1+1\times 2\times\cdots\times(m+2)\times\cdots\times(n+1))$$

所以$(m+1)|a_m$,且$1<m+1<a_m$,因此a_m均为合数。■

定理1.15 合数m的最小的不等于1的正因子p一定是素数,且$p\leqslant\sqrt{m}$。

证明:用反证法证明p一定是素数。假设$p>1$且不是素数,根据定义,p必然是合数,那么存在$1<q<p,q|p$,由定理1.2之(5),$q|m$,与p是m最小的不等于1的正因子矛盾。

由定理1.2之(4),$\frac{m}{p}|m$,又$1<\frac{m}{p}<m$,根据p的最小性,$p\leqslant\frac{m}{p}$,即$p\leqslant\sqrt{m}$。■

推论 设整数$m>1$,如果所有不大于$\sqrt{m}$的素数都不是m的因子,那么m是素数。

当m较小的时候,我们常用上述推论来判断m是否为素数。著名的Eratosthenes筛法利用上述推论来构造素数表。

例如,要构造100以内的素数表,首先列出100以内的所有整数,由于1不是素数,首先去掉,如图1.3所示。

以后的删除规则是:如果确定p是素数,则在列表中删除比p大的所有p的倍数,因为根据定义,这些数都不是素数。

1	2	3	4	5	6	7	8	9	10
11	12	13	14	15	16	17	18	19	20
21	22	23	24	25	26	27	28	29	30
31	32	33	34	35	36	37	38	39	40
41	42	43	44	45	46	47	48	49	50
51	52	53	54	55	56	57	58	59	60
61	62	63	64	65	66	67	68	69	70
71	72	73	74	75	76	77	78	79	80
81	82	83	84	85	86	87	88	89	90
91	92	93	94	95	96	97	98	99	100

图 1.3　列出 100 以内的所有整数

现在列表中第 1 个没有删除的整数为 2，是素数，我们从列表中删除比 2 大的所有 2 的倍数，4，6，…，100，如图 1.4 所示。

1	2	3	4	5	6	7	8	9	10
11	12	13	14	15	16	17	18	19	20
21	22	23	24	25	26	27	28	29	30
31	32	33	34	35	36	37	38	39	40
41	42	43	44	45	46	47	48	49	50
51	52	53	54	55	56	57	58	59	60
61	62	63	64	65	66	67	68	69	70
71	72	73	74	75	76	77	78	79	80
81	82	83	84	85	86	87	88	89	90
91	92	93	94	95	96	97	98	99	100

图 1.4　删除比 2 大的所有 2 的倍数

2 之后，列表中第 1 个没有删除的整数为 3，它一定是素数，否则，根据删除规则，它一定是某个小于 3 的素数的倍数，应该已经被删除。接下来，我们从列表中删除比 3 大的所有 3 的倍数，9，…，99，如图 1.5 所示。

1	2	3	4	5	6	7	8	9	10
11	12	13	14	15	16	17	18	19	20
21	22	23	24	25	26	27	28	29	30
31	32	33	34	35	36	37	38	39	40
41	42	43	44	45	46	47	48	49	50
51	52	53	54	55	56	57	58	59	60
61	62	63	64	65	66	67	68	69	70
71	72	73	74	75	76	77	78	79	80
81	82	83	84	85	86	87	88	89	90
91	92	93	94	95	96	97	98	99	100

图 1.5　删除比 3 大的所有 3 的倍数

依此类推，删除 5,7 的倍数之后，结果如图 1.6 所示。

1	2	3	4	5	6	7	8	9	10
11	12	13	14	15	16	17	18	19	20
21	22	23	24	25	26	27	28	29	30
31	32	33	34	35	36	37	38	39	40
41	42	43	44	45	46	47	48	49	50
51	52	53	54	55	56	57	58	59	60
61	62	63	64	65	66	67	68	69	70
71	72	73	74	75	76	77	78	79	80
81	82	83	84	85	86	87	88	89	90
91	92	93	94	95	96	97	98	99	100

图 1.6 最终结果

此时，已经得到不超过 $\sqrt{100}=10$ 的所有素数为 2,3,5,7，且列表中所有是 2,3,5,7 的倍数的合数都已经被删除，根据定理 1.15 的推论，剩下的整数均为素数。100 以内的素数共有 25 个。

例 1.16 设 p 是合数 n 的最小素因子，证明：若 $p>n^{\frac{1}{3}}$，则 $\frac{n}{p}$ 是素数。

证明：由定理 1.15，因为 p 是 n 的最小素因子，所以 $p\leqslant n^{\frac{1}{2}}$。若又有 $p>n^{\frac{1}{3}}$，则 $n^{\frac{1}{3}}<p\leqslant n^{\frac{1}{2}}$，所以 $n^{\frac{1}{2}}\leqslant\frac{n}{p}<n^{\frac{2}{3}}$。

假设 $\frac{n}{p}$ 为合数，则 $\frac{n}{p}$ 的最小素因子 $q\leqslant\left(\frac{n}{p}\right)^{\frac{1}{2}}<(n^{\frac{2}{3}})^{\frac{1}{2}}=n^{\frac{1}{3}}$。

因为 q 也是 n 的素因子，与题设 n 的最小素因子 $p>n^{\frac{1}{3}}$ 矛盾，因此 $\frac{n}{p}$ 是素数。■

欧几里得在《几何原本》中给出了素数有无穷多个的证明。

定理 1.16 素数有无穷多个。

证明：反证法。假设素数仅有有限个，全部为 $p_1,p_2,\cdots,p_n$，均为大于 1 的正整数，考虑整数

$$A=p_1p_2\cdots p_n+1$$

因为对任意 $1\leqslant i\leqslant n$，$A>p_i$，所以 A 不在 n 个素数之列，即 A 为合数。由定理 1.15，A 至少有一个素因子，不妨设 $p_i|A$。由定理 1.2 之(6)，$p_i|A-p_1p_2\cdots p_n$，即 $p_i|1$，矛盾。■

我们用 $\pi(x)$ 表示不超过 x 的素数的个数，例如 $\pi(97)=\pi(100)=25$，定理 1.16 说明当 x 趋于无穷大的时候，$\pi(x)$ 也趋于无穷大。

素数的分布是一个非常复杂的问题，我们列出如下常用结论。

定理 1.17 素数定理

$$\lim_{x\to\infty}\pi(x)\frac{\ln x}{x}=1$$

定理 1.18　伯特兰-切比雪夫定理　设整数 $n>3$，至少存在一个素数 p 满足 $n<p<2n-2$。

定理 1.19　算术基本定理　设 n 是一个大于 1 的正整数，那么 n 一定可以分解成一些素数的乘积。若规定 n 的所有素因子按照从小到大的顺序排列，那么 n 的分解方式是唯一的。

证明：首先用数学归纳法证明 n 可以分解成一些素数的乘积。

当 $n=2$ 时，因为 2 是素数，结论成立。

假设小于 n 且大于 1 的整数都可以分解成一些素数的乘积。

对于 n，若 n 是素数则结论成立。否则，若 n 是一个合数，根据定理 1.15，n 存在最小正素因子 p_1，设 $n=p_1n_1$，则 $1<n_1<n$，根据归纳假设，n_1 可以分解成一些素数的乘积，不妨设 $n_1=p_2p_3\cdots p_s$，可得 $n=p_1p_2p_3\cdots p_s$。

再证分解的唯一性。

设 $n=p_1p_2\cdots p_s, p_1\leqslant p_2\leqslant\cdots\leqslant p_s, s\geqslant 1$，和 $n=q_1q_2\cdots q_t, q_1\leqslant q_2\leqslant\cdots\leqslant q_t, t\geqslant 1$ 是 n 的两种分解方法，则 $p_1p_2\cdots p_s=q_1q_2\cdots q_t$，所以 $p_1\mid q_1q_2\cdots q_t$。

下面用反正法证明存在 $1\leqslant i\leqslant t$，使得 $p_1=q_i$。否则，若对于任意 $1\leqslant j\leqslant t, p_1\neq q_j$，那么 $(p_1,q_j)=1$，根据定理 1.7，$(p_1,q_1q_2\cdots q_t)=1$，与 $p_1\mid q_1q_2\cdots q_t$ 矛盾。

由于 $q_1\leqslant q_2\leqslant\cdots\leqslant q_t$，所以 $p_1=q_i\geqslant q_1$。

同理，由前面的证明过程可知，由于 $q_1\mid p_1p_2\cdots p_s$，同样有 $q_1\geqslant p_1$。综合以上，$p_1=q_1$。

由此，$p_2\cdots p_s=q_2\cdots q_t$，同理可得 $p_2=q_2$。

依此类推，得到 $s=t$，且对于任意 $1\leqslant i\leqslant s, p_i=q_i$。■

将 n 的相同的素因子合并起来写成素数的幂的形式，可得到 n 的标准分解式。

定义 1.7　设 n 是大于 1 的正整数，$n=\prod_{i=1}^{s}p_i^{\alpha_i}$（$\alpha_i>0$，且若 $i<j$，则 $p_i<p_j$）称为 n 的**标准分解式**。

由定理 1.19，n 的标准分解式是唯一的。例如，$12=2^2\times 3$，$100=2^2\times 5^2$。有时，为了描述方便，我们也采用 n 的其他的一些非标准的分解表达式，例如，允许 $\alpha_i=0$，或者素因子不一定按照从小到大的顺序排列，而一般性地写作 $n=\prod_{i=1}^{s}p_i^{\alpha_i}$，（$\alpha_i\geqslant 0$，且若 $i\neq j$，则 $p_i\neq p_j$），例如，$12=2^2\times 3\times 5^0$，$100=2^2\times 3^0\times 5^2$ 等。

例 1.17　设 $m=\prod_{i=1}^{s}p_i^{\alpha_i}$，$n=\prod_{i=1}^{s}p_i^{\beta_i}$，$\alpha_i\geqslant 0,\beta_i\geqslant 0$，且若 $i\neq j$，则 $p_i\neq p_j$，试证明：

(1) $m\mid n \Leftrightarrow$ 对于任意 $1\leqslant i\leqslant s, \alpha_i\leqslant\beta_i$；

(2) $(m,n)=\prod_{i=1}^{s}p_i^{\min(\alpha_i,\beta_i)}$；

(3) $[m,n]=\prod_{i=1}^{s}p_i^{\max(\alpha_i,\beta_i)}$。

证明：(1) 若 $m\mid n$，不妨设 $n=dm$，$d=\prod_{i=1}^{s}p_i^{\gamma_i}$，$\gamma_i\geqslant 0$，则 $\prod_{i=1}^{s}p_i^{\beta_i}=\prod_{i=1}^{s}p_i^{\alpha_i+\gamma_i}$，由定理

1.19，对于任意 $1 \leqslant i \leqslant s, \beta_i = \alpha_i + \gamma_i$，所以 $\alpha_i \leqslant \beta_i$。

反之，若对于任意 $1 \leqslant i \leqslant s, \alpha_i \leqslant \beta_i$，令 $\gamma_i = \beta_i - \alpha_i$，则 $\gamma_i \geqslant 0$，那么整数 $d = \prod_{i=1}^{s} p_i^{\gamma_i}$ 满足 $n = dm$，所以 $m \mid n$。

(2) 令 $d = \prod_{i=1}^{s} p_i^{\min(\alpha_i, \beta_i)}$，则由(1)，$d \mid m, d \mid n$。设任意 $d' = \prod_{i=1}^{s} p_i^{\gamma_i}, \gamma_i \geqslant 0$，若 $d' \mid m, d' \mid n$，由(1)，$\gamma_i \leqslant \alpha_i, \gamma_i \leqslant \beta_i$，所以 $\gamma_i \leqslant \min(\alpha_i, \beta_i)$，即 $d' \mid d$。根据定理 1.10，$d = (m,n)$。

(3) 由定理 1.12 之(2)，$[m,n] = \frac{mn}{(m,n)} = \prod_{i=1}^{s} p_i^{\alpha_i + \beta_i - \min(\alpha_i, \beta_i)} = \prod_{i=1}^{s} p_i^{\max(\alpha_i, \beta_i)}$。■

1.4 高斯函数

本节主要讲述高斯函数的定义、性质，以及其在素因子计数中的作用。

定义 1.8 实数 x 的**高斯函数** $[x]$ 指不超过 x 的最大的整数，$[x]$ 也称为 x 的**整数部分**，x 的**小数部分** $\{x\}$ 是指 $x - [x]$。

例如，$[2.1]=2$，$[3]=3$，$[-3.2]=-4$，$\{2.1\}=0.1$，$\{-3.2\}=0.8$。

高斯函数的图像如图 1.7 所示。

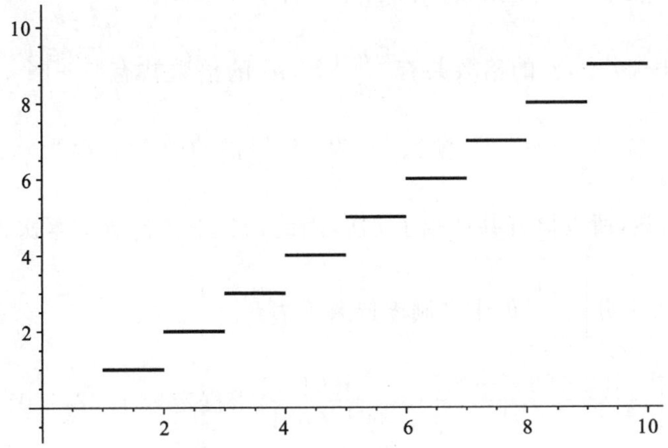

图 1.7 高斯函数的图像

由定义 1.8 可得到与 $[x]$ 相关的如下定理。

定理 1.20 对于 $[x]$，以下结论成立：

(1) 若 $x \leqslant y$，则 $[x] \leqslant [y]$；

(2) 整数 a 满足 $x - 1 < a \leqslant x \Leftrightarrow a = [x]$；

(3) 整数 a 满足 $a \leqslant x < a + 1 \Leftrightarrow a = [x]$；

(4) 对于任意整数 n，$[n + x] = n + [x]$。

证明：(1) 根据定义 1.8，$0 \leqslant x - [x] < 1$，若 $x \leqslant y < [x] + 1$，则 $[x] = [y]$；若 $y \geqslant [x] + 1$，则 $[y] \geqslant [x] + 1 > [x]$，所以(1)成立。

(2) 根据定义 1.8，$0 \leqslant x - [x] < 1$，所以 $x - 1 < [x] \leqslant x$。另一方面，若整数 a 满足

$x-1<a\leqslant x$，那么 a 是不超过 x 的整数，假设 $a\neq[x]$，那么 $a<[x]\leqslant x$，得到 $x-a\geqslant 1$，与 $x-1<a\leqslant x$ 矛盾，假设不正确，由此(2)成立。

(3) 由(2)的等价条件 $x-1<a\leqslant x$ 直接变形可得。

(4) 由(2)，$n+x-1<[n+x]\leqslant n+x$，所以 $x-1<[n+x]-n\leqslant x$，再由(2)，$[n+x]-n=[x]$，即 $[n+x]=n+[x]$。■

例 1.18 对于任意实数 x,y，试证明 $[x+y]\geqslant[x]+[y]$。

证明： $[x+y]=[[x]+[y]+\{x\}+\{y\}]$，根据定理 1.20 之(4)，$[x+y]=[x]+[y]+[\{x\}+\{y\}]$，由定义 1.8，$\{x\}\geqslant 0$，$\{y\}\geqslant 0$，根据定理 1.20 之(1)，$[\{x\}+\{y\}]\geqslant 0$，所以 $[x+y]\geqslant[x]+[y]$。■

定理 1.21 对于整数 a,b，且 $b>0$，带余除法算式为 $a=qb+r$，$0\leqslant r<b$，则 $q=\left[\dfrac{a}{b}\right]$。

证明： 由 $a=qb+r$ 得到 $q=\dfrac{a}{b}-\dfrac{r}{b}$，又因为 $0\leqslant r<b$，所以 $0\leqslant\dfrac{r}{b}<1$，综合得到：

$$\frac{a}{b}-1<q=\frac{a}{b}-\frac{r}{b}\leqslant\frac{a}{b}$$

根据定理 1.20 之(2)即得 $q=\left[\dfrac{a}{b}\right]$。■

定理 1.22 设 p 是一个素数，则 $n!$ 中包含 p 的幂次为 $\sum\limits_{i\geqslant 1}\left[\dfrac{n}{p^i}\right]$。

证明： $1,2,\cdots,n$ 中，p 的倍数共有 $\left[\dfrac{n}{p}\right]$ 个，p^2 的倍数共有 $\left[\dfrac{n}{p^2}\right]$ 个，一般地，p^i 的倍数共有 $\left[\dfrac{n}{p^i}\right]$ 个。当 $(p,k)=1$ 时，整数 p^ik 为 $n!$ 提供的 p 的幂次为 i，由于 p^ik 同时是 $p,p^2,\cdots,p^i$ 的倍数，所以恰好共计数了 i 次，因此，$n!$ 中包含 p 的幂次为 $\sum\limits_{i\geqslant 1}\left[\dfrac{n}{p^i}\right]$。■

例 1.19 试证明 $\dbinom{100}{50}$ 的十进制末位数不为 0。

证明： $\dbinom{100}{50}=\dfrac{100\times 99\times\cdots\times 51}{50!}=\dfrac{100!}{50!\times 50!}$，根据定理 1.22，$100!$ 中含有 5 的幂次为 $\sum\limits_{i\geqslant 1}\left[\dfrac{100}{5^i}\right]=\left[\dfrac{100}{5}\right]+\left[\dfrac{100}{5^2}\right]=24$，$50!$ 中含有 5 的幂次为 $\sum\limits_{i\geqslant 1}\left[\dfrac{50}{5^i}\right]=\left[\dfrac{50}{5}\right]+\left[\dfrac{50}{5^2}\right]=12$，所以 $\dfrac{100!}{50!\times 50!}$ 中含有 5 的幂次为 $24-(12+12)=0$，所以 5 不是 $\dbinom{100}{50}$ 的因子，其十进制末位数不为 0。■

1.5 练习题

1. 证明：若 m,n,p,q 均为整数，且 $m-p\mid mn+qp$，则 $m-p\mid mq+np$。
2. 证明：若 a,b 是两个不全为 0 的整数，则 $\{sa+tb\mid s,t\in\mathbb{Z}\}=\{(a,b)k\mid k\in\mathbb{Z}\}$。
3. 试求整数 s,t 使得 $2337s+606t=(2337,606)$。

4. 证明：对于任意正整数 m,n，$\sum_{i=1}^{n}\frac{1}{m+i}$ 都不是整数。

5. 试求不定方程 $25x+15y+3z=100$ 的所有整数解。

6. 试证明 $\log_3 20$ 是无理数。

7. 试证明若 a,b,n 为正整数，则 $(a^n,b^n)=(a,b)^n$。

8. 设 a,m,n 均为正整数，试证明 $(a^m-1,a^n-1)=a^{(m,n)}-1$。

9. 设 a,b,c,d 为非零整数，试证明 $(a,b)(c,d)=(ac,ad,bc,bd)$。

10. 计算 $(223344,46,0,23)$，$[24,36,120]$。

11. 试证明形如 $4k+3$，$6k+5$ 的素数都有无穷多个。

12. 试证明 $[a,b,c]=\frac{abc(a,b,c)}{(a,b)(a,c)(b,c)}$。

13. 试求所有使得 $a^2+2016a$ 为完全平方数的正整数 a 的个数。

14. 形如 $F_n=2^{2^n}+1$ 的整数称为 Fermat 数，如果 F_n 是素数则称其为 Fermat 素数，试证明，如果 $2^m+1(m>0)$ 是素数，则 m 一定是形如 2^n 的整数。

15. 形如 $M_n=2^n-1$ 的整数称为 Mersenne 数，如果 M_n 是素数则称其为 Mersenne 素数，试证明，如果 $a^n-1(n>1)$ 是素数，则 $a=2$，且 n 一定是素数。

16. 证明不等式：$[2\alpha]+[2\beta]\geqslant[\alpha]+[\beta]+[\alpha+\beta]$。

17. 设 n 为正整数，α 为任意实数，试证明：

$$\left[\frac{[n\alpha]}{n}\right]=[\alpha]$$

18. 设 n 为正整数，α 为任意实数，试证明：

$$[\alpha]+\left[\alpha+\frac{1}{n}\right]+\left[\alpha+\frac{2}{n}\right]+\cdots+\left[\alpha+\frac{n-1}{n}\right]=[n\alpha]$$

19. 设 n 为正整数，α 为任意实数，试证明：

$$\{\alpha\}+\left\{\alpha+\frac{1}{n}\right\}+\left\{\alpha+\frac{2}{n}\right\}+\cdots+\left\{\alpha+\frac{n-1}{n}\right\}=\{n\alpha\}+\frac{n-1}{2}$$

20. 设 n,m 为正整数，$n>m$，试证明：$\binom{n}{m}=\frac{n(n-1)\cdots(n-m+1)}{m!}$ 是整数。

21. 求方程 $3x+5[x]-49=0$ 的实数解。

1.6 扩展阅读与实践

SageMath 是在 GPL 协议下发布的一款开源数学软件，它整合了许多已有的开源软件包到一个基于 Python 的统一编程界面之下。SageMath 包含了从线性代数、微积分，到密码学、数值计算、组合数学、群论、图论、数论等各种初高等数学的计算功能。

本章及后续章节中的“扩展阅读与实践”可以通过 SageMath 辅助作答，函数功能可以参考本教材附录 B“SageMath 常用函数”，或者查看 SageMath 软件的帮助文档。SageMath 可以通过“help(函数名)”或者“函数名?”来查看函数的帮助，也可以用“Tab”键补全函数名称。

通过下面的练习，我们先来熟悉 SageMath 的一些常用函数和编程方法。

1. 计算 10^{1024}！末尾有多少个连续的 0。

2. 试统计小于 1000000 的正整数中，形如 $6k+1$、$6k-1$ 的素数各有多少个。

3. 整数 $A=238493289435939871239874350$，$B=9873482137423874387348735$，试求整数 s 和 t，使得 $sA+tB=\gcd(A,B)$，且 $t>0$。

4. 已知 $A=3878345784$，$B=43859435$，试求不能表示为 $sA+tB(s\geqslant 0,t\geqslant 0)$ 的最大整数。

5. 欧拉发现，多项式 x^2+x+41 在 $0\leqslant x\leqslant 39$ 时可以连续生成 40 个素数，试求在所有多项式 $x^2+ax+b(|a|\leqslant 10000,|b|\leqslant 10000)$ 中，x 从 0 开始，能连续产生素数最多的多项式。

6. 试分解大整数 $A=115427437124437159616843439824943983493$。

7. 画出高斯函数 $y=[3x]$ 在定义域 $[-10,10]$ 上的图像，并计算定积分 $\int_{-10}^{10}[3x]$。

8. 试求不定方程

$$3857843x+4359898347y+94389588439z=33333212312387483748348$$

的非负整数解的个数。

2

同余

同余是一种等价关系，整数根据同余关系可以划分成不同的剩余类。本章将讲述同余、剩余类、欧拉函数、欧拉定理、费马小定理、中国剩余定理等基础知识，讨论一般同余式的解法。

2.1 同余的基本性质

本节主要讲述同余、剩余类、完全剩余系、简化剩余系、欧拉函数的定义与性质。

定义 2.1 设 m 是正整数，a,b 为两个整数，如果 $a-b$ 是 m 的倍数，那么称 a 和 b 关于 m **同余**，记作 $a\equiv b(\bmod m)$。否则，称 a 和 b 关于 m **不同余**，记作 $a\not\equiv b(\bmod m)$。

例如，$a=27,b=12,27-12=15$ 是 3,5,15 的倍数，则有

$$27\equiv 12(\bmod 3),\quad 27\equiv 12(\bmod 5),\quad 27\equiv 12(\bmod 15)$$

定理 2.1 同余是等价关系。

证明：(1) 自反性。因为 $a-a=0,m|0$，所以 $a\equiv a(\bmod m)$。

(2) 对称性。若 $a\equiv b(\bmod m)$，则 $m|a-b$，也有 $m|b-a$，所以 $b\equiv a(\bmod m)$。

(3) 传递性。若 $a\equiv b(\bmod m),b\equiv c(\bmod m)$，则 $m|a-b,m|b-c$，所以 $m|(a-b)+(b-c)$，即 $m|a-c,a\equiv c(\bmod m)$。■

例 2.1 设 p 为素数，$a,b\in\mathbb{Z}$，证明：

(1) $a^2\equiv b^2(\bmod p)\Leftrightarrow a\equiv b(\bmod p)$ 或 $a\equiv -b(\bmod p)$；

(2) 若 $(p,a)=1,p>2$，则 $a\equiv b(\bmod p),a\equiv -b(\bmod p)$ 不可能同时成立。

证明：(1) p 为素数，故有 $a^2\equiv b^2(\bmod p)\Leftrightarrow p|a^2-b^2\Leftrightarrow p|(a-b)(a+b)\Leftrightarrow p|a-b$ 或 $p|a+b\Leftrightarrow a\equiv b(\bmod p)$ 或 $a\equiv -b(\bmod p)$。

(2) 若 $a\equiv b(\bmod p),a\equiv -b(\bmod p)$，则 $2a\equiv 0(\bmod p)$。由于 $(2,p)=1$，所以 $2^{-1}(2a)\equiv 2^{-1}\times 0(\bmod p)$，即 $a\equiv 0(\bmod p)$，这与 $(p,a)=1$ 矛盾。■

定义 2.2 设 m 是正整数，全体整数按照模 m 同余可以划分成 m 个不同的等价类，称为**模 m 剩余类**，整数 a 所在的剩余类记为 $\bar{a}$，整数 x 属于剩余类 $\bar{a}$ 当且仅当 $x\equiv a(\bmod m)$。从每个剩余类中取出一个整数形成的 m 元集合称为**模 m 完全剩余系**。

例如，若 $m=6$，那么模 6 剩余类共有 6 个，可以表示为 $\bar{0},\bar{1},\cdots,\bar{5}$，而

$$\{0,1,2,3,4,5\},\quad \{-6,7,2,3,4,5\}$$

都是模 6 完全剩余系。

当 $a\equiv b \pmod m$ 时，$a=mq+b$，根据定理 1.3，$(a,m)=(b,m)$，所以如果 a 与 m 互素，那么剩余类 $\bar{a}$ 中的每个元素都和 m 互素。

例 2.2 证明：当 $m>2$ 时，$\{0^2,1^2,\cdots,(m-1)^2\}$ 一定不是模 m 的完全剩余系。

证明：当 $m>2$ 时，因为 $(m-1)^2=m^2-2m+1=m(m-2)+1$，所以 $(m-1)^2\equiv 1 \pmod m$，即 1 与 $(m-1)^2$ 在同一个剩余类中，故 $\{0^2,1^2,\cdots,(m-1)^2\}$ 一定不是模 m 的完全剩余系。■

定义 2.3 设 m 是正整数，如果整数 a 与 m 互素，那么 a 所在的剩余类 $\bar{a}$ 称为**模 m 简化剩余类**，从每个简化剩余类中取出一个整数形成的集合称为**模 m 简化剩余系**。在整数 $1,2,\cdots,m$ 中，所有与 m 互素的整数的个数称为 m 的**欧拉函数**，记作 $\varphi(m)$，简化剩余系中共有 $\varphi(m)$ 个整数。

例如，在模 6 的 6 个剩余类中，只有 $\bar{1},\bar{5}$ 是简化剩余类，$\{1,5\}$，$\{7,5\}$ 都是模 6 的简化剩余系，$\varphi(6)=2$。

例 2.3 设 m,n 为正整数，试将模 m 的剩余类 $\bar{a}$ 拆分成模 mn 的剩余类的和。

解：模 m 剩余类 $a \pmod m$ 可以表示为 $\{a+mk \mid k\in\mathbb{Z}\}$，而全体整数按照模 n 又可以分为 n 个剩余类，即 $\bar{0},\bar{1},\cdots,\overline{n-1}$，所以

$$\begin{aligned}&\{a+mk \mid k\in\mathbb{Z}\}\\ &=\{a+m(tn) \mid t\in\mathbb{Z}\}\cup\{a+m(tn+1) \mid t\in\mathbb{Z}\}\cup\cdots\cup\{a+m(tn+n-1) \mid t\in\mathbb{Z}\}\\ &=\{a+mnt) \mid t\in\mathbb{Z}\}\cup\{a+m+mnt) \mid t\in\mathbb{Z}\}\cup\cdots\cup\{a+m(n-1)+mnt \mid t\in\mathbb{Z}\}\end{aligned}$$

也就是说，模 m 的剩余类 $\bar{a}$ 可以拆分成 n 个模 mn 的剩余类，$\bar{a},\overline{a+m},\cdots,\overline{a+m(n-1)}$。■

定理 2.2 设 m,n 是正整数，若 $a\equiv b \pmod{mn}$，则 $a\equiv b \pmod m$，$a\equiv b \pmod n$。

证明：因为 $a\equiv b \pmod{mn}$，所以 $mn \mid a-b$，得到 $m\mid a-b$，$n\mid a-b$，根据定义 2.1 有

$$a\equiv b \pmod m,\quad a\equiv b \pmod n$$■

定理 2.2 的逆定理不成立，例如，虽然 $13\equiv 43 \pmod{15}$，$13\equiv 43 \pmod{10}$，但是 $13\not\equiv 43 \pmod{150}$，不过我们可以得到 $13\equiv 43 \pmod{30}$。一般性地，有下面的结论。

定理 2.3 设 m,n 是正整数，若 $a\equiv b \pmod m$，$a\equiv b \pmod n$，则 $a\equiv b \pmod{[m,n]}$。

证明：因为 $a\equiv b \pmod m$，$a\equiv b \pmod n$，所以 $m\mid a-b$，$n\mid a-b$，由定理 1.12 之(3)，$[m,n]\mid a-b$，所以 $a\equiv b \pmod{[m,n]}$。■

定理 2.4 关于同余，以下性质成立：

(1) 若 $a\equiv b \pmod m$，则 $a+c\equiv b+c \pmod m$；

(2) 若 $a\equiv b \pmod m$，k 为整数，则 $ak\equiv bk \pmod m$；

(3) 若 $ak\equiv bk \pmod m$，k 为整数，且 $(k,m)=1$，则 $a\equiv b \pmod m$；

(4) 若 $a\equiv b \pmod m$，k 为正整数，则 $ak\equiv bk \pmod{mk}$，反之亦然；

(5) 若 $a\equiv b \pmod m$，$f(x)$ 为任一整系数多项式，则 $f(a)\equiv f(b) \pmod m$。

证明：(1) 因为 $(a+c)-(b+c)=a-b$，而 $m\mid a-b$，所以 $a+c\equiv b+c \pmod m$。

(2) 因为 $ak-bk=k(a-b)$，而 $m|a-b$，所以 $m|k(a-b)$，所以 $ak\equiv bk \pmod m$。

(3) 因为 $m|ak-bk$，所以 $m|k(a-b)$，而 $(k,m)=1$，根据定理 1.7 之推论，$m|a-b$，所以 $a\equiv b \pmod m$。

(4) 因为 $m|a-b$，所以 $mk|k(a-b)$，而 $ak-bk=k(a-b)$，所以 $ak\equiv bk \pmod{mk}$。反之，若 $ak\equiv bk \pmod{mk}$，则 $mk|ak-bk$，得到 $m|a-b$，所以 $a\equiv b \pmod m$。

(5) 设 $f(x)=\sum\limits_{i=0}^{n} c_i x^i, c_i\in\mathbb{Z}$，由(2)，若 $a\equiv b \pmod m$，则 $a^2\equiv ba\equiv b^2 \pmod m$，一般地，对于整数 $i,j>0$ 和整系数 c_i,c_j，$c_i a^i\equiv c_i b^i \pmod m$，$c_j a^j\equiv c_j b^j \pmod m$，再由(1)，得

$$c_i a^i+c_j a^j\equiv c_i b^i+c_j a^j\equiv c_i b^i+c_j b^j \pmod m$$

所以 $f(a)\equiv f(b) \pmod m$。■

由定理 2.4 及其证明过程，可得到如下推论。

推论 若 $a_1\equiv a_2 \pmod m$，$b_1\equiv b_2 \pmod m$ 则

$$a_1+b_1\equiv a_2+b_2 \pmod m,\quad a_1b_1\equiv a_2b_2 \pmod m。$$

例 2.4 试证明正整数 m 能被 3 整除的充要条件是它的十进制表示各数位上数字之和是 3 的倍数。

证明：设 $m=(a_{n-1}\cdots a_1a_0)_{10}$ 是 m 的十进制表示，各数位上的数字依次为 $a_{n-1},\cdots,a_1,a_0$，则 $m=\sum\limits_{i=0}^{n-1}a_i 10^i$，根据定理 2.4 之(5)，$\sum\limits_{i=0}^{n-1}a_i10^i\equiv\sum\limits_{i=0}^{n-1}a_i1^i\equiv\sum\limits_{i=0}^{n-1}a_i \pmod 3$，所以 $3|m\Leftrightarrow 3|\sum\limits_{i=0}^{n-1}a_i$。■

例 2.4 的证明过程中用到了同余关系 $10\equiv 1 \pmod 3$。根据 $10\equiv 1 \pmod 9$，$10\equiv -1 \pmod{11}$，$1000\equiv -1 \pmod 7$，$1000\equiv -1 \pmod{11}$，$1000\equiv -1 \pmod{13}$，我们还可以得到整数模 7,9,11,13 的相似结论。

定理 2.5 设 m 是正整数，若 $(a,m)=1$，则当 x 遍历模 m 的一个完全剩余系时，对于任意整数 b，$ax+b$ 遍历模 m 的一个完全剩余系；当 x 遍历模 m 的一个简化剩余系时，ax 遍历模 m 的一个简化剩余系。

证明：设 $r_1,r_2,\cdots,r_m$ 是模 m 的一个完全剩余系，当 $i\neq j$ 时，$r_i\not\equiv r_j \pmod m$，因为 $(a,m)=1$，根据定理 2.4，$ar_i+b\not\equiv ar_j+b \pmod m$，当 x 遍历 $r_1,r_2,\cdots,r_m$ 时，$ax+b$ 为 m 个关于 m 两两互不同余的整数，它们分别属于 m 个不同的剩余类，所以恰好形成一个完全剩余系。

进一步，若 $r_1,r_2,\cdots,r_{\varphi(m)}$ 是模 m 的一个简化剩余系，对所有 r_i，$(r_i,m)=1$，因为 $(a,m)=1$，所以 $(ar_i,m)=1$，因此，当 x 遍历 $r_1,r_2,\cdots,r_{\varphi(m)}$ 时，ax 为 $\varphi(m)$ 个属于不同简化剩余类的整数，恰好形成一个简化剩余系。■

例如，取 $a=5,m=6,b=2$，当 x 遍历模 6 的一个完全剩余系 $\{0,1,2,3,4,5\}$ 时，$5x+2$ 所形成的 $\{2,7,12,17,22,27\}$ 也是模 6 的一个完全剩余系；当 x 遍历模 6 的一个简化剩余系 $\{1,5\}$ 时，$5x$ 所形成的 $\{5,25\}$ 也是模 6 的一个简化剩余系。

定理 2.6 设 m,n 为正整数，$(m,n)=1$，则当 x 遍历模 n 的一个完全剩余系，y 遍历模 m 的一个完全剩余系时，$mx+ny$ 遍历模 mn 的一个完全剩余系；当 x 遍历模 n 的

一个简化剩余系，y 遍历模 m 的一个简化剩余系时，$mx+ny$ 遍历模 mn 的一个简化剩余系，即 $\varphi(mn)=\varphi(m)\varphi(n)$。

证明：若 $mx_1+ny_1\equiv mx_2+ny_2 \pmod{mn}$，由定理 2.2，$mx_1+ny_1\equiv mx_2+ny_2 \pmod{m}$，$mx_1+ny_1\equiv mx_2+ny_2 \pmod{n}$，又 $(m,n)=1$，由定理 2.4，$y_1\equiv y_2 \pmod{m}$，$x_1\equiv x_2 \pmod{n}$，因此，当 x 遍历模 n 的一个完全剩余系，y 遍历模 m 的一个完全剩余系时，$mx+ny$ 是 mn 个关于 mn 两两互不同余的整数，它们恰好形成一个模 mn 的完全剩余系。

进一步，若 $(x,n)=1$，$(y,m)=1$，则 $(mx+ny,m)=(ny,m)=(y,m)=1$，$(mx+ny,n)=(mx,n)=(x,n)=1$，得到 $(mx+ny,mn)=1$。说明当 x 遍历模 n 的一个简化剩余系，y 遍历模 m 的一个简化剩余系时，$\varphi(m)\varphi(n)$ 个整数 $mx+ny$ 均与 mn 互素，$\varphi(mn)\geqslant\varphi(m)\varphi(n)$。

接下来还需要证明任意一个与 mn 互素的整数都与一个 $mx+ny$，$(x,n)=1$，$(y,m)=1$ 形式的整数同余。由定理前部分证明可知，任何一个整数都与一个 $mx+ny$ 形式的整数关于 mn 同余，若进一步 $(mx+ny,mn)=1$，则 $(mx+ny,m)=1$，所以 $(y,m)=1$，同理 $(x,n)=1$。不妨设 $x\equiv x_1 \pmod{n}$，$y\equiv y_1 \pmod{m}$，$(x_1,n)=1$，$(y_1,m)=1$，此时，$mx+ny\equiv mx_1+ny_1 \pmod{mn}$，因此任意一个与 mn 互素的整数 $mx+ny$ 都在遍历所产生的 $\varphi(m)\varphi(n)$ 个简化剩余类中，所以 $\varphi(mn)\leqslant\varphi(m)\varphi(n)$。

由此，$\varphi(mn)=\varphi(m)\varphi(n)$。当 x 遍历模 n 的一个简化剩余系，y 遍历模 m 的一个简化剩余系时，$mx+ny$ 恰好形成模 mn 的一个简化剩余系。■

2.2 欧拉定理与费马小定理

本节主要讲解欧拉定理、费马小定理等常用定理及其应用。模重复平方方法是一种计算模幂 $a^n \pmod{m}$ 的高效算法，在数论及密码学中应用广泛。

定理 2.7 欧拉定理 设 m 为正整数，$(a,m)=1$，那么 $a^{\varphi(m)}\equiv 1 \pmod{m}$。

证明：设 $r_1,r_2,\cdots,r_{\varphi(m)}$ 是模 m 的一个简化剩余系，因为 $(a,m)=1$，由定理 2.4，$ar_1,ar_2,\cdots,ar_{\varphi(m)}$ 也是模 m 的简化剩余系，因此，对于任意 $1\leqslant i\leqslant\varphi(m)$，有且仅有唯一的 $1\leqslant j\leqslant\varphi(m)$ 使得 $ar_j\equiv r_i \pmod{m}$，所以

$$r_1r_2\cdots r_{\varphi(m)}\equiv ar_1ar_2\cdots ar_{\varphi(m)}\equiv a^{\varphi(m)}r_1r_2\cdots r_{\varphi(m)} \pmod{m}$$

由定理 2.4，$a^{\varphi(m)}\equiv 1 \pmod{m}$。■

例 2.5 证明：如果 m 是正整数，a 是与 m 互素的整数，且 $(a-1,m)=1$，那么 $1+a+a^2+\cdots+a^{\varphi(m)-1}\equiv 0 \pmod{m}$。

证明：由欧拉定理，有 $a^{\varphi(m)}-1\equiv 0 \pmod{m}$，即 $a^{\varphi(m)}-1=(a-1)(1+a+a^2+\cdots+a^{\varphi(m)-1})\equiv 0 \pmod{m}$，又 $(a-1,m)=1$，所以 $1+a+a^2+\cdots+a^{\varphi(m)-1}\equiv 0 \pmod{m}$。■

定理 2.8 费马小定理 设 p 为素数，那么对于任意整数 a，$a^p\equiv a \pmod{p}$。

证明：(1) 若 $(a,p)=1$，由欧拉定理，$a^{p-1}\equiv 1 \pmod{p}$，由定理 2.4 之(2)，$a^p\equiv a \pmod{p}$。

(2) 若 $(a,p)\neq 1$，那么 $p\mid a$，所以 $a\equiv 0 \pmod{p}$，此时仍有 $a^p\equiv a\equiv 0 \pmod{p}$。■

欧拉定理和费马小定理反映了整数的幂关于模 m 的周期性。

例 2.6 假设今天是星期三，试求 $2^{20170226}$ 天后是星期几。

解：因为 $\varphi(7)=6$，根据欧拉定理，$2^6\equiv1 \pmod 7$，所以，对于任意整数 $k\geqslant0$，$2^{6k}\equiv1 \pmod 7$。又因为 $20170226\equiv2 \pmod 6$，所以存在 $k\geqslant0$，使得 $20170226=6k+2$，此时 $2^{20170226}=2^{6k+2}=2^{6k}2^2\equiv4 \pmod 7$，故 $2^{20170226}$ 天后是星期日。■

定理 2.9 设 p 为素数，$k\geqslant0$，$1\leqslant i\leqslant r$，那么对于任意整数 a，$a^{k\varphi(p^i)+r}\equiv a^r \pmod{p^i}$。

证明：分两种情况讨论。如果 $(p,a)=1$，根据欧拉定理，结论成立；而如果 $p|a$，因为 $k\geqslant0$，$1\leqslant i\leqslant r$，所以 $a^{k\varphi(p^i)+r}\equiv a^r\equiv0 \pmod{p^i}$。■

由于定理 2.8 和定理 2.9 对于任意整数 a 都是成立的，因此它们常常被用在复杂表达式的化简中。

在运用欧拉定理的时候需要计算 $\varphi(m)$，下面我们来讨论欧拉函数的求法。

定理 2.10 设 p 为素数，e 为正整数，则 $\varphi(p^e)=p^e-p^{e-1}$。

证明：由欧拉函数的定义，$\varphi(p^e)$ 即为 $1,2,\cdots,p^e-1,p^e$ 中与 p^e 互素的整数的个数。因为 p 为素数，在 $1,2,\cdots,p^e-1,p^e$ 中与 p^e 不互素的整数只有 $p,2p,3p,\cdots,p^{e-1}p$，共 p^{e-1} 个，所以与 p^e 互素的整数的个数为 $\varphi(p^e)=p^e-p^{e-1}$。■

定理 2.11 设 m 为正整数，其标准分解式为 $m=\prod\limits_{i=1}^{s}p_i^{\alpha_i}$，则 $\varphi(m)=m\prod\limits_{i=1}^{s}\left(1-\dfrac{1}{p_i}\right)$。

证明：由定理 2.6 和定理 2.10，得

$$\varphi(m)=\prod_{i=1}^{s}\varphi(p_i^{\alpha_i})=\prod_{i=1}^{s}(p_i^{\alpha_i}-p_i^{\alpha_i-1})=\prod_{i=1}^{s}p_i^{\alpha_i}\left(1-\frac{1}{p_i}\right)=m\prod_{i=1}^{s}\left(1-\frac{1}{p_i}\right)$$ ■

例 2.7 试求 $\varphi(2^3\times3^2\times7)$。

解：
$$\begin{aligned}\varphi(2^3\times3^2\times7)&=2^33^27\times\left(1-\frac{1}{2}\right)\left(1-\frac{1}{3}\right)\left(1-\frac{1}{7}\right)\\&=2^33^27\times\frac{1}{2}\times\frac{2}{3}\times\frac{6}{7}=144\text{。}\end{aligned}$$ ■

一般地，当模 m 的分解式已知的时候，根据定理 2.11 易计算 $\varphi(m)$，但是如果不能分解模 m，$\varphi(m)$ 是无法求出的，有时，已知 $\varphi(m)$，就等价地可以求出 m 的分解式。

例 2.8 假设 m 是两个不相等的素数的乘积，如果已知 $\varphi(m)=a$，试求这两个素数。

解：由题意可设 $m=pq$，p,q 为不相等的素数，可得二元二次方程组

$$\begin{cases}m=pq\\(p-1)(q-1)=a\end{cases}$$

整理得 $p+q=m+1-a$，因此 p,q 为一元二次方程

$$x^2-(m+1-a)x+m=0$$

的两个解。■

当模数 m 和次数 e 都较大时，我们常用下面的**模重复平方法**求 $a^e \pmod m$。

设 $e=(e_{n-1}e_{n-2}\cdots e_1e_0)_2$ 是 e 的二进制表示，其中，$e_i(0\leqslant i\leqslant n-1)$ 为 0 或 1，那么

$$a^e=a^{2^{n-1}e_{n-1}+2^{n-2}e_{n-2}+\cdots+2e_1+e_0}=(a^{2^{n-1}})^{e_{n-1}}(a^{2^{n-2}})^{e_{n-2}}\cdots(a^2)^{e_1}a^{e_0}$$

若我们先依次计算

$$b_0 \equiv a \equiv a^{2^0} \pmod m,\quad b_1 \equiv b_0^2 \equiv a^{2^1} \pmod m,\quad b_2 \equiv b_1^2 \equiv a^{2^2} \pmod m,$$
$$b_3 \equiv b_2^2 \equiv a^{2^3} \pmod m, \cdots,\quad b_{n-1} \equiv b_{n-2}^2 \equiv a^{2^{n-1}} \pmod m$$

则 $a^e \equiv \prod_{e_i=1} b_i \pmod m$。

例 2.9 试求 $2^{20170226} \pmod{84375}$。

解:首先可以用欧拉定理进行化简,因为 $84375 = 3^3 \times 5^5$,所以

$$\varphi(84375) = 3^3 \times 5^5 \times \left(1-\frac{1}{3}\right)\left(1-\frac{1}{5}\right) = 45000$$

则

$$2^{20170226} \equiv 2^{20170226 (\bmod 45000)} \equiv 2^{10226} \pmod{84375},\quad 10226 = (10011111110010)_2,$$

经计算,$b_0 \equiv 2$,$b_1 \equiv 4$,$b_2 \equiv 16$,$b_3 \equiv 256$,$b_4 \equiv 65536$,$b_5 \equiv 26671$,$b_6 \equiv 60991$,$b_7 \equiv 61456$,$b_8 \equiv 46186$,$b_9 \equiv 62221$,$b_{10} \equiv 74716$,$b_{11} \equiv 61906$,$b_{12} \equiv 40336$,$b_{13} \equiv 74146 \pmod{84375}$,如表 2.1 所示。

表 2.1 计算 $b_i^{e_i} \pmod{84375}$

i	0	1	2	3	4	5	6	7	8	9	10	11	12	13
e_i	0	1	0	0	1	1	1	1	1	1	1	0	0	1
b_i	2	4	16	256	65536	26671	60991	61456	46186	62221	74716	61906	40336	74146

于是有

$$\begin{aligned}
2^{10226} &\equiv b_1 b_4 b_5 b_6 b_7 b_8 b_9 b_{10} b_{13} \\
&\equiv 9019 b_5 b_6 b_7 b_8 b_9 b_{10} b_{13} \\
&\equiv 76999 b_6 b_7 b_8 b_9 b_{10} b_{13} \\
&\equiv 17884 b_7 b_8 b_9 b_{10} b_{13} \\
&\equiv 10354 b_8 b_9 b_{10} b_{13} \\
&\equiv 56719 b_9 b_{10} b_{13} \\
&\equiv 44149 b_{10} b_{13} \\
&\equiv 80434 b_{13} \\
&\equiv 65614 \pmod{84375}
\end{aligned}$$

综上,$2^{20170226} \equiv 65614 \pmod{84375}$。■

2.3 同余式的概念和一次同余式

本节主要讲述同余式的基本概念和一次同余式的解法,并借助一次同余式引出逆元的定义、求解方法和相关性质。

定义 2.4 设 $f(x) = \sum_{i=0}^{n} a_i x^i = a_n x^n + a_{n-1} x^{n-1} + \cdots + a_1 x + a_0$ 是一个整系数多项式,m 为正整数,那么称 $f(x) \equiv 0 \pmod m$ 为**模 m 同余式**。如果 $a_n \not\equiv 0 \pmod m$,则称该同余式的**次数**为 n。如果整数 a 满足 $f(a) \equiv 0 \pmod m$,称 a 为**同余式的解**。

由定理 2.4 之(5),若 $b \equiv a \pmod m$,则 $f(b) \equiv f(a) \equiv 0 \pmod m$,所以 b 也是同余

式的解，一般地，若 a 是同余式的解，那么模 m 剩余类 $\bar{a}$ 中的所有整数都是同余式的解，记作 $x\equiv a \pmod m$。模 m 的完全剩余系中同余式的解的个数称为同余式的**解数**。

例如，3 满足同余式 $x^2+1\equiv 0 \pmod{10}$，所以类 $x\equiv 3 \pmod{10}$ 中的整数都是同余式的解，同样 $x\equiv 7 \pmod{10}$ 也是同余式的解，该同余式的解数为 2。

定理 2.12 设 m 为正整数，同余式 $ax\equiv b \pmod m$ 有解的充要条件是 $(a,m)\mid b$。在有解的情况下，解数为 (a,m)，且若 $x=x_0$ 是同余式的一个特解，那么同余式的所有解可以表示为

$$x\equiv x_0+\frac{m}{(a,m)}t \pmod m,\quad t=0,1,2,\cdots,(a,m)-1$$

证明：$ax\equiv b \pmod m$ 有解也就是存在整数 y 使得 $ax-b=my$，而且若 $x=x_0$，$y=y_0$ 是 $ax-b=my$ 的一个解，则 $x\equiv x_0 \pmod m$ 就是 $ax\equiv b \pmod m$ 的一个解。根据定理1.8，方程 $ax-b=my$ 有解的充要条件是 $(a,m)\mid b$，所以同余式 $ax\equiv b \pmod m$ 有解的充要条件是 $(a,m)\mid b$。

由定理 1.8，若 $x=x_0$，$y=y_0$ 是 $ax-b=my$ 的一个解，那么 $ax-b=my$ 的所有解可以表示为

$$\begin{cases} x=x_0+\dfrac{m}{(a,m)}t \\ y=y_0+\dfrac{a}{(a,m)}t \end{cases},\quad t\in\mathbb{Z}$$

我们将 $x=x_0+\dfrac{m}{(a,m)}t$，$t\in\mathbb{Z}$ 写成 (a,m) 个模 m 的剩余类为

$$\overline{x_0},\quad \overline{x_0+\frac{m}{(a,m)}},\quad \overline{x_0+2\cdot\frac{m}{(a,m)}},\cdots,\quad \overline{x_0+((a,m)-1)\cdot\frac{m}{(a,m)}}$$

或者说原同余式的解为 $x\equiv x_0+\dfrac{m}{(a,m)}t \pmod m$，$t=0,1,2,\cdots,(a,m)-1$，解数为 (a,m)。■

根据定理 2.12 的证明过程，我们可以求一次同余式的解。

例 2.10 试求同余式 $6x\equiv 28 \pmod{32}$ 的解。

解：因为 $(6,32)=2$，$2\mid 28$，所以同余式有 2 个解。

由定理 2.4 之(4)，原同余式可以等价地变形为 $3x\equiv 14 \pmod{16}$。

先求同余式 $3x\equiv 1 \pmod{16}$ 的解。

因为 $3\times(-5)+16=1$，所以 $3x\equiv 1 \pmod{16}$ 的解为 $x\equiv -5 \pmod{16}$。

由此 $3x\equiv 14 \pmod{16}$ 的解为 $x\equiv -5\times 14\equiv 10 \pmod{16}$。$x=10$ 是原同余式的一个特解。

根据定理 2.12，原同余式的所有解为 $x\equiv 10+16t \pmod{32}$，$t=0,1$。■

定义 2.5 设 m 为正整数，$(a,m)=1$，同余式 $ax\equiv 1 \pmod m$ 的解称为 a 模 m 的**逆元**，记作 $x\equiv a^{-1} \pmod m$，当 $n\geqslant 0$ 时，我们用 $a^{-n} \pmod m$ 来表示 $a^n \pmod m$ 的逆元。

根据定义，逆元总是相互的。

例 2.11 试求整数 17 模 13 的逆元。

解：17 模 13 的逆元即求同余式 $17x\equiv 1 \pmod{13}$ 的解。同余式可以等价地变形为

$4x\equiv1 \pmod{13}$，因为 $4\times10-13\times3=1$，由定理 2.12，$4x\equiv1 \pmod{13}$ 的解为 $x\equiv10 \pmod{13}$，即 $17^{-1}\equiv10 \pmod{13}$。■

定理 2.13 设 m 为正整数，$(a,m)=1$，那么 $a^{\varphi(m)-1}$ 是 a 模 m 的逆元。

证明：因为 $(a,m)=1$，根据欧拉定理，$a^{\varphi(m)}\equiv1 \pmod{m}$，即 $a\cdot a^{\varphi(m)-1}\equiv1 \pmod{m}$，所以 $x\equiv a^{\varphi(m)-1} \pmod{m}$ 是同余式 $ax\equiv1 \pmod{m}$ 的解，由定义 $a^{\varphi(m)-1}$ 是 a 模 m 的逆元。■

定理 2.13 给出了 a 模 m 的逆元的一种形式化的表述方法，实际计算中，利用欧几里得辗转相除法来求逆元效率通常会更高一些。

如果已知 a 模 m 的逆元 $x\equiv a^{-1} \pmod{m}$，那么同余方程 $ax\equiv b \pmod{m}$ 的解可以写为

$$x\equiv a^{-1}b \pmod{m}$$

定理 2.14 Wilson **定理** 设 p 是素数，那么 $(p-1)!\equiv-1 \pmod{p}$。

证明：若 $p=2$，结论显然成立。

设 $p>2$，对于 $1\leqslant a\leqslant p-1$，因为 $(a,p)=1$，所以 a 存在逆元 a'，由 $ax\equiv1 \pmod{p}$ 的解数为 1，满足 $1\leqslant a'\leqslant p-1$ 的逆元 a' 是唯一的。在 $1,2,\cdots,p-1$ 中，如果 $a\neq a'$，我们将 a 和 a' 配对，得到 $aa'\equiv1 \pmod{p}$。如果 $a=a'$，得到 $a^2\equiv aa'\equiv1 \pmod{p}$，在 $1\leqslant a\leqslant p-1$ 中满足此条件的只有 $a=1$ 和 $a=p-1$，所以，$(p-1)!\equiv1\times(p-1)\equiv-1 \pmod{p}$。■

例 2.12 求 $8\times9\times10\times11\times12\times13 \pmod 7$。

解：因为 7 为素数，由 Wilson 定理知 $(7-1)!\equiv-1 \pmod 7$，即 $6!\equiv-1 \pmod 7$，所以

$$\begin{aligned}8\times9\times10\times11\times12\times13 &\equiv1\times2\times3\times4\times5\times6 \pmod 7\equiv6! \pmod 7\\ &\equiv-1 \pmod 7\end{aligned}$$■

2.4 中国剩余定理和同余式组

本节主要讲述中国剩余定理，其研究的是不同模的剩余类的交集问题，本节同时讨论了同余式组解的一般性质。

定理 2.15 中国剩余定理 设 $m_1,m_2,\cdots,m_s$ 为两两互素的正整数，$b_1,b_2,\cdots,b_s$ 为任意整数，那么同余式组

$$\begin{cases}x\equiv b_1 \pmod{m_1}\\ x\equiv b_2 \pmod{m_2}\\ \cdots\\ x\equiv b_s \pmod{m_s}\end{cases} \tag{2.1}$$

模 $M=m_1m_2\cdots m_s$ 有唯一解 $x\equiv\sum_{i=1}^{s}b_i\cdot\frac{M}{m_i}\left(\frac{M}{m_i}\right)^{-1} \pmod{m_i} \pmod{m}$。

证明：(存在性)由定理 2.2，若 $x\equiv\sum_{i=1}^{s}b_i\cdot\frac{M}{m_i}\left(\frac{M}{m_i}\right)^{-1} \pmod{m_i} \pmod{m}$，对任意 1

$\leqslant j \leqslant s$，有

$$x \equiv \sum_{i=1}^{s} b_i \cdot \frac{M}{m_i}\left(\frac{M}{m_i}\right)^{-1} (\bmod m_i)(\bmod m_j)$$

因为$m_1, m_2, \cdots, m_s$两两互素，所以当 $i=j$ 时，有

$$\left(\frac{M}{m_i}, m_j\right)=1, \quad b_i \cdot \frac{M}{m_i}\left(\frac{M}{m_i}\right)^{-1} (\bmod m_i) \equiv b_i (\bmod m_j)$$

当 $i \neq j$ 时，$\left(\frac{M}{m_i}, m_j\right) = m_j$，$b_i \cdot \frac{M}{m_i}\left(\frac{M}{m_i}\right)^{-1} (\bmod m_i) \equiv 0 (\bmod m_j)$，故 $x \equiv b_j (\bmod m_j)$，即 $x \equiv \sum_{i=1}^{s} b_i \cdot \frac{M}{m_i}\left(\frac{M}{m_i}\right)^{-1} (\bmod m_i)(\bmod m)$ 为同余式(2.1)的解。

(唯一性)另一方面，设式(2.1)的一个整数解为 x_0，那么对于任意 $1 \leqslant j \leqslant s$，$x_0$ 满足 $x_0 \equiv b_j (\bmod m_j)$，而式(2.1)的任意解都满足 $x \equiv b_j (\bmod m_j)$，所以

$$\begin{cases} x \equiv x_0 (\bmod m_1) \\ x \equiv x_0 (\bmod m_2) \\ \cdots \\ x \equiv x_0 (\bmod m_s) \end{cases}$$

根据定理 1.14，$M=[m_1, m_2, \cdots, m_s] \mid x-x_0$，即 $x \equiv x_0 (\bmod M)$，所以式(2.1)模 M 的解是唯一的。■

例 2.13 利用中国剩余定理求 $37^{31} (\bmod 77)$。

解：由中国剩余定理，有

$$x \equiv 37^{31} (\bmod 77) \Leftrightarrow \begin{cases} x \equiv 37^{31} (\bmod 7) \\ x \equiv 37^{31} (\bmod 11) \end{cases}$$

由费马小定理，有

$$37^6 \equiv 1 (\bmod 7), \quad 37^{10} \equiv 1 (\bmod 11)$$

故

$$37^{31} \equiv 37 \equiv 2 (\bmod 7), \quad 37^{31} \equiv 37 \equiv 4 (\bmod 11)$$

从而

$$\begin{cases} x \equiv 37^{31} (\bmod 7) \\ x \equiv 37^{31} (\bmod 11) \end{cases} \Leftrightarrow \begin{cases} x \equiv 2 (\bmod 7) \\ x \equiv 4 (\bmod 11) \end{cases}$$

由中国剩余定理可得

$$11^{-1} \equiv 2 (\bmod 7), \quad 7^{-1} \equiv 8 (\bmod 11)$$

$$x \equiv 11 \times 2 \times 2 + 7 \times 8 \times 4 \equiv 37 (\bmod 77)$$

所以，$37^{31} \equiv 37 \bmod 77$。■

定理 2.16 设$m_1, m_2, \cdots, m_s$为两两互素的正整数，若对于 $1 \leqslant i \leqslant s$，同余式 $f_i(x) \equiv 0 (\bmod m_i)$有 C_i 个解，那么，同余式组

$$\begin{cases} f_1(x) \equiv 0 (\bmod m_1) \\ f_2(x) \equiv 0 (\bmod m_2) \\ \cdots \\ f_s(x) \equiv 0 (\bmod m_s) \end{cases}$$

关于模 $M=m_1m_2\cdots m_s$ 有 $C_1C_2\cdots C_s$ 个解。

证明:设 $f_i(x)\equiv 0(\bmod m_i)$的 C_i 个解为 $x\equiv b_{i,1},b_{i,2},\cdots,b_{i,C_i}(\bmod m_i)$,将这些解进行组合得到形式为

$$x\equiv\sum_{i=1}^{s}b_i\cdot\frac{M}{m_i}\left(\frac{M}{m_i}\right)^{-1}(\bmod m_i)(\bmod M)$$

的解,其中,b_i遍历$b_{i,1},b_{i,2},\cdots,b_{i,C_i}$,解的个数为 $C_1C_2\cdots C_s$。

下面我们证明这些解关于模 M 是两两互不同余的。

若 $x'\equiv\sum_{i=1}^{s}b'_i\cdot\frac{M}{m_i}\left(\frac{M}{m_i}\right)^{-1}(\bmod m_i)(\bmod M)$ 是其中的一个解,且 $x'\equiv x(\bmod M)$,根据定理 2.2,有

$$\begin{cases}x\equiv x'(\bmod m_1)\\x\equiv x'(\bmod m_2)\\\quad\cdots\\x\equiv x'(\bmod m_s)\end{cases}$$

可得

$$\begin{cases}b_1\equiv b'_1(\bmod m_1)\\b_2\equiv b'_2(\bmod m_2)\\\quad\cdots\\b_s\equiv b'_s(\bmod m_s)\end{cases}$$

说明,只要任意一个 b_i 发生变化,得到的解都是不同余的。■

定理 2.17 设 p 为素数,$i_1\geqslant i_2\geqslant\cdots\geqslant i_s$,$b_1,b_2,\cdots,b_s$ 为任意整数,同余式组

$$\begin{cases}x\equiv b_1(\bmod p^{i_1})\\x\equiv b_2(\bmod p^{i_2})\\\quad\cdots\\x\equiv b_s(\bmod p^{i_s})\end{cases}\tag{2.2}$$

有解的充要条件是

$$\begin{cases}b_1\equiv b_2(\bmod p^{i_2})\\b_1\equiv b_3(\bmod p^{i_3})\\\quad\cdots\\b_1\equiv b_s(\bmod p^{i_s})\end{cases}\tag{2.3}$$

如果有解,其解为 $x\equiv b_1(\bmod p^{i_1})$。

证明:先证充分性。若式(2.3)成立,则整数 $x=b_1$ 满足式(2.2),所以式(2.2)有解。

再证必要性。若式(2.2)有解 $x=x_0$,那么

$$\begin{cases}x_0\equiv b_1(\bmod p^{i_1})\\x_0\equiv b_2(\bmod p^{i_2})\\\quad\cdots\\x_0\equiv b_s(\bmod p^{i_s})\end{cases}$$

因为 $i_1 \geqslant i_2 \geqslant \cdots \geqslant i_s$，所以 $p^{i_k} \mid p^{i_1}(2 \leqslant k \leqslant s)$，由 $x_0 \equiv b_1 \pmod{p^{i_1}}$，根据定理2.2，$x_0 \equiv b_1 \pmod{p^{i_k}}(2 \leqslant k \leqslant s)$，根据同余的传递性，式(2.3)成立。

接下来证明在有解的情况下，$x \equiv b_1 \pmod{p^{i_1}}$ 恰好是式(2.2)的所有解。

首先，由 $x \equiv b_1 \pmod{p^{i_1}}$，根据定理2.2，$x \equiv b_1 \pmod{p^{i_k}}(2 \leqslant k \leqslant s)$，再由式(2.3)，根据同余的传递性 $x \equiv b_k \pmod{p^{i_k}}(2 \leqslant k \leqslant s)$，所以 $x \equiv b_1 \pmod{p^{i_1}}$ 是式(2.2)的解。

另一方面，式(2.2)的任一解一定满足 $x \equiv b_1 \pmod{p^{i_1}}$。所以 $x \equiv b_1 \pmod{p^{i_1}}$ 恰好是式(2.2)的所有解。■

例 2.14 试判断同余式组 $\begin{cases} x \equiv 9 \pmod{15} \\ x \equiv 49 \pmod{50} \\ x \equiv -41 \pmod{140} \end{cases}$ 是否有解，如果有解，求出其解。

解：原同余式可等价地变形为 $\begin{cases} x \equiv 9 \pmod 3 \\ x \equiv 9 \pmod 5 \\ x \equiv 49 \pmod{5^2} \\ x \equiv 49 \pmod 2 \\ x \equiv -41 \pmod 7 \\ x \equiv -41 \pmod{2^2} \\ x \equiv -41 \pmod 5 \end{cases}$，因为 $49 \equiv 9 \equiv -41 \pmod 5$，$-41 \equiv 49 \pmod 2$，根据定理2.17，同余式组有解，且可以等价地变形为

$$\begin{cases} x \equiv 9 \pmod 3 \\ x \equiv 49 \pmod{5^2} \\ x \equiv -41 \pmod 7 \\ x \equiv -41 \pmod{2^2} \end{cases}$$

进一步化简为

$$\begin{cases} x \equiv 0 \pmod 3 \\ x \equiv -1 \pmod{5^2} \\ x \equiv 1 \pmod 7 \\ x \equiv 3 \pmod{2^2} \end{cases}$$

令 $m_1 = 2^2, m_2 = 3, m_3 = 5^2, m_4 = 7, M = 2^2 \times 3 \times 5^2 \times 7 = 2100$，可得

$$\frac{M}{m_1} = 525, \quad \frac{M}{m_3} = 84, \quad \frac{M}{m_4} = 300,$$

$$\left(\frac{M}{m_1}\right)^{-1} \equiv 1 \pmod{m_1}, \quad \left(\frac{M}{m_3}\right)^{-1} \equiv 14 \pmod{m_3}, \quad \left(\frac{M}{m_4}\right)^{-1} \equiv -1 \pmod{m_4}$$

所以，原同余式的解为

$$x \equiv 3 \times 525 + 84 \times 14 \times (-1) + 300 \times (-1) \times 1 \equiv 99 \pmod{2100}。■$$

2.5 模为素数幂的同余式的解法

本节主要讲述模为 p^k 的同余式有解的条件和一般解法。

对于合数 $m=\prod_{i=1}^{s} p_i^{\alpha_i}$，求同余式 $f(x)\equiv 0(\bmod m)$ 的解等价于求同余式组

$$\begin{cases} f(x)\equiv 0(\bmod p_1^{\alpha_1}) \\ f(x)\equiv 0(\bmod p_2^{\alpha_2}) \\ \cdots \\ f(x)\equiv 0(\bmod p_s^{\alpha_s}) \end{cases}$$

的解，其解的个数可由定理 2.16 得到。

下面我们来讨论一般的形如 $f(x)\equiv 0(\bmod p^k)$ 的同余式的解法。

定义 2.6 设 $f(x)=a_nx^n+a_{n-1}x^{n-1}+\cdots+a_1x+a_0$ 是一个整系数多项式，其**一阶导式**为

$$f'(x)=na_nx^{n-1}+(n-1)a_{n-1}x^{n-2}+\cdots+a_1$$

$f(x)$ 的一阶导式也可以记为 $f^{(1)}(x)$，依此类推，定义其 m **阶导式**为 $f^{(m)}(x)=(f^{(m-1)}(x))'$。

定理 2.18 设 p 为素数，$k\geqslant 1$，若 $x\equiv x_k(\bmod p^k)$ 是同余式 $f(x)\equiv 0(\bmod p^k)$ 的一个解，那么在这个剩余类中：

(1) 若 $(p,f'(x_k))=1$，则同余式 $f(x)\equiv 0(\bmod p^{k+1})$ 有唯一解；

(2) 若 $p\mid f'(x_k)$，当 $f(x_k)\not\equiv 0(\bmod p^{k+1})$ 时，同余式 $f(x)\equiv 0(\bmod p^{k+1})$ 无解；当 $f(x_k)\equiv 0(\bmod p^{k+1})$ 时，同余式 $f(x)\equiv 0(\bmod p^{k+1})$ 有 p 个解。

证明：根据定理 2.2，同余式 $f(x)\equiv 0(\bmod p^{k+1})$ 的解一定满足 $f(x)\equiv 0(\bmod p^k)$，所以 $f(x)\equiv 0(\bmod p^{k+1})$ 的解可以从 $f(x)\equiv 0(\bmod p^k)$ 的解中进行筛选而得。

因为 $x\equiv x_k(\bmod p^k)$ 是同余式 $f(x)\equiv 0(\bmod p^k)$ 的一个解，我们将从

$$x=x_k+p^kt,\quad t\in\mathbb{Z} \tag{2.4}$$

这个剩余类中筛选出满足 $f(x)\equiv 0(\bmod p^{k+1})$ 的解。

将 $x=x_k+p^kt,t\in\mathbb{Z}$ 代入 $f(x)\equiv 0(\bmod p^{k+1})$，有 $f(x_k+p^kt)\equiv 0(\bmod p^{k+1})$，用泰勒公式展开得到

$$f(x_k)+f'(x_k)p^kt+\sum_{i=2}^{n}\frac{f^{(i)}(x_k)p^{ik}}{i!}t^i\equiv 0(\bmod p^{k+1}) \tag{2.5}$$

根据导式的定义，对于任意正整数 i，$i!\mid f^{(i)}(x_k)$，又当 $i\geqslant 2$ 时 $p^{k+1}\mid p^{ik}$，所以式(2.5)可以化简为

$$f(x_k)+f'(x_k)p^kt\equiv 0(\bmod p^{k+1}) \tag{2.6}$$

由 $f(x_k)\equiv 0(\bmod p^k)$，有 $p^k\mid f(x_k)$，所以式(2.6)可以化简为

$$f'(x_k)t\equiv -\frac{f(x_k)}{p^k}(\bmod p) \tag{2.7}$$

(1) 若 $(f'(x_k),p)=1$，式(2.7)有唯一解 $t\equiv -\frac{f(x_k)}{p^k}(f'(x_k))^{-1}(\bmod p)$，从式(2.4)中筛得的 $f(x)\equiv 0(\bmod p^{k+1})$ 的解为

$$x\equiv x_k-\frac{f(x_k)}{p^k}((f'(x_k))^{-1}(\bmod p))p^k\equiv x_k-f(x_k)((f'(x_k))^{-1}(\bmod p))(\bmod p^{k+1})$$

(2) 若 $p\mid f'(x_k)$，当 $f(x_k)\not\equiv 0(\bmod p^{k+1})$ 时，式(2.7)无解；当 $f(x_k)\equiv 0$

(mod p^{k+1})时,式(2.7)有 p 个解,也就是说式(2.4)中的所有整数 x 都是同余式 $f(x)\equiv 0 \pmod{p^{k+1}}$ 的解,可以表示为

$$x\equiv x_k+p^k t \pmod{p^{k+1}},\quad t=0,1,\cdots,p-1 \blacksquare$$

推论 设 p 为素数,若 $x\equiv x_1 \pmod p$ 是同余式 $f(x)\equiv 0 \pmod p$ 的一个解,且满足 $(f'(x_1),p)=1$,那么对于任意正整数 $k>1$,$f(x)\equiv 0 \pmod{p^k}$ 的满足 $x\equiv x_1 \pmod p$ 的解 x_k 可通过如下递推公式得到:

$$x_i\equiv x_{i-1}-f(x_{i-1})((f'(x_1))^{-1} \pmod p) \pmod{p^i},\quad i=2,3,\cdots,k$$

证明:采用数学归纳法。

当 $k=2$ 时,由定理 2.18,同余式 $f(x)\equiv 0 \pmod{p^k}$ 的解为

$$x_2\equiv x_1-f(x_1)((f'(x_1))^{-1} \pmod p) \pmod{p^2}$$

满足递推公式,结论成立。

假设当 $k<j(j>2)$ 时结论成立,即 $f(x)\equiv 0 \pmod{p^k}$ 的解可以通过

$$x_i\equiv x_{i-1}-f(x_{i-1})((f'(x_1))^{-1} \pmod p) \pmod{p^i},\quad i=2,3,\cdots,k$$

求得。

当 $k=j$ 时,首先,因为 $x_{j-1}\equiv x_{j-2}\equiv\cdots\equiv x_1 \pmod p$,所以

$$f'(x_{j-1})\equiv f'(x_{j-2})\equiv\cdots\equiv f'(x_1) \pmod p$$

$$(f'(x_{j-1}))^{-1}\equiv(f'(x_{j-2}))^{-1}\equiv\cdots\equiv(f'(x_1))^{-1} \pmod p$$

且 $(f'(x_{j-1}),p)=(f'(x_1),p)=1$,根据定理 2.18,同余式 $f(x)\equiv 0 \pmod{p^j}$ 的解为

$$\begin{aligned}x_j &\equiv x_{j-1}-f(x_{j-1})((f'(x_{j-1}))^{-1} \pmod p)\\ &\equiv x_{j-1}-f(x_{j-1})((f'(x_1))^{-1} \pmod p) \pmod{p^j}\end{aligned}$$

满足递推公式。■

例 2.15 试求同余式 $x^3+4x^2+1\equiv 0 \pmod{3^5}$ 的解。

解:令 $f(x)=x^3+4x^2+1$,则 $f'(x)=3x^2+8x\equiv 2x \pmod 3$,由同余式 $f(x)\equiv 0 \pmod 3$ 得到解 $x_1\equiv 1 \pmod 3$,同时,有

$$(f'(x_1))^{-1}\equiv 2^{-1}\equiv 2 \pmod 3$$

因此,根据定理 2.18 的推论,有

$$x_2\equiv x_1-2f(x_1)\equiv 7 \pmod{3^2}$$

$$x_3\equiv x_2-2f(x_2)\equiv 7 \pmod{3^3}$$

$$x_4\equiv x_3-2f(x_3)\equiv 61 \pmod{3^4}$$

$$x_5\equiv x_4-2f(x_4)\equiv 142 \pmod{3^5}$$

所以,原同余式的解为 $x\equiv 142 \pmod{3^5}$。■

例 2.16 试求解同余式 $x^2+p\equiv 0 \pmod{p^3}$,其中,p 为奇素数。

解:令 $f(x)=x^2+p$,则 $f'(x)\equiv 2x \pmod p$。

考虑 $f(x)\equiv 0 \pmod p$,它有唯一解 $x_1\equiv 0 \pmod p$,$f'(x_1)\doteq 0 \pmod p$,所以 $p\mid f'(x_1)$。

因为 $f(x_1)=p$,所以 $p^2\nmid f(x_1)$,根据定理 2.18,同余式 $x^2+p\equiv 0 \pmod{p^2}$ 无解,进而原同余式也一定无解。■

2.6 练习题

1. 试证明:如果 $r_1, r_2, \cdots, r_{\varphi(m)}$ 是模 $m(m>2)$ 的一个简化剩余系,那么 $\sum_{i=1}^{\varphi(m)} r_i \equiv 0(\text{mod m})$。

2. 试证明:如果 n 是正奇数,那么 $\sum_{i=1}^{n-1} i^3 \equiv 0(\text{mod } n)$。

3. 试判断 128749832749837759345 是否是 11 和 13 的倍数。

4. 试计算 $13^{20170226}(\text{mod } 72)$。

5. 试计算 $17^{2022}(\text{mod } 2023)$。

6. 试证明:若 $N = \prod_{i=1}^{n} p_i^{\alpha_i}$,$(a, N) = 1$,那么 $a^{[\varphi(p_1^{\alpha_1}), \varphi(p_2^{\alpha_2}), \cdots, \varphi(p_n^{\alpha_n})]} \equiv 1(\text{mod } N)$。

7. 试证明:正整数 $N>1$ 满足 $\varphi(N)=2^n$ 的充要条件是 N 有分解式 $N = 2^m \prod_{i=1}^{s} F_i$,$m \geqslant 0$,$F_i$ 为互不相等的 Fermat 素数。

8. RSA 加密算法。设 $N=pq$,p、q 为不相等的素数,正整数 e 满足 $(e, \varphi(N))=1$,d 满足 $ed \equiv 1(\text{mod } \varphi(N))$,试证明:对于任意明文 $0 \leqslant m < N$,若加密算法为 $c \equiv m^e(\text{mod } N)$,那么由密文 c,可以通过计算 $c^d(\text{mod } N)$ 解密得到明文 m。

9. 试证明:正整数 $N>1$ 对于任意整数 $0 \leqslant a < N$ 和 $k>0$ 均有 $a^{k\varphi(N)+1} \equiv a(\text{mod } N)$ 的充要条件是 N 有分解式 $N = \prod_{i=1}^{n} p_i$,p_i 为互不相等的素数。

10. 设模 m 的简化剩余系为 $r_1, r_2, \cdots, r_{\varphi(m)}$,试证明:$\left(\prod_{i=1}^{\varphi(m)} r_i\right)^2 \equiv 1(\text{mod } m)$。

11. 试求解一次同余式 $256x \equiv 28(\text{mod } 400)$。

12. 试证明:如果 p 是素数,且 $p \equiv 1(\text{mod } 4)$,那么同余式 $x^2 \equiv -1(\text{mod } p)$ 有两个不同余的解

$$x \equiv \pm \frac{p-1}{2}!\ (\text{mod } p)$$

13. 试计算 $3^{20100416}(\text{mod } 35)$,$3^{20150410}(\text{mod } 35 \times 27)$。

14. 试证明:如果 $(a, 32760)=1$,那么 $a^{12} \equiv 1(\text{mod } 32760)$。

15. 判断同余式 $\begin{cases} x \equiv 3(\text{mod } 8) \\ x \equiv 11(\text{mod } 20) \\ x \equiv 1(\text{mod } 15) \end{cases}$ 是否有解,如果有解,试求出其解。

16. 求解同余式 $x^{10} + x^2 + x + 1 \equiv 0(\text{mod } 2^5)$。

17. 求解同余式 $2x^{25} + 3x^{17} + 5x^9 + 7x \equiv 0(\text{mod } 45)$。

18. 求解同余式 $21x^{2011} + 13x^4 + 7x^2 + 5x \equiv 0(\text{mod } 45)$。

19. 求解同余式 $x^2 + px \equiv 0(\text{mod } p^3)$,其中,$p$ 为奇素数。

2.7 扩展阅读与实践

1. 已知 $M=348295830193856920$，$N=999999996$，构造整数

$$A=12345678910111213\cdots M$$

试求 A 除以 N 的余数。

2. 在 RSA 加密算法中，假设所有加密密钥都为 $e=3$，Alice 加密同一个明文 m 给三个不同的人，模分别为

$N_1=948843133611172326938441521731156720717124647235101722382390676341757995884707784983524920039035817$

$N_2=391912943690440155395145640213949579762153984224885195023620877667829874087995289630434890610961843 7$

$N_3=167195368460732206828167278608852226251868315715738674870264916420979814418610500028598672937774367 51$

三个密文分别为

$C_1=152340311151651168336842936732903020294997182833237483339074061318058439679369669776898802766207667$

$C_2=303274070662603214829145782173903886251005083792802798305332645834574923225948205232581721086271523 9$

$C_3=892758387213169365738882038688396518145465349260364329194887506437344683889758205271728415040249068$

试求出明文 m。

3. 中国剩余定理可以用来提高 RSA 算法解密速度。设 RSA 的模为 n 比特时解密时间为 t，试思考，保存哪些私有参数，可以使得当模为 $2n$ 比特时，解密时间大约为 $2t$。请利用你所设计的算法求如下 RSA 的明文，并统计和分析解密时间。

$p=3613747531784454197257971407004892505783503125079 3$

$q=33545969395375786671592392196714224310866319684573$

$e=65537$

$C=349932498789132498719823498324981324982349843593285914398273873248714398 7$

4. 整数分解 Pollard$p-1$ 方法。

设 p 是奇素数，由费马小定理，$2^{k(p-1)}\equiv 1\pmod p$，即 $p\mid 2^{k(p-1)}-1$。

如果 p 是 n 的一个素因子，那么 $p\mid(2^{k(p-1)}-1,n)$，可不断地求 $2^1-1,2^{2!}-1,\cdots,2^{B!}-1\pmod n$，当 B 大到一定程度使得 $p-1\mid B!$，即 $B!=k(p-1)$的时候，通过计算 $((2^{B!}-1)\pmod n,n)$就可能求出 n 的非平凡因子。上述讨论中，2 也可以换成其他大于 2 的整数。

该方法的适用范围为：$p-1$ 全部由小素数相乘得来，此时存在较小的 B，使得$p-1\mid B!$。

程序示例如下：

```
def factor_p_1(n,B):
    a=2
    for j in range(2,B+1):
        a=power_mod(a,j,n)
        d=gcd(a-1,n)
        if d>1:
            print(d)
            return
```

试利用上述方法寻找整数 32987598374983274982374982343878373 的一个素因子。

5. 整数分解 Pollardρ 方法。

假设 $x_1,x_2,\cdots,x_m$ 是 m 个整数形成的序列，p 是 n 的一个素因子，如果序列中存在两个整数 x_i,x_j 使得 $p\mid x_i-x_j$，那么，通过计算(x_i-x_j,n)就可能求出 n 的非平凡因子。而从 m 个整数中任取两个整数有$\dfrac{m(m-1)}{2}$种取法，当 m 较大时，穷举计算变得较为困难。

Pollardρ 方法首先选取任意 $x_1=a<n$，且计算 $x_{i+1}=x_i^2+1(\bmod n)$，如果将 x_1，$x_2,\cdots,x_m$ 看作一个随机序列，根据生日悖论原理，将近 $1.17\sqrt{p}$长的序列中存在 $x_i\equiv x_j(\bmod p)$的概率大于 50%。现在假设 x_i,x_j 是首次使得 $x_i\equiv x_j(\bmod p)$的两个整数，且 $j>i$，那么有 $x_{i+1}\equiv x_{j+1},x_{i+2}\equiv x_{j+2},\cdots(\bmod p)$，即序列从第 i 项开始，以周期 $j-i$ 重复地关于 p 同余。设 $i\leqslant k<j$，且 $j-i\mid k$(连续 $j-i$ 个整数中必有一个是 $j-i$ 的倍数)，那么，因为 k 是周期的倍数，必然有 $x_k\equiv x_{2k}(\bmod p)$，此时通过计算$(x_k-x_{2k},n)$就可求出 n 的非平凡因子。

比如：$i=10,j=23,x_i\equiv x_j(\bmod p)$，周期是 13，那么 $k=13,x_{13}\equiv x_{26}(\bmod p)$，此时计算$(x_{13}-x_{26},n)$可求出 p。

该方法为概率算法，因为对于合数 n 而言，其最小素因子 $p\leqslant n^{1/2}$，所以算法的期望复杂度为 $O(n^{1/4})$，比较高效。

程序示例如下：

```
def factor_rho(n,a):
    b=(a*a+1)% n
    d=gcd(a-b,n)
    while d==1:
        a=(a*a+1)% n
        b=(b*b+1)% n
        b=(b*b+1)% n
        d=gcd(a-b,n)
    if d==n:
        print('fail')
```

```
    else:
        print(d)
```

试用上述方法寻找整数 32987598374983274982374982343878373 的一个素因子。

6. Miller-Rabin 素性检测方法。

素性检测用于判断一个整数是否为素数，其分为确定性算法和概率算法。确定性算法在多项式时间内确定一个整数是素数还是合数，Agrawal-Kayal-Saxena 是一个确定性的素性检测方法，该算法实用性不高，对于 20 位的整数(十进制)其判断时间也非常之久。概率算法在概率多项式时间内判断一个整数是素数的概率，其中，最常用的是 Miller-Rabin 素性检测方法。

设 n 是一个正整数，对于正整数 $1\leqslant b<n$，如果满足：① $b^{n-1}\not\equiv 1(\bmod n)$；② 存在正整数 i，使得 $2^i\mid(n-1)$，而且 $1<(b^{\frac{n-1}{2^i}}-1,n)<n$，
则称 b 为 n 是合数的一个证据。

显然，当 b 满足条件①的时候，由于不满足费马小定理，n 一定是合数；当 b 满足条件②的时候，n 不满足素数的定义，所以也必然是合数。

Rabin 证明：如果 n 是大于 4 的合数，那么对于随机选取的整数 $1\leqslant b<n$，b 为 n 是合数的一个证据的概率大于等于 $\frac{3(n-1)}{4}$。也就是说，b 不满足上述条件的概率小于 $\frac{1}{4}$。

Miller-Rabin 素性检测方法用 SageMath 描述如下。n 是大于 1 的待检测的正整数，k 是检测次数，当以下函数返回 False 时，n 一定是合数；返回 True 时，n 是一个概率素数，且错误的概率小于 $\frac{1}{4^k}$。

```
def MR(n,k):
    #2 是素数
    if n==2:
        return True
    # 其他偶数不是素数
    if n&1==0 or n<2:
        return False
    #计算 n-1=(2^i)s
    s,t=n-1,0
    while s&1==0:
        s=s>>1
        t+=1
    #k 次测试
    for _ in range(k):
        b=power_mod(randint(2,n-1), s, n)
        if b==1 or b==n-1:
            continue
```

```
        for __ in range(t-1):
            b=power_mod(b, 2, n)
            if b==n-1:
                break
        else:
            return False
    return True
```

从算法中我们可以看出,当 n 为大于 2 的奇合数时,对于 k 次测试中的每一次测试,如果算法返回 True,$b^s\equiv 1$,此时 $b^{2^i s}\equiv 1 \pmod n\ (1\leqslant i\leqslant t)$;或者 $b^s\equiv n-1, b^{2s}\equiv n-1,\cdots,b^{2^i s}\equiv n-1 \pmod n\ (1\leqslant i<t)$,此时 $b^{2^{i+1}s}\equiv 1 \pmod n,\cdots,b^{2^t s}\equiv 1 \pmod n$。所以,两种情况下均有 $b^{n-1}\equiv 1 \pmod n$,且对于任意正整数 $i, 2^i \mid (n-1)$,都有 $(b^{\frac{n-1}{2^i}}-1,n)=(0,n)=n$ 或者 $(b^{\frac{n-1}{2^i}}-1,n)=(-2,n)=1$,意味着找到一个 b 不满足上述条件,成功的概率小于 $\frac{1}{4}$,独立重复上述测试 k 次,k 次全部成功的概率小于 $\frac{1}{4^k}$。

试用上述算法求十进制下最大的 100 位的概率素数。

3

有限域

本章将给出域的定义及基本性质，介绍域上多项式的概念及扩域的构造方法，针对多项式 $x^{q^n}-x$ 的性质进行深入阐述，最后引入有限域结构定理的相关内容。

3.1 域的定义与基本性质

定义 3.1 设$\mathbb{F}$是一个非空的集合，在其上定义了两种运算，分别为加法和乘法，记作“+”和“·”，对于$\mathbb{F}$中的任意两个元素 a,b，均有 $a+b\in\mathbb{F}$，$a\cdot b\in\mathbb{F}$（$\mathbb{F}$对于加法和乘法自封闭，$a+b$，$a\cdot b$ 分别称为两个元素的和与积，$a\cdot b$ 通常简记作 ab），如果其元素满足以下运算规则，我们称$\mathbb{F}$对于所规定的加法和乘法为一个**域**：

(1) $\mathbb{F}$中所有元素对于加法形成一个加法交换群；

(2) $\mathbb{F}$中所有非零元素（记作$\mathbb{F}^*$）对于乘法形成一个乘法交换群；

(3) 对任意 $a,b,c\in\mathbb{F}$，$a(b+c)=ab+ac$（乘法对加法的分配律）。

一个域至少有两个元素，即加法群的零元和乘法群的单位元，它们分别称为域的**零元**和**单位元**，记作 0 和 1，单位元有时也记作 e。当称一个集合是域的时候，除了需要指明集合本身的元素外，还要指明集合上定义的加法和乘法。

域的乘法群通常记作$\mathbb{F}^*$。

当域的元素个数有限时称为**有限域**，或者**伽罗华域**，否则称为**无限域**。

常见的有理数集合$\mathbb{Q}$、实数集合$\mathbb{R}$和复数集合$\mathbb{C}$按照其上定义的加法和乘法都形成域，分别称为有理数域、实数域和复数域。

例 3.1 以下集合按照所定义的加法和乘法均形成域：

(1) $\mathbb{Q}[\sqrt{2}]=\{a+b\sqrt{2}\mid a,b\in\mathbb{Q}\}$，加法和乘法分别为实数域$\mathbb{R}$上的加法和乘法；

(2) $\mathbb{R}[\sqrt{-2}]=\{a+b\sqrt{-2}\mid a,b\in\mathbb{R}\}$，加法和乘法分别为复数域$\mathbb{C}$上的加法和乘法，$\sqrt{-2}$表示复数域中 -2 的平方根；

(3) $\mathbb{Z}_p=\{0,1,\cdots,p-1\}$，$p$ 为素数，加法和乘法分别为模 p 意义下的加法和乘法。

例 3.2 以下集合按照所定义的加法和乘法均不形成域：

(1) 全体整数所形成的集合$\mathbb{Z}$，加法和乘法分别为$\mathbb{Z}$上的加法和乘法；

(2) 集合$\{a+b\sqrt[3]{2}\mid a,b\in\mathbb{Q}\}$,加法和乘法分别为实数域$\mathbb{R}$上的加法和乘法;

(3) $\mathbb{Z}_m=\{0,1,\cdots,m-1\}$,$m$为合数,加法和乘法分别为模$m$意义下的加法和乘法。

定义 3.2 设$\mathbb{F}$是一个域,$\mathbb{F}_0$是$\mathbb{F}$的非空子集,如果对于$\mathbb{F}$上的加法和乘法,$\mathbb{F}_0$自身也是一个域,则称$\mathbb{F}_0$是$\mathbb{F}$的**子域**,$\mathbb{F}$是$\mathbb{F}_0$的**扩域**,记作$\mathbb{F}_0\subseteq\mathbb{F}$,如果另有$\mathbb{F}_0\neq\mathbb{F}$,则可记作$\mathbb{F}_0\subsetneq\mathbb{F}$。

例如:$\mathbb{Q}\subsetneq\mathbb{Q}[\sqrt{2}]\subsetneq\mathbb{R}\subsetneq\mathbb{R}[\sqrt{-2}]\subsetneq\mathbb{C}$。

定理 3.1 设$\mathbb{F}_0$、$\mathbb{F}_0^*$均是域$\mathbb{F}$的非空子集,当且仅当以下条件成立时$\mathbb{F}_0$是域$\mathbb{F}$的子域:

(1) 对于任意$a,b\in\mathbb{F}_0$,都有$-a,a+b\in\mathbb{F}_0$;

(2) 对于任意非零元素$a,b\in\mathbb{F}_0$,都有$a^{-1},ab\in\mathbb{F}_0$。

证明:(1) 说明$\mathbb{F}_0$是$\mathbb{F}$的加法子群,(2) 说明$\mathbb{F}_0^*$是$\mathbb{F}^*$的乘法子群。而乘法对加法的分配律在$\mathbb{F}$中成立,那么在$\mathbb{F}_0$中也必然成立,根据定义,$\mathbb{F}_0$也是一个域。■

设$a\in\mathbb{F}$,$n>0$,从加法群的角度来看,na等于n个a相加,而它也等于域中的元素ne和a的乘积。这是因为

$$na=a+a+\cdots+a=ea+ea+\cdots+ea=(e+e+\cdots+e)a=(ne)a$$

我们用$-na$表示na的负元,那么

$$-na=n(-a)=(ne)(-a)=(-ne)a$$

设$a\in\mathbb{F}$,$n>0$,我们用a^n表示n个a相乘,并定义$a^{-n}=(a^n)^{-1}$,当$a\neq0$时,定义$a^0=e$。

定理 3.2 设F是一个域,那么

(1) 对于任意$a\in\mathbb{F}$,$0a=a0=0$;

(2) 对于任意$a,b\in\mathbb{F}$,若$ab=0$,则$a=0$或$b=0$。

证明:(1) 根据乘法对加法的分配律,$0a=(0+0)a=0a+0a$,在$0a=0a+0a$两边加上$-0a$,得到$0a=0$。同理可得$a0=0$。

(2) 若$a\neq0$,则$a^{-1}ab=a^{-1}0=0$,即$b=0$。■

显然,在域$\mathbb{F}$中,二项式定理是成立的。

定理 3.3 设$\mathbb{F}$是一个域,$a,b\in\mathbb{F}$,则对于任意正整数n,$(a+b)^n=\sum_{i=0}^{n}\binom{n}{i}a^{n-i}b^i$。

定义 3.3 设$\mathbb{F}$是一个域,如果存在正整数m,使得对于任意$a\in\mathbb{F}$均有$ma=0$,则在所有m中,最小的正整数称为域$\mathbb{F}$的**特征**;否则,如果不存在正整数m使得对于任意$a\in\mathbb{F}$均有$ma=0$,则称域$\mathbb{F}$的**特征为 0**。域$\mathbb{F}$的特征记作$\mathrm{char}(\mathbb{F})$。

例 3.3 集合$\mathbb{Z}_7=\{0,1,\cdots,6\}$,定义加法和乘法分别为模 7 的加法和乘法,该域的特征为 7,如$1+1+1+1+1+1+1=7\pmod 7=0$。

定义 3.4 设$\mathbb{F}$,$\mathbb{k}$是两个域,如果存在$\mathbb{F}$到$\mathbb{k}$上的一一映射δ,使得对于任意$a,b\in\mathbb{F}$,均有

$$\delta(a+b)=\delta(a)+\delta(b),\quad \delta(ab)=\delta(a)\delta(b)$$

则称δ为$\mathbb{F}$到$\mathbb{k}$上的**同构映射**,此时称域$\mathbb{F}$、$\mathbb{k}$同构,记作$\mathbb{F}\cong\mathbb{k}$。如果$\mathbb{F}=\mathbb{k}$,则称$\delta$为

自同构映射,特别地,若进一步对于任意 $a\in\mathbb{F}$ 均有 $\delta(a)=a$,则称 δ 为**恒等自同构映射**。

一个域的最小子域称为该域的**素域**。

定理 3.4 设$\mathbb{F}$是一个域,如果 char($\mathbb{F}$)为正整数,则必为某个素数 p。特征为素数 p 的域的素域与$\mathbb{Z}_p$同构,特征为 0 的域的素域与$\mathbb{Q}$同构。

证明:反证法。假设 $\text{char}(\mathbb{F})=m>0$,$m$ 为合数。设 p 是 m 的最小素因子,$m=ps$,$1<p<m$,$1<s<m$,则$(ps)e=me=0$,而$(ps)e=(pe)(se)$,根据定理 3.2,$pe=0$ 或 $se=0$。但是,对于任意 $a\in\mathbb{F}$,$pa=(pe)a$,$sa=(se)a$,所以必有 $pa=0$ 或 $sa=0$,这与 m 的最小性相矛盾。

当 $\text{char}(\mathbb{F})=p$ 时,可以验证$\mathbb{F}_0=\{0,e,2e,3e,\cdots,(p-1)e\}$是域$\mathbb{F}$的最小子域,而映射 $\delta:\mathbb{F}_0\to\mathbb{Z}_p$,$\delta(ie)=i$ 为域同构映射。

当 $\text{char}(\mathbb{F})=0$ 时,可以验证$\mathbb{F}_0=\{(ae)(be)^{-1}\mid a,b\in\mathbb{Z},b\neq 0\}$是域$\mathbb{F}$的最小子域,而映射 $\delta:\mathbb{F}_0\to\mathbb{Q}$,$\delta((ae)(be)^{-1})=\dfrac{a}{b}$,$a,b\in\mathbb{Z}$,$b\neq 0$ 为域同构映射。■

定理 3.5 设$\mathbb{F}$是一个域,$\text{char}(\mathbb{F})=p$,则对于任意 $a,b\in\mathbb{F}$,$n\geqslant 0$,均有

$$(a\pm b)^{p^n}=a^{p^n}\pm b^{p^n}$$

证明:$n=0$ 时结论成立。

对于 $n>0$,使用数学归纳法证明$(a+b)^{p^n}=a^{p^n}+b^{p^n}$。

$n=1$ 时,因为 $p\mid\begin{pmatrix}p\\i\end{pmatrix}(0<i<p)$,根据二项式定理,$(a+b)^p=a^p+b^p$。

假设 $n=k$ 时结论成立,当 $n=k+1$ 时,有

$$(a+b)^{p^{k+1}}=((a+b)^{p^k})^p=(a^{p^k}+b^{p^k})^p=a^{p^{k+1}}+b^{p^{k+1}},$$

$$(a-b)^{p^n}=(a+(-b))^{p^n}=a^{p^n}+(-1)^{p^n}b^{p^n}$$

当 $p\neq 2$ 时,$(-1)^{p^n}=-1$,所以$(a-b)^{p^n}=a^{p^n}-b^{p^n}$;当 $p=2$ 时,$(-1)^{p^n}=1=-1$,仍有$(a-b)^{p^n}=a^{p^n}-b^{p^n}$。■

定理 3.5 也可以推广至多个元素相加减的情况。

3.2 域上多项式

定义 3.5 对于非负整数 i,a_ix^i,$a_i\in\mathbb{F}$ 表示域$\mathbb{F}$上文字为 x 的**单项式**,我们称形式和 $f(x)=a_nx^n+a_{n-1}x^{n-1}+\cdots+a_1x^1+a_0x^0$,$a_i\in\mathbb{F}$ 为域$\mathbb{F}$上文字为 x 的**多项式**,简称为域$\mathbb{F}$上的多项式。a_ix^i 称为 $f(x)$的 i **次项**,a_i 称为 $f(x)$的 i **次项系数**。当 $a_n\neq 0$ 时,称该多项式称为 n 次多项式,a_n 称为 $f(x)$的**首项系数**,多项式 $f(x)$的次数记作 $\deg f(x)$。如果多项式的各项系数均为 0,则我们称该多项式为**零多项式**,记作 0,零多项式的次数规定为$-\infty$。两个多项式**相等**是指其对应项的系数全部相等。

域$\mathbb{F}$上文字为 x 的所有多项式的集合用符号$\mathbb{F}[x]$表示,规定 $x^0=1\in\mathbb{F}$,$a_0x^0=a_0\in\mathbb{F}$,则有$\mathbb{F}\subsetneq\mathbb{F}[x]$。通常我们将 x^1 简记作 x,当 $i>0$,$a_i=1$ 时,将 a_ix^i 简记作 x^i,有时我们也用求和符号来表示形式和 $f(x)$,即

$$f(x)=\sum_{i=0}^{n}a_ix^i=a_nx^n+a_{n-1}x^{n-1}+\cdots+a_1x+a_0,\quad a_i\in\mathbb{F}$$

在$\mathbb{F}[x]$上可以定义加法"+"和乘法"·"。

设 $f(x)=\sum\limits_{i=0}^{n}a_ix^i, g(x)=\sum\limits_{i=0}^{m}b_ix^i, n\geqslant m$，令 $b_{m+1}=b_{m+2}=\cdots=b_n=0$，则可定义

$$f(x)+g(x)=\sum_{i=0}^{n}(a_i+b_i)x^i$$

$$f(x)\cdot g(x)=\sum_{j=0}^{m+n}\Big(\sum_{i=0}^{j}a_ib_{j-i}\Big)x^j$$

通常，$f(x)\cdot g(x)$简记作 $f(x)g(x)$，关于多项式的次数，下面的结论成立。

$$\deg(f(x)+g(x))\leqslant\max\{\deg f(x),\deg g(x)\}$$

$$\deg(f(x)g(x))=\deg f(x)+\deg g(x)$$

$\mathbb{F}[x]$按照上面所定义的加法和乘法来说不是域，因为除了$\mathbb{F}$中的非零元素，$\mathbb{F}[x]$中的其他元素均没有乘法逆元。

定理 3.6 设 $f(x), g(x)$为域$\mathbb{F}$上的两个多项式，$g(x)\neq 0$，则存在唯一的一对多项式 $q(x), r(x)$，使得

$$f(x)=q(x)g(x)+r(x),\quad \deg r(x)<\deg g(x)\tag{3.1}$$

证明：设 $f(x)=a_nx^n+a_{n-1}x^{n-1}+\cdots+a_1x+a_0, g(x)=b_mx^m+b_{m-1}x^{m-1}+\cdots+b_1x+b_0$ 分别为 n 次和 m 次多项式。

下面对 $f(x)$的次数 n 用归纳法证明 $q(x), r(x)$的存在性。

当 $n<m$ 时，取 $q(x)=0, r(x)=f(x)$，结论成立。

假设当 $n<k(k\geqslant m)$时结论均成立。

当 $n=k$ 时，$\deg(f(x)-g(x)a_kb_m^{-1}x^{k-m})<k$，根据归纳假设，可设

$$f(x)-g(x)a_kb_m^{-1}x^{k-m}=h(x)g(x)+r(x),\quad \deg r(x)<g(x)$$

此时

$$f(x)=(h(x)+a_kb_m^{-1}x^{k-m})g(x)+r(x),\quad \deg r(x)<g(x)$$

所以，$q(x)=h(x)+a_kb_m^{-1}x^{k-m}$及 $r(x)$即为所求。

再证唯一性。

假设又有 $f(x)=q'(x)g(x)+r'(x), \deg r'(x)<\deg g(x)$，那么

$$q(x)g(x)+r(x)=q'(x)g(x)+r'(x)$$

得到

$$(q(x)-q'(x))g(x)=r'(x)-r(x)$$

又因为 $\deg(r'(x)-r(x))<\deg g(x)$，所以 $q(x)-q'(x)=0$，进而 $r'(x)-r(x)=0$。■

定理 3.6 中的式(3.1)称为**多项式的带余除法算式**，$r(x)$称为 $f(x)$被 $g(x)$除所得的**余式**，记作$(f(x))_{g(x)}=r(x)$。

例 3.4 在$\mathbb{Z}_2[x]$中，令 $f(x)=x^{13}+x^{11}+x^9+x^8+x^6+x^5+x^4+x^3+1, g(x)=x^8+x^4+x^3+x+1$，则 $f(x)=(x^5+x^3)g(x)+(x^7+x^6+1)$。

定理 3.7 设 $f_1(x), f_2(x), g(x)$为域$\mathbb{F}$上的多项式，$g(x)\neq 0$，则

$$(f_1(x)+f_2(x))_{g(x)}=(f_1(x))_{g(x)}+(f_2(x))_{g(x)} \tag{3.2}$$

$$(f_1(x)f_2(x))_{g(x)}=((f_1(x))_{g(x)}(f_2(x))_{g(x)})_{g(x)} \tag{3.3}$$

证明: 设 $f_1(x)=q_1(x)g(x)+(f_1(x))_{g(x)}$,$f_2(x)=q_2(x)g(x)+(f_2(x))_{g(x)}$,因为 $\deg((f_1(x))_{g(x)}+(f_2(x))_{g(x)})<\deg g(x)$,所以

$$\begin{aligned}(f_1(x)+f_2(x))_{g(x)}&=(q_1(x)g(x)+(f_1(x))_{g(x)}+q_2(x)g(x)+(f_2(x))_{g(x)})_{g(x)}\\&=((q_1(x)+q_2(x))g(x)+(f_1(x))_{g(x)}+(f_2(x))_{g(x)})_{g(x)}\\&=(f_1(x))_{g(x)}+(f_2(x))_{g(x)}\end{aligned}$$

$$\begin{aligned}(f_1(x)f_2(x))_{g(x)}&=((q_1(x)q_2(x)g(x)+q_1(x)(f_2(x))_{g(x)}+q_2(x)(f_1(x))_{g(x)})g(x)\\&\quad+(f_1(x))_{g(x)}(f_2(x))_{g(x)})_{g(x)}\\&=((f_1(x))_{g(x)}(f_2(x))_{g(x)})_{g(x)}\ \blacksquare\end{aligned}$$

该定理可推广到多个多项式相加和相乘的情况。我们将式(3.2)和式(3.3)所示的运算分别称为多项式 $f_1(x)$,$f_2(x)$对 $g(x)$的**模加**和**模乘**运算。

定义 3.6 设 $f(x)$,$g(x)$为域$\mathbb{F}$上的两个多项式,$g(x)\neq 0$,其带余除法算式如式(3.1)所示,当 $r(x)=0$ 时,称 $f(x)$能被 $g(x)$**整除**,或者 $g(x)$能整除 $f(x)$,记作 $g(x)\mid f(x)$,否则称 $g(x)$不能整除 $f(x)$,记作 $g(x)\nmid f(x)$。若 $g(x)\mid f(x)$,$f(x)$称作 $g(x)$的**倍式**,而 $g(x)$称作 $f(x)$的**因式**,当 $\deg g(x)<\deg f(x)$时,称 $g(x)$为 $f(x)$的**真因式**。

根据定义,0 是任意非零多项式的倍式,而域$\mathbb{F}$中的非零元素为任意多项式的因式。

定义 3.7 设 $f(x)$为域$\mathbb{F}$上的多项式,如果 $f(x)$的因式只有 c,$cf(x)$,其中,$c\in\mathbb{F}^*$,则 $f(x)$称为域$\mathbb{F}$上的**不可约多项式**,否则称为**可约多项式**。

根据定义 3.7,可以得到定理 3.8。

定理 3.8 域$\mathbb{F}$上的多项式 $f(x)$是可约多项式,当且仅当存在两个域$\mathbb{F}$上的多项式 $f_1(x)$,$f_2(x)$,$\deg f_1(x)<\deg f(x)$,$\deg f_2(x)<\deg f(x)$,使得 $f(x)=f_1(x)f_2(x)$。

证明: 根据可约多项式的定义,充分性成立。

接下来证明必要性。

若多项式 $f(x)$是可约多项式,那么 $f(x)$必然存在不为 c 和 $cf(x)$($c\in\mathbb{F}^*$)的因式 $f_1(x)$,此时,$0<\deg f_1(x)<\deg f(x)$。

设 $f(x)=f_1(x)f_2(x)$,那么 $\deg f(x)=\deg f_1(x)+\deg f_2(x)$,所以 $\deg f_2(x)<\deg f(x)$。$\blacksquare$

根据多项式整除的定义,可以得到定理 3.9。

定理 3.9 设有域$\mathbb{F}$上的多项式 $g(x)\mid f_1(x)$,$g(x)\mid f_2(x)$,那么对于$\mathbb{F}$上的任意多项式 $s(x)$,$t(x)$,有

$$g(x)\mid s(x)f_1(x)+t(x)f_2(x)$$

例 3.5 设 $f(x)=x^2+1$,则 $f(x)$是实数域$\mathbb{R}$上的不可约多项式,也是域$\mathbb{Z}_3$上的不可约多项式,但 $f(x)$是复数域$\mathbb{C}$上的可约多项式,在$\mathbb{C}$上 $f(x)=(x+\sqrt{-1})(x-\sqrt{-1})$,$f(x)$也是域$\mathbb{Z}_2$上的可约多项式,在$\mathbb{Z}_2$上 $f(x)=(x+1)^2$。

定义 3.8 设 $f(x)$,$g(x)$为域$\mathbb{F}$上的两个多项式,若域$\mathbb{F}$上的多项式 $d(x)\neq 0$,同

时满足 $d(x)\mid f(x)$，$d(x)\mid g(x)$，则称 $d(x)$ 为 $f(x)$ 和 $g(x)$ 的**公因式**。当 $f(x)$ 和 $g(x)$ 不全为零时，在 $f(x)$ 和 $g(x)$ 的所有公因式中，一定有一个次数最高、首项系数为 1 的多项式，该多项式称为 $f(x)$ 和 $g(x)$ 的**最高公因式**，记作 $(f(x),g(x))$ 或者 $\gcd(f(x),g(x))$，当 $(f(x),g(x))=1$ 时，我们称 $f(x)$ 和 $g(x)$ **互素**。

定理 3.10 欧几里得辗转相除法 设 $r_0(x)$，$r_1(x)$ 为域 $\mathbb{F}$ 上的两个多项式，$r_1(x)\neq 0$，则可得如下带余除法算式：

$$r_0(x)=q_1(x)r_1(x)+r_2(x),\quad 0\leqslant \deg r_2(x)<\deg r_1(x)$$

$$r_1(x)=q_2(x)r_2(x)+r_3(x),\quad 0\leqslant \deg r_3(x)<\deg r_2(x)$$

$$\cdots$$

$$r_{n-2}(x)=q_{n-1}(x)r_{n-1}(x)+r_n(x),\quad 0\leqslant \deg r_n(x)<\deg r_{n-1}(x)$$

$$r_{n-1}(x)=q_n(x)r_n(x)+r_{n+1}(x),\quad r_{n+1}(x)=0$$

(1) 经过有限步后，余式必然为 0；

(2) 存在多项式 $s(x)$，$t(x)\in\mathbb{F}[x]$，使得 $s(x)r_0(x)+t(x)r_1(x)=r_n(x)$；

(3) 设 $r_n(x)$ 首项系数为 c，则 $(r_0(x),r_1(x))=c^{-1}r_n(x)$，且最高公因式是唯一存在的；

(4) 对任意 $c(x)\in\mathbb{F}[x]$，若 $c(x)\mid r_0(x)$，$c(x)\mid r_1(x)$，那么 $c(x)\mid(r_0(x),r_1(x))$。

证明：(1) 因为 $\deg r_1(x)$ 为有限整数，$\deg r_1(x)>\deg r_2(x)>\cdots$，余式次数严格递减，所以，经过有限步后，必有某余式的次数为 $-\infty$，即该余式为 0。

(2) 因为

$$r_n(x)=q_{n-1}(x)r_{n-1}(x)-r_{n-2}(x),\quad r_{n-1}(x)=q_{n-2}(x)r_{n-2}(x)-r_{n-3}(x)$$

所以

$$\begin{aligned}r_n(x)&=q_{n-1}(x)(q_{n-2}(x)r_{n-2}(x)-r_{n-3}(x))-r_{n-2}(x)\\&=(q_{n-1}(x)q_{n-2}(x)-1)r_{n-2}(x)-q_{n-1}(x)r_{n-3}(x)\end{aligned}$$

又 $r_{n-2}(x)=q_{n-3}(x)r_{n-3}(x)-r_{n-4}(x)$，依次回代下去，余式的下标逐渐减小，最终必然存在多项式 $s(x)$，$t(x)\in\mathbb{F}[x]$，使得 $r_n(x)=s(x)r_0(x)+t(x)r_1(x)$。

(3) 由欧几里得辗转相除法的运算过程可知

$$r_n(x)\mid r_{n-1}(x),\quad r_n(x)\mid r_{n-2}(x),\cdots,\quad r_n(x)\mid r_1(x),\quad r_n(x)\mid r_0(x)$$

所以 $r_n(x)$ 是 $r_0(x)$，$r_1(x)$ 的一个公因式。

设 $c(x)$ 是 $r_0(x)$，$r_1(x)$ 的任意一个公因式，则 $c(x)\mid r_0(x)$，$c(x)\mid r_1(x)$，由(2)可得，$c(x)\mid r_n(x)$，因此 $r_n(x)$ 是 $r_0(x)$，$r_1(x)$ 次数最高的公因式。

又设 $d(x)$ 是 $f(x)$，$g(x)$ 的最高公因式，根据上面的讨论，$d(x)\mid r_n(x)$，且 $\deg d(x)=\deg r_n(x)$，所以 $d(x)$ 与 $r_n(x)$ 之间仅相差一个常数因子，即有 $d(x)=c^{-1}r_n(x)$。

(4) 根据(3)的证明过程直接可得 $c(x)\mid r_n(x)$，由(3)的结论得到 $c(x)\mid(r_0(x),r_1(x))$。■

例 3.6 在域 $\mathbb{Z}_3[x]$ 上，令 $f(x)=x^4+x^3+2x^2+x+1$，$g(x)=x^3+x^2+2x+2$，试利用欧几里得辗转相除法计算 $(f(x),g(x))$。

解：由欧几里得辗转相除法可得

$$x^4+x^3+2x^2+x+1=x(x^3+x^2+2x+2)+(2x+1)$$

$$x^3+x^2+2x+2=(2x^2+x+2)(2x+1)$$

则 $2x+1$ 为 $f(x)$ 和 $g(x)$ 的次数最高的公因式，故 $(f(x),g(x))=2^{-1}(2x+1)=x+2$。■

推论 设 $f(x),g(x)$ 为域 $\mathbb{F}$ 上两个次数大于 0 的多项式，那么，存在唯一的一对多项式 $s(x),t(x)\in\mathbb{F}[x]$，使得 $s(x)f(x)+t(x)g(x)=(f(x),g(x))$，且 $\deg s(x)<\deg g(x)-\deg(f(x),g(x))$，$\deg t(x)<\deg f(x)-\deg(f(x),g(x))$。

证明：由定理 3.10，存在多项式 $u(x),v(x)\in\mathbb{F}[x]$ 使得

$$u(x)f(x)+v(x)g(x)=(f(x),g(x))$$

令 $f(x)=f_1(x)(f(x),g(x))$，$g(x)=g_1(x)(f(x),g(x))$，可得

$$u(x)f_1(x)+v(x)g_1(x)=1$$

再设

$$u(x)=q_1(x)g_1(x)+s(x),\quad \deg s(x)<\deg g_1(x)$$

$$v(x)=q_2(x)f_1(x)+t(x),\quad \deg t(x)<\deg f_1(x)$$

得到

$$(q_1(x)g_1(x)+s(x))f_1(x)+(q_2(x)f_1(x)+t(x))g_1(x)=1$$

所以

$$(q_1(x)+q_2(x))f_1(x)g_1(x)=1-(s(x)f_1(x)+t(x)g_1(x))$$

比较两边次数：

$$\deg((q_1(x)+q_2(x))f_1(x)g_1(x))=\deg(q_1(x)+q_2(x))+\deg(f_1(x)g_1(x))$$

$$\deg(1-(s(x)f_1(x)+t(x)g_1(x)))<\deg((f_1(x)g_1(x))$$

可得

$$q_1(x)+q_2(x)=0$$

于是

$$s(x)f_1(x)+t(x)g_1(x)=1$$

令等式两边乘以 $(f(x),g(x))$，得到

$$s(x)f(x)+t(x)g(x)=(f(x),g(x))$$

其中，$\deg s(x)<\deg g_1(x)=\deg g(x)-\deg(f(x),g(x))$，$\deg t(x)<\deg f_1(x)=\deg f(x)-\deg(f(x),g(x))$。■

由定理 3.10 之推论，若 $\deg f(x)>0$，$\deg g(x)>0$，当 $(f(x),g(x))=1$ 时，存在 $\deg s(x)<\deg g(x)$，$\deg t(x)<\deg f(x)$，使得 $s(x)f(x)+t(x)g(x)=1$。

定理 3.11 设 $f(x),g(x)$ 为域 $\mathbb{F}$ 上两个不全为零的多项式，则对于任意 $k(x)\in\mathbb{F}[x]$，$(f(x)+g(x)k(x),g(x))=(f(x),g(x))$。

证明：设 $d(x)=(f(x)+g(x)k(x),g(x))$，$d'(x)=(f(x),g(x))$。

一方面，$d'(x)\mid f(x)$，$d'(x)\mid g(x)$，所以 $d'(x)\mid f(x)+g(x)k(x)$，由定理 3.10 可得 $d'(x)\mid d(x)$。

另一方面，因为 $d(x)\mid g(x)$，$d(x)\mid f(x)+g(x)k(x)$，由定理 3.9，$d(x)\mid f(x)$，可得 $d(x)\mid d'(x)$。根据最高公因式的定义，$d(x)$ 与 $d'(x)$ 的首项系数均为 1，因此，$d(x)=d'(x)$。■

定理 3.12 设 $f_1(x)$，$f_2(x)$为域$\mathbb{F}$上的多项式，$p(x)$为域$\mathbb{F}$上的不可约多项式，且 $p(x)\mid f_1(x)f_2(x)$，若$(p(x),f_1(x))=1$，则 $p(x)\mid f_2(x)$。

证明：若$(p(x),f_1(x))=1$，根据定理 3.10，存在多项式 $s(x),t(x)\in\mathbb{F}[x]$，使得 $s(x)p(x)+t(x)f_1(x)=1$，可得到 $s(x)p(x)f_2(x)+t(x)f_1(x)f_2(x)=f_2(x)$，因为 $p(x)\mid f_1(x)f_2(x)$，根据定理 3.9，$p(x)\mid f_2(x)$。■

定理 3.13 设 $p(x)$，$f_1(x)$，$f_2(x)$为域$\mathbb{F}$上的多项式，$p(x)$为域$\mathbb{F}$上的不可约多项式，且 $p(x)\mid f_1(x)f_2(x)$，则 $p(x)\mid f_1(x)$或 $p(x)\mid f_2(x)$。

证明：设 $d(x)=(p(x),f_1(x))$，因为 $p(x)$的因式只有 c，$cp(x)$，其中 $c\in\mathbb{F}^*$，若 $p(x)\nmid f_1(x)$，即 $cp(x)\nmid f_1(x)$，则 $p(x)$，$f_1(x)$的公因式只可能为 c，即$(p(x),f_1(x))=1$，根据定理 3.12，$p(x)\mid f_2(x)$。■

定理 3.13 可以推广至多个多项式相乘的情形。

定理 3.14 **多项式唯一因式分解定理** 设 $f(x)$是域$\mathbb{F}$上次数大于 0 的多项式，则 $f(x)$可以唯一地表示为域$\mathbb{F}$上一些次数大于 0 的不可约多项式的乘积。特别地，设 $f(x)$是首 1 多项式，且

$$f(x)=p_1(x)p_2(x)\cdots p_s(x)=q_1(x)q_2(x)\cdots q_t(x)$$

其中，$p_1(x),p_2(x),\cdots,p_s(x),q_1(x),q_2(x),\cdots,q_t(x)$均为域$\mathbb{F}$上次数大于 0 的首 1 不可约多项式，则 $s=t$，经过适当的调整可使 $p_1(x)=q_1(x)$，$p_2(x)=q_2(x)$，$\cdots$，$p_s(x)=q_s(x)$。

证明：首先对 $\deg f(x)$应用数学归纳法，证明 $f(x)$可以表示为域$\mathbb{F}$上一些次数大于 0 的不可约多项式的乘积。

当 $\deg f(x)=1$ 时，1 次多项式都是不可约多项式，所以结论成立。

假设 $\deg f(x)<n(n>1)$时结论成立。当 $\deg f(x)=n$ 时，若 $f(x)$自身为不可约多项式，结论也成立；若 $f(x)$为可约多项式，根据定理 3.8，可设 $f(x)=f_1(x)f_2(x)$，其中，

$$0<\deg f_1(x)<\deg f(x),\quad 0<\deg f_2(x)<\deg f(x)$$

根据归纳假设，$f_1(x)$，$f_2(x)$均可以表示为一些次数大于 0 的不可约多项式的乘积，故 $f(x)$也可以表示为一些次数大于 0 的不可约多项式的乘积。

再考虑唯一性。

设 $f(x)$为首 1 多项式，$f(x)=p_1(x)p_2(x)\cdots p_s(x)=q_1(x)q_2(x)\cdots q_t(x)$，其中，$p_1(x),p_2(x),\cdots,p_s(x),q_1(x),q_2(x),\cdots,q_t(x)$均为域$\mathbb{F}$上次数大于 0 的首 1 不可约多项式，因为 $p_1(x)\mid q_1(x)q_2(x)\cdots q_t(x)$，所以由定理 3.13，存在 $1\leqslant i\leqslant t$，$p_1(x)\mid q_i(x)$，而 $p_1(x)$，$q_i(x)$均为不可约多项式，所以 $p_1(x)=q_i(x)$。多项式乘法满足结合律，适当调整顺序，不妨设 $p_1(x)=q_1(x)$，根据定理 3.6 中带余除法算式的唯一性有，$p_2(x)\cdots p_s(x)=q_2(x)\cdots q_t(x)$。

依此类推，必有 $s=t$，$p_1(x)=q_1(x)$，$p_2(x)=q_2(x)$，$\cdots$，$p_s(x)=q_s(x)$。■

例 3.7 设 $f(x)$，$g(x)$，$h(x)$为域$\mathbb{F}$上三个不全为零的多项式，已知$(f(x),g(x))=1$，$(f(x),h(x))=1$，试证明$(f(x),g(x)h(x))=1$。

证明：假设$(f(x),g(x)h(x))\neq 1$，则它们有公共的不可约多项式 $p(x)$满足

$p(x)|f(x)$且$p(x)|g(x)h(x)$，由于$p(x)$是不可约多项式，所以$p(x)|g(x)$或$p(x)|h(x)$，不妨设$p(x)|g(x)$，这就与$(f(x),g(x))=1$矛盾，所以$(f(x),g(x)h(x))=1$。■

例 3.8 设$f(x)$与$g(x)$为域$\mathbb{F}$上的多项式，证明：如果$f^2(x)|g^2(x)$，则必$f(x)|g(x)$。

证明：若$f(x)$为常数，则结论显然成立。下面设$\deg f(x)>0$。如果$g(x)=0$，则结论也显然成立。如果$g(x)\neq 0$，因为$f^2(x)|g^2(x)$，故$g(x)$不可能是非零常数，因此$\deg g(x)>0$。现在令$f(x)=p_1^{s_1}(x)p_2^{s_2}(x)\cdots p_m^{s_m}(x)$，$g(x)=p_1^{t_1}(x)p_2^{t_2}(x)\cdots p_m^{t_m}(x)$为$f(x)$与$g(x)$在域$\mathbb{F}$上的标准分解式，其中，$s_i\geqslant 0$，$t_i\geqslant 0$，$i=1,2,3,\cdots,m$。由$f^2(x)|g^2(x)$可知：$2s_i\leqslant 2t_i$，$s_i\leqslant t_i$，$i=1,2,3,\cdots,m$，从而可知$f(x)|g(x)$。■

3.3 扩域的构造

本节主要讲述如何利用不可约多项式来构造扩域。

定义 3.9 设$f(x)$为域$\mathbb{F}$上的多项式，如果$a\in\mathbb{F}$使得$f(a)=0$，则称a为$f(x)$在域$\mathbb{F}$中的一个根。

定理 3.15 余元定理 设$f(x)$为域$\mathbb{F}$上的多项式，对于任意$a\in\mathbb{F}$，存在$g(x)\in\mathbb{F}[x]$使得

$$f(x)=(x-a)g(x)+f(a)$$

证明：不妨设$f(x)=(x-a)g(x)+c$，则$f(a)=(a-a)g(a)+c$，所以$c=f(a)$。■

推论 1 设$f(x)$为域$\mathbb{F}$上的多项式，a为$f(x)$在域$\mathbb{F}$中的根的充要条件是$(x-a)|f(x)$。

推论 2 设$f(x)$为域$\mathbb{F}$上的$n(n\geqslant 1)$次多项式，如果$a_1,a_2,\cdots,a_m$为$f(x)$在域$\mathbb{F}$中的$m(m\geqslant 1)$个不同的根，则存在$n-m$次多项式$g(x)\in\mathbb{F}[x]$使得

$$f(x)=(x-a_1)(x-a_2)\cdots(x-a_m)g(x)$$

证明：因为$a_1,a_2,\cdots,a_m$为$f(x)$在域$\mathbb{F}$中的$m(m\geqslant 1)$个不同的根，根据推论 1，对于任意$1\leqslant i\leqslant m$，$(x-a_i)|f(x)$，根据唯一因式分解定理，$(x-a_1)(x-a_2)\cdots(x-a_m)|f(x)$，不妨设$f(x)=(x-a_1)(x-a_2)\cdots(x-a_m)g(x)$，$g(x)\in\mathbb{F}[x]$，有$\deg g(x)=n-m$。■

推论 3 设$f(x)$为域$\mathbb{F}$上的$n(n\geqslant 1)$次多项式，则$f(x)$在$\mathbb{F}$的任意扩域中，不同根的个数都不会超过n。

证明：设$\mathbb{E}$是$\mathbb{F}$的一个扩域，那么，$\mathbb{F}[x]\subseteq\mathbb{E}[x]$，所以$f(x)$也是$\mathbb{E}$上的一个多项式，根据定理 3.15 的推论 2，设$a_1,a_2,\cdots,a_n$为$f(x)$在域$\mathbb{E}$中的n个不同的根，那么$f(x)$可以表示为$f(x)=c(x-a_1)(x-a_2)\cdots(x-a_n)$。若$a_{n+1}$为不同于$a_1,a_2,\cdots,a_n$的一个根，那么由推论 1，$(x-a_{n+1})|c(x-a_1)(x-a_2)\cdots(x-a_n)$，根据定理 3.13 之推论，必然存在$1\leqslant i\leqslant n$，$x-a_{n+1}|x-a_i$，矛盾。■

一般地，我们将元素个数为q的有限域记为$\mathbb{F}_q$。

定理 3.16 设$f(x)$为域$\mathbb{F}$上的$n(n\geqslant 1)$次不可约多项式，集合$\mathbb{F}[x]_{f(x)}=\left\{\sum_{i=0}^{n-1}a_ix^i \mid a_i\in\mathbb{F}\right\}$按照模$f(x)$的模加和模乘形成一个域。特别地，若$f(x)$为有限域

$\mathbb{F}_q$上的n次不可约多项式，则$\mathbb{F}_q[x]_{f(x)}=\left\{\sum_{i=0}^{n-1}a_ix^i \mid a_i\in\mathbb{F}_q\right\}$按照模$f(x)$的模加和模乘形成一个元素个数为$q^n$的有限域。

证明：(1) $\mathbb{F}[x]_{f(x)}=\left\{\sum_{i=0}^{n-1}a_ix^i \mid a_i\in\mathbb{F}\right\}$显然非空，按模$f(x)$的模加和模乘均自封闭，满足交换律、结合律、分配律。

加法群的零元为零多项式 0，任意元素$g(x)=\sum_{i=0}^{n-1}a_ix^i$的负元为$-g(x)=\sum_{i=0}^{n-1}(-a_i)x^i$。

乘法群的单位元为$\mathbb{F}$的单位元 1。对于$g(x)\in\mathbb{F}[x]_{f(x)}$，若$g(x)\neq 0$，由定理 3.10 之推论，因为$(g(x),f(x))=1$，所以存在$s(x),t(x)\in\mathbb{F}[x]$，使得$s(x)g(x)+t(x)f(x)=1$，且$\deg s(x)<\deg f(x)$，即$s(x)\in\mathbb{F}[x]_{f(x)}$。又$(s(x)g(x))_{f(x)}=(1-t(x)f(x))_{f(x)}=1$，所以$s(x)$为多项式$g(x)$的乘法逆元。

故此$\mathbb{F}[x]_{f(x)}$按照模$f(x)$的模加和模乘形成域。

(2) $\mathbb{F}[x]_{f(x)}$中任意两个不同的多项式$g_1(x),g_2(x)$在域中均不相等，原因如下：若在域中$g_1(x)=g_2(x)$，则$(g_1(x)-g_2(x))_{f(x)}=0$，也就是$f(x)\mid g_1(x)-g_2(x)$，而$\deg(g_1(x)-g_2(x))<n$，所以$g_1(x)-g_2(x)=0$，说明$g_1(x),g_2(x)$必然有相同的系数。由此，若$\mathbb{F}=\mathbb{F}_q$，$g(x)=\sum_{i=0}^{n-1}a_ix^i$是$\mathbb{F}_q[x]_{f(x)}$中的任意一个元素，它的每个系数都可以取$\mathbb{F}_q$中的不同值，且得到的都是不同的元素，所以$|\mathbb{F}_q[x]_{f(x)}|=q^n$。■

以$\mathbb{F}_q[x]^*_{f(x)}$表示$\mathbb{F}_q[x]_{f(x)}$的乘法群，则$|\mathbb{F}_q[x]^*_{f(x)}|=q^n-1$。

例 3.9 $f(x)=x^2+x+1$是$\mathbb{Z}_2$上的不可约多项式，$\mathbb{Z}_2[x]_{f(x)}=\{0,1,x,x+1\}$按照模$f(x)$的模加和模乘形成一个元素个数为 4 的有限域。试在该域中求$x+1$的逆元。

解：首先，因为$f(0)=f(1)=1\neq 0$，所以 0 和 1 均不是$f(x)$的根，根据余元定理之推论 1，$\mathbb{Z}_2[x]$中仅有的两个一次不可约多项式$x,x-1$都不是$f(x)$的因式，所以$f(x)$不可约。

由定理 3.16，按照模$f(x)$的模加和模乘，$\mathbb{Z}_2[x]_{f(x)}=\{0,1,x,x+1\}$是一个元素个数为 4 的有限域。又因为$(x(x+1))_{f(x)}=1$，所以$(x+1)^{-1}=x$。■

例 3.10 已知$f(x)=x^8+x^4+x^3+x+1$是$\mathbb{Z}_2$上的不可约多项式，按照模$f(x)$的模加和模乘，$\mathbb{Z}_2[x]_{f(x)}=\left\{\sum_{i=0}^{7}a_ix^i \mid a_i\in\mathbb{Z}_2\right\}$形成一个元素个数为$2^8$的有限域$\mathbb{F}_2^8$。若将其中的元素$g(x)=\sum_{i=0}^{7}a_ix^i$用一个二进制字节$a_7a_6a_5a_4a_3a_2a_1a_0$ $(a_i=0,1)$或对应的十六进制数来表示，试求$B3$的逆和负元，以及$03\cdot B3+D7$的值。

解：$B3$的二进制表示为 10110011，用多项式表示为$g(x)=x^7+x^5+x^4+x+1$，先用欧几里得辗转相除法求逆：

$$x^8+x^4+x^3+x+1=x(x^7+x^5+x^4+x+1)+x^6+x^5+x^4+x^3+x^2+1$$

$$x^7+x^5+x^4+x+1=(x+1)(x^6+x^5+x^4+x^3+x^2+1)+x^5+x^4+x^2$$
$$x^6+x^5+x^4+x^3+x^2+1=x(x^5+x^4+x^2)+x^4+x^2+1$$
$$x^5+x^4+x^2=(x+1)(x^4+x^2+1)+x^3+x+1$$
$$x^4+x^2+1=x(x^3+x+1)+x+1$$
$$x^3+x+1=(x^2+x)(x+1)+1$$
$$x+1=1\cdot(x+1)$$

我们不加证明，直接仿照定理 1.5 的方法列表计算(见表 3.1)。

表 3.1 递推法求 $s(x)f(x)+t(x)g(x)=1$

i	0	1	2	3	4	5	6	7
q_{8-i}			x^2+x	x	$x+1$	x	$x+1$	x
S_i	0	1	x^2+x	x^3+x^2+1	x^4+1	$x^5+x^3+x^2+x+1$	x^6+x^5	$x^7+x^6+x^5+x^3+x^2+x+1$

可得到

$$s(x)=x^6+x^5$$
$$t(x)=x^7+x^6+x^5+x^3+x^2+x+1$$
$$s(x)(x^8+x^4+x^3+x+1)+t(x)(x^7+x^5+x^4+x+1)=1$$

所以，$(x^7+x^5+x^4+x+1)^{-1}=x^7+x^6+x^5+x^3+x^2+x+1$，即 EF。

$B3$ 的负元仍为 $B3$。

$03\cdot B3+D7$ 用多项式表示为

$$((x+1)(x^7+x^5+x^4+x+1)+x^7+x^6+x^4+x^2+x+1)_{x^8+x^4+x^3+x+1}$$
$$=(x^8+x)_{x^8+x^4+x^3+x+1}=x^4+x^3+1$$

化为十六进制数为 19。■

$\mathbb{F}_{2^8}$ 中，任何一个元素的负元仍然为其自身，如果用十六进制数表示域中的元素，则两个元素相加只需将对应的十六进制数进行"异或"即可。

例 3.11 设 $f(x)=x^8+x^4+x^3+x+1$，试在 $\mathbb{Z}_2[x]_{f(x)}$ 中求 $f(x)$ 的一根。

解： 将域 $\mathbb{Z}_2[x]_{f(x)}$ 中的元素 x 代入多项式 $f(x)$，按照模 $f(x)$ 的模加和模乘进行加法和乘法运算，由定理 3.7 得到 $(x^8+x^4+x^3+x+1)_{f(x)}=0$，所以 x 是多项式 $f(x)$ 的一个根。■

一般地，我们有下面的结论。

定理 3.17 设 $f(x)$ 是域 $\mathbb{F}$ 上的一个次数大于 0 的不可约多项式，那么 $f(x)$ 必然在 $\mathbb{F}$ 的某个扩域中有根。

证明： $\mathbb{F}[x]_{f(x)}$ 是 $\mathbb{F}$ 的扩域，而 $x\in\mathbb{F}[x]_{f(x)}$ 即为多项式 $f(x)$ 的一个根。■

根据余元定理，$f(x)$ 在 $\mathbb{F}$ 的某个扩域中有根 α 意味着在 $\mathbb{F}[x]$ 中 $(x-\alpha)\mid f(x)$。

推论 对于 $\mathbb{F}$ 上的任意一个次数为 $n(n\geqslant 1)$ 的多项式，其必然在 $\mathbb{F}$ 的某个扩域中可以分解为 n 个一次不可约多项式的乘积。

定理 3.18 设 $\mathbb{E}$ 是有限域，$\mathbb{F}_q$ 是其 q 元子域，则存在正整数 n，使得 $|\mathbb{E}|=q^n$。

证明： 设 $q^n\leqslant|\mathbb{E}|<q^{n+1}$，$n$ 为正整数。我们依次构造一个集合序列 $\mathbb{E}_i$，$i=1,2,$

3,…。

令$\mathbb{E}_1=\mathbb{F}_q$,如果$\mathbb{E}_1=\mathbb{E}$,则$|\mathbb{E}|=q$,结论得证。否则,必然存在$\beta_1\in\mathbb{E}\backslash\mathbb{E}_1$,构造如下集合,$\mathbb{E}_2=\{a_0+a_1\beta_1\mid a_0,a_1\in\mathbb{F}_q\}$。$\mathbb{E}_2$满足:① $\mathbb{E}_1\subseteq\mathbb{E}_2\subseteq\mathbb{E}$;② $|\mathbb{E}_2|=q^2$。①是显然的,对于②,若存在$b_0,b_1\in\mathbb{F}_q$使得$a_0+a_1\beta_1=b_0+b_1\beta_1$,则$(a_1-b_1)\beta_1=b_0-a_0$,如果$a_1\neq b_1$,那么$\beta_1=(b_0-a_0)(a_1-b_1)^{-1}\in\mathbb{E}_1$,矛盾,所以必然有$a_1=b_1,a_0=b_0$,说明$\mathbb{E}_2$中每个元素均有唯一的表示方式,这样有$|\mathbb{E}_2|=q^2$。

同样,若$\mathbb{E}_2=\mathbb{E}$,则$|\mathbb{E}|=q^2$,结论得证。否则,必然存在$\beta_2\in\mathbb{E}\backslash\mathbb{E}_2$,构造$\mathbb{E}_3=\{a_0+a_1\beta_1+a_2\beta_2\mid a_0,a_1,a_2\in\mathbb{F}_q\}$。$\mathbb{E}_3$满足:① $\mathbb{E}_2\subseteq\mathbb{E}_3\subseteq\mathbb{E}$;② $|\mathbb{E}_3|=q^3$。同样,对于②,若存在$b_0,b_1,b_2\in\mathbb{F}_q$使得$a_0+a_1\beta_1+a_2\beta_2=b_0+b_1\beta_1+b_2\beta_2$,则$(a_2-b_2)\beta_2=(b_0+b_1\beta_1)-(a_0+a_1\beta_1)$,如果$a_2\neq b_2$,那么$\beta_2=((b_0+b_1\beta_1)-(a_0+a_1\beta_1))(a_2-b_2)^{-1}=(b_0-a_0)(a_2-b_2)^{-1}+(b_1-a_1)(a_2-b_2)^{-1}\beta_1\in\mathbb{E}_2$,矛盾,所以必然有$a_2=b_2$,此时$b_0+b_1\beta_1=a_0+a_1\beta_1$,根据$\mathbb{E}_2$中每个元素均有唯一的表示方式,得到$a_1=b_1,a_0=b_0$,说明$\mathbb{E}_3$中的每个元素均有唯一的表示方式,这样有$|\mathbb{E}_3|=q^3$。

依此类推,我们可以得到一系列的集合,$\mathbb{E}_1\subseteq\mathbb{E}_2\subseteq\cdots\subseteq\mathbb{E}_n\subseteq\mathbb{E}$,其中,$|\mathbb{E}_n|=q^n$,

$$\mathbb{E}_n=\{a_0+a_1\beta_1+a_2\beta_2+\cdots+a_{n-1}\beta_{n-1}\mid a_0,a_1,a_2,\cdots,a_{n-1}\in\mathbb{F}_q\}$$

若$\mathbb{E}_n=\mathbb{E}$,则问题得证,否则,根据以上方法,我们将得到一个集合$\mathbb{E}_{n+1}\subseteq\mathbb{E}$,且$|\mathbb{E}_{n+1}|=q^{n+1}$,但$|\mathbb{E}|<q^{n+1}$,矛盾。所以必然有$\mathbb{E}_n=\mathbb{E}$,且$|\mathbb{E}|=q^n$。■

若$\mathbb{F}_q$取作域$\mathbb{E}$的素域,设$\mathrm{char}(\mathbb{E})=p$,则$|\mathbb{E}|=p^n$。

推论 有限域的元素个数必为p^n,其中,p为素数,n为正整数。

3.4 多项式的分解

本节主要讲述$\mathbb{F}_q$上多项式$x^{q^n}-x$的分解。

定理 3.19 设$\mathbb{F}_q$是q元有限域,$\mathbb{F}$是$\mathbb{F}_q$的扩域,$\alpha\in\mathbb{F}$,那么α是多项式x^q-x的根当且仅当$\alpha\in\mathbb{F}_q$。

证明:先证充分性。

若$\alpha\in\mathbb{F}_q$,当$\alpha=0$时,α显然是多项式x^q-x的根。

当$\alpha\neq0$时,$\alpha\in\mathbb{F}_q^*$,因为$|\mathbb{F}_q^*|=q-1$,根据拉格朗日定理,$\alpha^{q-1}=1$,所以$\alpha^q-\alpha=0$。

再证必要性。

由充分性的证明可知,$\mathbb{F}_q$中的q个元素都是x^q-x的根,由余元定理之推论3,在$\mathbb{F}$中,x^q-x最多有q个不同的根,所以x^q-x的所有根都在其子域$\mathbb{F}_q$中。■

由定理3.19,元素个数为q的有限域$\mathbb{F}_q$,可以看成恰好是由多项式x^q-x的q个根组成的。

定理 3.20 设$\mathbb{F}_q$为q元有限域,$f(x)\in\mathbb{F}_q[x]$为$n(n\geqslant1)$次不可约多项式,那么$f(x)\mid x^{q^n}-x$。

证明:考虑$\mathbb{F}_q$的扩域$\mathbb{F}_q[x]_{f(x)}$,$|\mathbb{F}_q[x]_{f(x)}|=q^n$,$x\in\mathbb{F}_q[x]_{f(x)}$,根据定理3.19,在域$\mathbb{F}_q[x]_{f(x)}$中,$x^{q^n}-x=0$,由扩域$\mathbb{F}_q[x]_{f(x)}$的定义和定理3.7,有$(x^{q^n}-x)_{f(x)}=0$,即

$f(x)\mid x^{q^n}-x$。■

定理 3.21 设 m,n 为正整数，那么 $(x^m-1,x^n-1)=x^{(m,n)}-1$。

证明：采用数学归纳法。

当 $\max\{m,n\}=1$ 时，结论显然成立。

假设当 $\max\{m,n\}<k(k>1)$ 时结论成立，当 $\max\{m,n\}=k$ 时，不妨设 $m=k$，若 $n=m$，则 $(x^m-1,x^n-1)=x^{(m,n)}-1$；若 $n<m$，则

$$(x^m-1,x^n-1)=(x^m-1-(x^n-1)x^{m-n},x^n-1)=(x^{m-n}-1,x^n-1)$$

因为 $\max\{m-n,n\}<k$，根据归纳假设，$(x^{m-n}-1,x^n-1)=x^{(m-n,n)}-1=x^{(m,n)}-1$。■

推论 设 m,n,q 为正整数，那么 $(x^{q^m}-x,x^{q^n}-x)=x^{q^{(m,n)}}-x$。

定理 3.22 设 $\mathbb{F}_q$ 为 q 元域，n 为正整数，$f(x)\in\mathbb{F}_q[x]$ 为 m 次不可约多项式，且 $m>n$，那么 $f(x)\nmid x^{q^n}-x$。

证明：反证法。假设 $f(x)\mid x^{q^n}-x$，那么 $(x^{q^n})_{f(x)}=(x)_{f(x)}$。

对于 $\mathbb{F}_q[x]_{f(x)}$ 中的任意元素 $g(x)=\sum_{i=0}^{m-1}a_ix^i,a_i\in\mathbb{F}_q$，根据定理 3.18，$q$ 是 $\mathrm{char}(\mathbb{F}_q)$ 的幂，因此有

$$g(x)^{q^n}=\sum_{i=0}^{m-1}(a_ix^i)^{q^n}$$

又根据定理 3.19，$a_i\in\mathbb{F}_q$，所以 $a_i^{q^n}=a_i$，因此

$$g(x)^{q^n}=\sum_{i=0}^{m-1}a_i(x^i)^{q^n}$$

按照定理 3.7 的运算规则，在域 $\mathbb{F}_q[x]_{f(x)}$ 中，有

$$\begin{aligned}(g(x)^{q^n}-g(x))_{f(x)}&=\sum_{i=0}^{m-1}a_i((x^i)^{q^n}-x^i)_{f(x)}=\sum_{i=0}^{m-1}a_i((x^{q^n})^i-x^i)_{f(x)}\\&=\sum_{i=0}^{m-1}a_i(x^i-x^i)_{f(x)}=0\end{aligned}$$

说明 $g(x)$ 是 q^n 次多项式 $x^{q^n}-x$ 的根，所以在 $\mathbb{F}_q[x]_{f(x)}$ 中，$x^{q^n}-x$ 的根有 $|\mathbb{F}_q[x]_{f(x)}|=q^m$ 个，而 $q^m>q^n$，矛盾。■

定理 3.23 设 $\mathbb{F}_q$ 为 q 元域，n,d 为正整数，$f(x)\in\mathbb{F}_q[x]$ 为 d 次不可约多项式，那么 $f(x)\mid x^{q^n}-x$ 当且仅当 $d\mid n$。

证明：充分性。根据定理 3.20，$f(x)\mid x^{q^d}-x$，当 $d\mid n$ 时，有 $(x^{q^d}-x,x^{q^n}-x)=x^{q^d}-x$，所以 $x^{q^d}-x\mid x^{q^n}-x$，故 $f(x)\mid x^{q^n}-x$。

必要性。由定理 3.20，$f(x)\mid x^{q^d}-x$，若 $f(x)\mid x^{q^n}-x$，则 $f(x)\mid(x^{q^d}-x,x^{q^n}-x)$，所以 $f(x)\mid x^{q^{(d,n)}}-x$，根据定理 3.22，$\deg f(x)\leqslant(d,n)$，即 $d\leqslant(d,n)$，故 $d=(d,n)$，得到 $d\mid n$。■

仿照定义 2.6，我们定义域上多项式的导式。

定义 3.10 设 $f(x)=a_nx^n+a_{n-1}x^{n-1}+\cdots+a_1x+a_0$ 是域 $\mathbb{F}_q$ 上的多项式，其一阶导式为

$$f'(x)=na_nx^{n-1}+(n-1)a_{n-1}x^{n-2}+\cdots+a_1$$

$f(x)$的一阶导式也可以记为 $f^{(1)}(x)$，依此类推，可以定义 $f(x)$的 $\boldsymbol{m}$（$\boldsymbol{m}\geqslant 2$）**阶导式**为 $f^{(m)}(x)=(f^{(m-1)}(x))'$。

定义 3.11 设 $f(x),g(x)$是域$\mathbb{F}_q$上的多项式，若对于 $k>1$，$g(x)^k\mid f(x)$，则称 $g(x)$为 $f(x)$的**重因式**，进而，若 $g(x)^{k+1}\nmid f(x)$，则称 $g(x)$为 $f(x)$的 $\boldsymbol{k}$ **重因式**。若 $x-\alpha$ 是 $f(x)$的重因式，则称 α 是 $f(x)$的**重根**，进而，若 $x-\alpha$ 是 $f(x)$的 k 重因式，则称 α 是 $f(x)$的 $\boldsymbol{k}$ **重根**。

定理 3.24 设$\mathbb{F}_q$为 q 元有限域，$f(x),g(x)\in\mathbb{F}_q[x]$，若 $g(x)$是 $f(x)$的 k 重因式，则 $g(x)^{k-1}\mid f'(x)$。

证明： 若 $g(x)$是 $f(x)$的 k 重因式，可设 $f(x)=g(x)^kq(x)$，$g(x)\nmid q(x)$，那么

$$f'(x)=kg(x)^{k-1}g'(x)q(x)+g(x)^kq'(x)=g(x)^{k-1}(kg'(x)q(x)+g(x)q'(x))$$

所以，$g(x)^{k-1}\mid f'(x)$。■

推论 1 设$\mathbb{F}_q$为 q 元域，$f(x)\in\mathbb{F}_q[x]$，若$(f(x),f'(x))=1$，则 $f(x)$在域$\mathbb{F}_q$中没有重因式，也没有重根。

证明： 反证法。设 $g(x)$是 $f(x)$的 $k(k>1)$重因式，则 $g(x)\mid f(x)$，$g(x)^{k-1}\mid f'(x)$，所以 $g(x)\mid(f(x),f'(x))$，矛盾。■

例 3.12 证明$\mathbb{Q}[x]$中的多项式 $f(x)=1+x+\dfrac{x^2}{2!}+\cdots+\dfrac{x^n}{n!}$没有重因式。

证明： $f'(x)=1+x+\dfrac{x^2}{2!}+\cdots+\dfrac{x^{n-1}}{(n-1)!}$，于是 $f(x)=f'(x)+\dfrac{x^n}{n!}$，故 $(f(x),f'(x))=\left(f'(x)+\dfrac{x^n}{n!},f'(x)\right)=\left(\dfrac{x^n}{n!},f'(x)\right)$，由于$\dfrac{x^n}{n!}$的不可约多项式只有 x（不计重数），而 $x\nmid f'(x)$，所以$\left(\dfrac{x^n}{n!},f'(x)\right)=1$，从而$(f(x),f'(x))=1$，因此$f(x)$没有重因式。■

例 3.13 设$\mathbb{F}_q$为 q 元域，域上不可约多项式 $p(x)$为 $f'(x)$的 $k-1$ 重因式，证明 $p(x)$是 $f(x)$的 k 重因式的充要条件为 $p(x)\mid f(x)$。

证明： 必要性显然成立。下面证明充分性，由 $p(x)\mid f(x)$知 $p(x)$为 $f(x)$的因式，设 $p(x)$为 $f(x)$的 t 重因式，即 $f(x)=p^t(x)g(x)$，$p(x)\nmid g(x)$，于是 $f'(x)=tp^{t-1}(x)p'(x)g(x)+p^t(x)g'(x)=p^{t-1}(x)(tp'(x)g(x)+p(x)g'(x))$，易知 $p(x)\nmid(tp'(x)g(x)+p(x)g'(x))$，从而有 $p(x)$为 $f'(x)$的 $t-1$ 重因式，由条件知 $t-1=k-1$，即 $t=k$，故结论成立。■

推论 2 设$\mathbb{F}_q$为 q 元域，n 为正整数，那么 $x^{q^n}-x$ 在域$\mathbb{F}_q$上没有重因式。

由定理 3.24 之推论 2，$x^{q^n}-x$ 在域$\mathbb{F}_q$上可以表示为所有次数为 n 的因子的首 1 不可约多项式的乘积，每个不可约因式都会出现且仅出现一次。

例 3.14 试在域$\mathbb{Z}_2$上将多项式 x^8-x 分解为不可约多项式的乘积。

解： $x^8-x=x^{2^3}-x$，所以 x^8-x 是$\mathbb{Z}_2$上所有 1 次和 3 次不可约多项式的乘积。

$\mathbb{Z}_2$上的一次多项式有 x，$x+1$，均为不可约多项式，三次多项式 x^3+x+1，x^3+x^2+1，在$\mathbb{Z}_2$中都没有根，所以均没有一次因式，为不可约多项式，所以有

$$x^8-x=x(x+1)(x^3+x+1)(x^3+x^2+1)$$

且在$\mathbb{Z}_2$上，除了 $x^3+x+1, x^3+x^2+1, x^8-x$ 外，没有其他三次不可约多项式。■

定理 3.25 设$\mathbb{F}_q$为 q 元域，n 为正整数，那么$\mathbb{F}_q$上一定存在 n 次不可约多项式。

证明：记 $\Phi(k)$为$\mathbb{F}_q$上次数是 k 的因子的首 1 不可约多项式的乘积，即 $\Phi(k)=x^{q^k}-x$，A 为 n 次首 1 不可约多项式的乘积。

设 $n=\prod_{i=1}^{s}p_i^{\alpha_i}(\alpha_i>0)$，下面证明

$$A=\Phi(n)\cdot\prod_{1\leqslant i\leqslant s}\Phi\left(\frac{n}{p_i}\right)^{-1}\prod_{1\leqslant i_1<i_2\leqslant s}\Phi\left(\frac{n}{p_{i_1}p_{i_2}}\right)\prod_{1\leqslant i_1<i_2<i_3\leqslant s}\Phi\left(\frac{n}{p_{i_1}p_{i_2}p_{i_3}}\right)^{-1}\cdots\Phi\left(\frac{n}{p_1p_2\cdots p_s}\right)^{(-1)^s}$$

首先，次数不是 n 的因子的首 1 不可约多项式在等式两边都不出现。

其次，任何一个次数为 n 的首 1 不可约多项式在等式两边各出现 1 次，分别出现在 $\Phi(n)$和 A 中。

再者，对于任意 $d|n, d<n$，设

$$d=p_1^{f_1}p_2^{f_2}\cdots p_r^{f_r}p_{r+1}^{\alpha_{r+1}}\cdots p_s^{\alpha_s},\quad f_1<\alpha_1, f_2<\alpha_2, \cdots, f_r<\alpha_r$$

那么在$\dfrac{n}{p_{i_1}p_{i_2}\cdots p_{i_t}}(0\leqslant t\leqslant s, 1\leqslant i_1<i_2<\cdots<i_t\leqslant s)$中，只有

$$n, \frac{n}{p_i}(1\leqslant i\leqslant r), \frac{n}{p_ip_j}(1\leqslant i<j\leqslant r), \cdots, \frac{n}{p_1p_2\cdots p_r}$$

以 d 为因子，所以任一 d 次首 1 不可约多项式在等式右边出现的次数为 $1-\binom{r}{1}+\binom{r}{2}+\cdots+(-1)^r\binom{r}{r}=(1-1)^r=0$，显然它在左边出现的次数也为 0，等式得证。

又 $\Phi(n)=x^{q^n}-x$，所以有

$$\deg A=q^n-\sum_{1\leqslant i\leqslant s}q^{\frac{n}{p_i}}+\sum_{1\leqslant i_1<i_2\leqslant s}q^{\frac{n}{p_{i_1}p_{i_2}}}-\sum_{1\leqslant i_1<i_2<i_3\leqslant s}q^{\frac{n}{p_{i_1}p_{i_2}p_{i_3}}}+\cdots+(-1)^sq^{\frac{n}{p_1p_2\cdots p_s}}$$

于是 $\deg A\equiv(-1)^sq^{\frac{n}{p_1p_2\cdots p_s}}\not\equiv 0\left(\bmod q^{\frac{n}{p_1p_2\cdots p_s}+1}\right)$，所以，$\deg A>0$，故 A 至少包含一个 n 次不可约多项式。■

3.5 有限域结构定理

根据定理 3.18 及其推论，有限域的元素个数一定是其特征的幂，而有限域的特征为素数，所以有限域的元素个数一定是素数的幂。关于有限域的存在性我们有下面的结论。

定理 3.26 对于任意素数 p，正整数 n，p^n 元有限域一定存在。

证明：由定理 3.25，对于任意素数 p，正整数 n，有限域$\mathbb{Z}_p$上存在 n 次不可约多项式，不妨设为 $f(x)$，由定理 3.16，$\mathbb{Z}_p[x]_{f(x)}=\left\{\sum_{i=0}^{n-1}a_ix^i \mid a_i\in\mathbb{Z}_p\right\}$按照模 $f(x)$ 的模加和模乘即形成一个 p^n 元有限域。■

设$\mathbb{F}_{q^n}$是$\mathbb{F}_q$的扩域，那么$\mathbb{F}_{q^n}$可以看成$\mathbb{F}_q$上的 n 维向量空间，它的一组基可以按照

定理 3.18 的方法进行构造，即$\{1,\beta_1,\beta_2,\cdots,\beta_{n-1}\}$，$\mathbb{F}_{q^n}$中任意一个元素可以唯一地表示为

$$a_0+a_1\beta_1+a_2\beta_2+\cdots+a_{n-1}\beta_{n-1},\quad a_i\in\mathbb{F}_q$$

的形式。

例如，若 $f(x)$为域$\mathbb{F}_q$上的 n 次不可约多项式，集合 $\mathbb{F}_q[x]_{f(x)}=\left\{\sum_{i=0}^{n-1}a_ix^i \mid a_i\in\mathbb{F}_q\right\}$按照模 $f(x)$ 的模加和模乘形成一个域，此时$\{1,x,x^2,\cdots,x^{n-1}\}$ 也是一组基。

例 3.15　试证明 $f(x)=x^3+x+1$ 是$\mathbb{Z}_5$上的不可约多项式，若 α 是 $f(x)$在$\mathbb{Z}_5$的某扩域$\mathbb{E}$中的一个根，则 $\mathbb{F}=\left\{\sum_{i=0}^{2}a_i\alpha^i \mid a_i\in\mathbb{Z}_5\right\}$是一个域，并与$\mathbb{Z}_5[x]_{f(x)}=\left\{\sum_{i=0}^{2}a_ix^i \mid a_i\in\mathbb{Z}_5\right\}$同构。试在域$\mathbb{F}$ 中求元素 $\alpha^2+2\alpha+3$ 的负元和逆元。

解：首先，$f(0)=1,f(1)=3,f(-1)=-1,f(2)=1,f(-2)=1$，所以 $f(x)$在$\mathbb{Z}_5$上没有一次因式，因此其是不可约多项式。

接下来证明$\mathbb{F}$ 是$\mathbb{E}$的子域。

一方面，$\mathbb{F}$ 是$\mathbb{E}$的子集，另一方面，对于$\mathbb{F}$ 中的任意两个元素 $a=\sum_{i=0}^{2}a_i\alpha^i$，$b=\sum_{i=0}^{2}b_i\alpha^i$，$a_i,b_i\in\mathbb{Z}_5$，有 $-a=\sum_{i=0}^{2}(-a_i)\alpha^i\in\mathbb{F}$，$a+b=\sum_{i=0}^{2}(a_i+b_i)\alpha^i\in\mathbb{F}$，所以$\mathbb{F}$ 对$\mathbb{E}$上加法成群。

考虑多项式 $A(x)=\sum_{i=0}^{2}a_ix^i$，$B(x)=\sum_{i=0}^{2}b_ix^i$ 及 $C(x)=A(x)B(x)$，设

$$C(x)=q(x)f(x)+r(x),\quad \deg r(x)<\deg f(x)$$

因为 $f(\alpha)=0,A(\alpha)=a,B(\alpha)=b$，所以 $ab=C(\alpha)=r(\alpha)\in\mathbb{F}$。

当 $a\neq0$ 时，因为$(A(x),f(x))=1$，根据定理 3.10 的推论，存在 $s(x),t(x)\in\mathbb{Z}_5[x]_{f(x)}$，使得

$$s(x)A(x)+t(x)f(x)=1$$

所以有 $s(\alpha)A(\alpha)=s(\alpha)a=1$，即 $a^{-1}=s(\alpha)\in\mathbb{F}$。说明$\mathbb{F}$ 对$\mathbb{E}$上乘法成群。

由此，$\mathbb{F}$ 是$\mathbb{E}$的子域。

下面证明$\mathbb{F}$ 与$\mathbb{Z}_5[x]_{f(x)}$同构。

首先，我们证明在 $\mathbb{F}=\left\{\sum_{i=0}^{2}a_i\alpha^i \mid a_i\in\mathbb{Z}_5\right\}$中，每个元素的表示是唯一的，进而$|\mathbb{F}|=5^3$。不妨设$\mathbb{F}$ 中的任一元素 $a=\sum_{i=0}^{2}a_i\alpha^i=\sum_{i=0}^{2}b_i\alpha^i$，$a_i,b_i\in\mathbb{Z}_5$，则$\sum_{i=0}^{2}(a_i-b_i)\alpha^i=0$，说明 α 是域$\mathbb{F}$ 上的多项式$\sum_{i=0}^{2}(a_i-b_i)x^i$ 的一个根。假若$\sum_{i=0}^{2}(a_i-b_i)x^i$ 不是 0 多项式，则$\left(\sum_{i=0}^{2}(a_i-b_i)x^i,f(x)\right)=1$，由定理 3.10，存在 $s(x),t(x)\in\mathbb{F}[x]$，使得

$$s(x)\sum_{i=0}^{2}(a_i-b_i)x^i+t(x)f(x)=1 \tag{3.4}$$

式(3.4)在域$\mathbb{E}$上自然也成立,于是,$s(\alpha)\sum_{i=0}^{2}(a_i-b_i)\alpha^i+t(\alpha)f(\alpha)=1$,但等式左边的值为0,矛盾,所以$\sum_{i=0}^{2}(a_i-b_i)x^i=0$,即$a_i=b_i$。

构造映射$\delta:\mathbb{F}\to\mathbb{Z}_5[x]_{f(x)}$,$\delta(\sum_{i=0}^{2}a_i\alpha^i)=\sum_{i=0}^{2}a_ix^i$,因为$\mathbb{F}$与$\mathbb{Z}_5[x]_{f(x)}$元素个数相等,且$\delta$为满射,所以$\delta$是一一映射。对于$\mathbb{F}$中的任意两个元素$a=\sum_{i=0}^{2}a_i\alpha^i$,$b=\sum_{i=0}^{2}b_i\alpha^i$,$a_i,b_i\in\mathbb{Z}_5$,$\delta(a)=A(x)$,$\delta(b)=B(x)$,$\delta(a+b)=A(x)+B(x)=\delta(a)+\delta(b)$。又$\delta(ab)=\delta(r(\alpha))=r(x)=(A(x)B(x))_{f(x)}=\delta(a)\delta(b)$,所以$\delta$是域同构。

$\alpha^2+2\alpha+3$的负元为$4\alpha^2+3\alpha+2$。

下面用欧几里得辗转相除法求x^2+2x+3在$\mathbb{Z}_5[x]_{f(x)}$中的逆,为书写方便,列表过程简化。

$$x^3+x+1=(x-2)(x^2+2x+3)+2x+2$$
$$x^2+2x+3=(3x+3)(2x+2)+2$$

—	—	$3x+3$	$x-2$
0	1	$2x+2$	$3x^2+2x$

所以,$2=(2x+2)(x^3+x+1)+(3x^2+2x)(x^2+2x+3)$,即$(x^2+2x+3)$的逆元为

$$(3x^2+2x)\times 2^{-1}=4x^2+x$$

根据δ是域同构,所以$\alpha^2+2\alpha+3$的逆元为$4\alpha^2+\alpha$。■

例3.15说明不可约多项式的根也能构造基,该例中,有限域$\mathbb{F}$的一组基为$\{1,\alpha,\alpha^2\}$。

以上是有限域的加法结构,接下来我们讨论有限域的乘法结构。

引理3.1 设群G中元素α的阶为n,则对于任意整数m,$\mathrm{ord}(\alpha^m)=\frac{n}{(m,n)}$。

证明:设$\mathrm{ord}(\alpha^m)=d$,因为$(\alpha^m)^{\frac{n}{(m,n)}}=(\alpha^n)^{\frac{m}{(m,n)}}=1$,所以$d\mid\frac{n}{(m,n)}$。

另一方面,因为$(\alpha^m)^d=1$,所以$n\mid md$,即$\frac{n}{(m,n)}\mid\frac{m}{(m,n)}d$,但$\left(\frac{n}{(m,n)},\frac{m}{(m,n)}\right)=1$,所以$\frac{n}{(m,n)}\mid d$。因此,$\mathrm{ord}(\alpha^m)=\frac{n}{(m,n)}$。■

引理3.2 设群G中,$\mathrm{ord}(\alpha)=m$,$\mathrm{ord}(\beta)=n$,若$(m,n)=1$,则$\mathrm{ord}(\alpha\beta)=mn$。

证明:设$\mathrm{ord}(\alpha\beta)=d$,因为$(\alpha\beta)^{mn}=(\alpha^m)^n(\beta^n)^m=1$,所以$d\mid mn$。

另一方面,因为$(\alpha\beta)^d=1$,所以$\alpha^d=\beta^{-d}$,由引理3.1,$\frac{m}{(d,m)}=\frac{n}{(-d,n)}$,即$\frac{m}{(d,m)}=\frac{n}{(d,n)}$,但$(m,n)=1$,所以$\left(\frac{m}{(d,m)},\frac{n}{(d,n)}\right)=1$,于是$\frac{m}{(d,m)}=\frac{n}{(d,n)}=1$,即$m\mid d$,$n\mid d$,此时有$mn\mid d$。因此,$\mathrm{ord}(\alpha\beta)=mn$。■

定理3.27 有限域的乘法群是循环群。

证明:设$\mathbb{F}_{p^n}$是元素个数为p^n的有限域,其乘法群元素个数为p^n-1。设$\alpha\in\mathbb{F}_{p^n}^*$是阶最大的元素,且$\mathrm{ord}(\alpha)=d$,则$d\mid p^n-1$,所以$d\leqslant p^n-1$。

对于任意 $\beta\in\mathbb{F}_{p^n}^*$，设 $\mathrm{ord}(\beta)=s=\prod_{i=1}^{t}p_i^{\alpha_i}$，$d=\prod_{i=1}^{t}p_i^{\beta_i}$，$\alpha_i\geqslant 0$，$\beta_i\geqslant 0$，那么 $[d,s]=\prod_{i=1}^{t}p_i^{\max\{\alpha_i,\beta_i\}}$，令 $s'=\prod_{\alpha_i\geqslant\beta_i}p_i^{\alpha_i}$，$d'=\prod_{\alpha_i<\beta_i}p_i^{\beta_i}$，那么 $d'\mid d$，$s'\mid s$，$(d',s')=1$，$d's'=[d,s]$，此时 $\mathrm{ord}(\alpha^{\frac{d}{d'}})=d'$，$\mathrm{ord}(\beta^{\frac{s}{s'}})=s'$，由引理 3.2，有

$$\mathrm{ord}(\alpha^{\frac{d}{d'}}\beta^{\frac{s}{s'}})=d's'=[d,s]$$

因为 d 是 $\mathbb{F}_{p^n}^*$ 中元素的最大阶，所以 $[d,s]\leqslant d$，说明 $[d,s]=d$，得到 $s\mid d$，于是 $\mathbb{F}_{p^n}^*$ 中任一元素的阶均为 d 的因子，即 $\mathbb{F}_{p^n}^*$ 中 p^n-1 个元素均是多项式 x^d-1 的根，故 $p^n-1\leqslant d$。

综上，$d=p^n-1$。由此可得 $\mathbb{F}_{p^n}^*$ 是由其阶最大的元素生成的循环群。■

我们将 $\mathbb{F}_{p^n}^*$ 的乘法群的生成元称为域 $\mathbb{F}_{p^n}$ 的**本原元**。

接下来，我们研究不可约多项式在扩域中的根之间的关系。

定义 3.12 设 $\mathbb{F}_q$ 是元素个数为 q 的有限域，有限域 $\mathbb{F}$ 为其扩域，$\mathbb{F}$ 中的任一元素 α 在 $\mathbb{F}_q$ 上的**极小多项式**是指 $\mathbb{F}_q$ 上以 α 为根的首项系数为 1 的不可约多项式。

引理 3.3 设 $\mathbb{F}_q$ 是元素个数为 q 的有限域，有限域 $\mathbb{F}$ 为其扩域，$\mathbb{F}$ 中的任一元素 α 在 $\mathbb{F}_q$ 上的极小多项式存在且唯一。

证明： 由定理 3.18，可设 $|\mathbb{F}|=q^n$，$n\geqslant 1$，那么 α 一定是多项式 $x^{q^n}-x$ 的根，设 $x^{q^n}-x$ 在 $\mathbb{F}_q$ 上可分解为一些首 1 不可约多项式的乘积：

$$x^{q^n}-x=p_1(x)p_2(x)\cdots p_s(x),\quad p_i(x)\in\mathbb{F}_q[x]$$

那么 $\alpha^{q^n}-\alpha=p_1(\alpha)p_2(\alpha)\cdots p_s(\alpha)=0$，所以，存在 $1\leqslant i\leqslant s$，$p_i(\alpha)=0$，$p_i(x)$ 就是 α 在 $\mathbb{F}_q$ 上的极小多项式。

若 $a(x)$ 和 $b(x)$ 均为 α 在 $\mathbb{F}_q$ 上的极小多项式，则 $a(\alpha)=b(\alpha)=0$。

如果 $(a(x),b(x))=1$，那么，存在多项式 $s(x),t(x)\in\mathbb{F}_q[x]$，使得

$$s(x)a(x)+t(x)b(x)=1 \tag{3.5}$$

式(3.5)在 $\mathbb{F}_q[x]$ 中成立，在 $\mathbb{F}[x]$ 中也一定成立，得到

$$0=s(\alpha)a(\alpha)+t(\alpha)b(\alpha)=1$$

矛盾。因此，$(a(x),b(x))\neq 1$，又 $a(x)$ 和 $b(x)$ 均为 $\mathbb{F}_q$ 上的首 1 不可约多项式，所以 $a(x)=b(x)$。■

α 在 $\mathbb{F}_q$ 上的极小多项式也是 $\mathbb{F}_q$ 上以 α 为根的首项系数为 1 的次数最低的多项式。设 $g(x)$ 是 $\mathbb{F}_q$ 上以 α 为根的首项系数为 1 的次数最低的多项式，那么 $g(x)$ 一定是 $\mathbb{F}_q$ 上的不可约多项式，因为如果存在 $g_1(x),g_2(x)\in\mathbb{F}_q[x]$，$\deg g_1(x)<\deg g(x)$，$\deg g_2(x)<\deg g(x)$，使得 $g(x)=g_1(x)g_2(x)$，那么 $g(\alpha)=g_1(\alpha)g_2(\alpha)=0$，必然有 $g_1(\alpha)=0$ 或者 $g_2(\alpha)=0$，这样可以找到以 α 为根次数比 $g(x)$ 更低的多项式，矛盾。

由引理 3.3，$\mathbb{F}_q$ 上以 α 为根的首项系数为 1 的次数最低的多项式也是存在且唯一的，它就是 α 在 $\mathbb{F}_q$ 上的极小多项式。

引理 3.4 设 $\mathbb{F}_q$ 是元素个数为 q 的有限域，有限域 $\mathbb{F}$ 为其扩域，$\alpha\in\mathbb{F}^*$，α 的阶为 m，设 k 是最小的使得 $q^k\equiv 1\pmod{m}$ 的正整数，则 α 在 $\mathbb{F}_q$ 上的极小多项式为 k 次的，该多项式的 k 个根为 $\alpha,\alpha^q,\alpha^{q^2},\cdots,\alpha^{q^{k-1}}$。进一步，若 $|\mathbb{F}|=q^n$，α 是 $\mathbb{F}$ 的本原元，则 α 在 $\mathbb{F}_q$ 上

的极小多项式一定是 n 次的。

证明：构造 k 次多项式

$$g(x)=(x-\alpha)(x-\alpha^q)(x-\alpha^{q^2})\cdots(x-\alpha^{q^{k-1}})$$

对于 $0\leqslant i\leqslant k$，$g(x)$ 的 i 次项系数可以看作 $\mathbb{F}_q$ 的素域 $\mathbb{F}_p$ 上的 k 元多项式，不妨设为 $c_i(\alpha,\alpha^q,\alpha^{q^2},\cdots,\alpha^{q^{k-1}})$，即 $g(x)=\sum_{i=0}^{k}c_i(\alpha,\alpha^q,\alpha^{q^2},\cdots,\alpha^{q^{k-1}})x^i$。

由 $q^k\equiv 1(\bmod m)$，α 的阶为 m，得到 $\alpha^{q^k}=\alpha$，又 q 为 p 的幂，因此

$$(c_i(\alpha,\alpha^q,\alpha^{q^2},\cdots,\alpha^{q^{k-1}}))^q=c_i(\alpha^q,\alpha^{q^2},\alpha^{q^3},\cdots,\alpha^{q^k})=c_i(\alpha^q,\alpha^{q^2},\alpha^{q^3},\cdots,\alpha)$$

又因为 $g(x)=(x-\alpha^q)(x-\alpha^{q^2})\cdots(x-\alpha^{q^{k-1}})(x-\alpha)$，所以 $g(x)$ 的 i 次项系数又可以表示为 $c_i(\alpha^q,\alpha^{q^2},\alpha^{q^3},\cdots,\alpha)$，即 $c_i(\alpha^q,\alpha^{q^2},\alpha^{q^3},\cdots,\alpha)=c_i(\alpha,\alpha^q,\alpha^{q^2},\cdots,\alpha^{q^{k-1}})$。

所以，有

$$(c_i(\alpha,\alpha^q,\alpha^{q^2},\cdots,\alpha^{q^{k-1}}))^q=c_i(\alpha,\alpha^q,\alpha^{q^2},\cdots,\alpha^{q^{k-1}})$$

根据定理 3.19，$c_i(\alpha,\alpha^q,\alpha^{q^2},\cdots,\alpha^{q^{k-1}})\in\mathbb{F}_q$，即 $g(x)\in\mathbb{F}_q[x]$。

下面证明 $g(x)$ 在 $\mathbb{F}_q[x]$ 中不可约。

首先，$\alpha,\alpha^q,\alpha^{q^2},\cdots,\alpha^{q^{k-1}}$ 两两互不相等。否则，若 $\alpha^{q^i}=\alpha^{q^j}$，$0\leqslant i<j\leqslant k-1$，那么 $\alpha^{q^i(q^{j-i}-1)}=1$，于是 $m\mid q^i(q^{j-i}-1)$。由 $q^k\equiv 1(\bmod m)$ 可知，$(q,m)=1$，所以 $m\mid(q^{j-i}-1)$，即 $q^{j-i}\equiv 1(\bmod m)$，但 $0<j-i<k$，与 k 是最小的使得 $q^k\equiv 1(\bmod m)$ 的正整数矛盾。

再者，若 $g(x)$ 在 $\mathbb{F}_q[x]$ 中可约，则存在 $f_1(x),f_2(x)\in\mathbb{F}_q[x]$，满足

$$g(x)=f_1(x)f_2(x),\quad 0<\deg f_1(x)<k,\quad 0<\deg f_2(x)<k$$

得到 $0=g(\alpha)=f_1(\alpha)f_2(\alpha)$，所以 $f_1(\alpha)=0$ 或者 $f_2(\alpha)=0$，不妨设 $f_1(\alpha)=0$，有 $f_1(\alpha)=f_1(\alpha^q)=\cdots=f_1(\alpha^{q^{k-1}})=0$，所以多项式 $f_1(x)$ 的根的个数超过其次数，矛盾。

由极小多项式的定义和唯一性，$g(x)$ 即为 α 在 $\mathbb{F}_q$ 上的极小多项式。

若 $|\mathbb{F}|=q^n$，α 是 $\mathbb{F}$ 的本原元，那么 α 的阶为 q^n-1，此时 $k=n$。■

引理 3.5 设 $\mathbb{F}_q$ 是元素个数为 q 的有限域，$f(x)$ 为 $\mathbb{F}_q$ 上的 $n(n\geqslant 1)$ 次不可约多项式，$\mathbb{F}_{q^n}$ 为 $\mathbb{F}_q$ 的任一扩域，那么 $f(x)$ 在 $\mathbb{F}_{q^n}$ 中有根，且若 α 是 $f(x)$ 在 $\mathbb{F}_{q^n}$ 中的一个根，那么 $f(x)$ 在 $\mathbb{F}_{q^n}$ 中的所有根为 $\alpha,\alpha^q,\alpha^{q^2},\cdots,\alpha^{q^{n-1}}$。

证明：当 $f(x)=cx$，$c\in\mathbb{F}_q^*$ 时，结论成立。

不妨设 $f(x)$ 是首项系数为 1 的 n 次不可约多项式，且 $f(x)\neq cx$，$c\in\mathbb{F}_q^*$。由定理 3.20，$f(x)\mid x^{q^n}-x$，而 $\mathbb{F}_{q^n}$ 中所有 q^n 个元素都是 $x^{q^n}-x$ 的根，令

$$x^{q^n}-x=f(x)g(x),\quad \deg g(x)=q^n-n$$

那么 $x^{q^n}-x$ 的根一定是 $f(x)$ 或者 $g(x)$ 的根，但是 $g(x)$ 在 $\mathbb{F}_{q^n}$ 中的根不超过 q^n-n 个，所以 $f(x)$ 在 $\mathbb{F}_{q^n}$ 中的根至少为 n 个，而 $\deg f(x)=n$，所以 $f(x)$ 在 $\mathbb{F}_{q^n}$ 中恰有 n 个根。且若 α 是 $f(x)$ 在 $\mathbb{F}_{q^n}$ 中的一个根，$f(x)$ 就是 α 在 $\mathbb{F}_q$ 上的极小多项式。由引理 3.4，因为 $\deg f(x)=n$，所以 $f(x)$ 的所有根为 $\alpha,\alpha^q,\alpha^{q^2},\cdots,\alpha^{q^{n-1}}$。■

定义 3.13 设 $\mathbb{F}_q$ 是元素个数为 q 的有限域，$f(x)(\neq cx,c\in\mathbb{F}_q^*)$ 为 $\mathbb{F}_q$ 上的 $n(n\geqslant 1)$ 次不可约多项式，若 $f(x)$ 在 $\mathbb{F}_q$ 的扩域 $\mathbb{F}_{q^n}$ 中的根 α 的阶为 m，由引理 3.1，$f(x)$ 在 $\mathbb{F}_{q^n}$

中的所有根的阶均为m，m称为$f(x)$的**周期**，当$m=q^n-1$时，我们称$f(x)$为$\mathbb{F}_q$上的**本原多项式**。

定理 3.28 元素个数相等的有限域是同构的。

证明：设$g(x)=\sum_{i=0}^{n}a_ix^i\in\mathbb{Z}_p[x]$是$n(n\geqslant 1)$次不可约多项式，$\mathbb{F}_{p^n}$是任意元素个数为$p^n$的有限域，其素域为$\mathbb{F}_p$，$\mathbb{F}_p$的单位元为$e$。

定义$\delta:\mathbb{Z}_p\to\mathbb{F}_p$，$\delta(i)=ie$，$0\leqslant i\leqslant p-1$为$\mathbb{Z}_p$到$\mathbb{F}_p$的同构映射，那么$f(x)=\sum_{i=0}^{n}\delta(a_i)x^i\in\mathbb{F}_p[x]$为$\mathbb{F}_p$上的$n$次不可约多项式。否则，若存在$f_1(x),f_2(x)\in\mathbb{F}_p[x]$，满足

$$f(x)=f_1(x)f_2(x),\quad 0<\deg f_1(x)<n,\quad 0<\deg f_2(x)<n$$

不妨设$f_1(x)=\sum_{i=0}^{s}b_ix^i$，$f_2(x)=\sum_{i=0}^{t}c_ix^i\in\mathbb{F}_p[x]$，$0<s<n$，$0<t<n$，那么

$$g(x)=\sum_{i=0}^{s}\delta^{-1}(b_i)x^i\sum_{i=0}^{t}\delta^{-1}(c_i)x^i$$

与$g(x)$是$\mathbb{Z}_p$上的不可约多项式矛盾。

由引理 3.5，可设$\alpha\in\mathbb{F}_{p^n}$是$f(x)$在$\mathbb{F}_{p^n}$中的一个根，由本节例 3.15 的求解过程可知

$$\mathbb{F}_{p^n}=\left\{\sum_{i=0}^{n-1}a_i\alpha^i\mid a_i\in\mathbb{F}_p\right\}\cong\mathbb{F}_p[x]_{f(x)}$$

又$\mathbb{F}_p[x]_{f(x)}\cong\mathbb{Z}_p[x]_{g(x)}$，所以任何$p^n$元有限域都与$\mathbb{Z}_p[x]_{g(x)}$同构。■

定理 3.29 有限域的伽罗华定理 设p为素数，$\mathbb{F}_{p^n}$是元素个数为p^n的有限域，α是$\mathbb{F}_{p^n}$的本原元，α在$\mathbb{F}_p$上的极小多项式为n次本原多项式$f(x)$，则有如下结论。

(1) $\mathbb{F}_{p^n}$的任意自同构都保持其素域$\mathbb{F}_p$中的元素不变。

(2) $\mathbb{F}_{p^n}$的任意自同构都只能将$f(x)$的根α映射成$f(x)$的根。

(3) 设$\mathbb{F}_{p^n}$的自同构δ满足$\delta(\alpha)=\alpha^p$，那么$\mathbb{F}_{p^n}$的所有自同构可以表示为$\delta_i=\delta^i(i=0,1,2,\cdots,n-1)$，其是由$\delta$生成的一个$n$阶循环群$\langle\delta\rangle$。$\delta_i$保持不变的所有元素形成$\mathbb{F}_{p^n}$的子域$\mathbb{F}_{p^{(n,i)}}$，而所有保持子域$\mathbb{F}_{p^d}(d\mid n)$中的元素不变的自同构形成$\langle\delta\rangle$的子群$\langle\delta^d\rangle$，称为**扩张$\mathbb{F}_{p^n}/\mathbb{F}_{p^d}$的伽罗华群**，记作$\mathrm{Gal}(\mathbb{F}_{p^n}/\mathbb{F}_{p^d})$。

(4) 对于任意$d\mid k$，$k\mid n$，$\mathrm{Gal}(\mathbb{F}_{p^n}/\mathbb{F}_{p^k})$是$\mathrm{Gal}(\mathbb{F}_{p^n}/\mathbb{F}_{p^d})$的子群$\langle\delta^k\rangle$；$\mathrm{Gal}(\mathbb{F}_{p^n}/\mathbb{F}_{p^d})$的任意子群保持不变的所有元素是$\mathbb{F}_{p^n}$和$\mathbb{F}_{p^d}$的中间域，$\mathrm{Gal}(\mathbb{F}_{p^n}/\mathbb{F}_{p^d})$的子群和中间域之间存在一一对应的关系。

证明：(1) 设δ是$\mathbb{F}_{p^n}$的任一自同构，那么对于任意$i\in\mathbb{F}_p$，$\delta(i)=i\delta(1)=i$。

(2) 设δ是$\mathbb{F}_{p^n}$的任一自同构，α在$\mathbb{F}_p$上的极小多项式$f(x)=\sum_{i=0}^{n}a_ix^i$，$a_i\in\mathbb{F}_p$，即$f(\alpha)=0$，$\sum_{i=0}^{n}a_i\alpha^i=0$，那么

$$f(\delta(\alpha))=\sum_{i=0}^{n}a_i\delta(\alpha)^i=\sum_{i=0}^{n}a_i\delta(\alpha^i)=\delta\left(\sum_{i=0}^{n}a_i\alpha^i\right)=\delta(0)=0$$

说明$\delta(\alpha)$也是$f(x)$的根。

(3) 设 δ 是$\mathbb{F}_{p^n}$的任一自同构，因为 α 是$\mathbb{F}_{p^n}$的本原元，所以$\mathbb{F}_{p^n}$中任意非零元素 β 均可以唯一地表示为 $\beta=\alpha^k, 0\leqslant k<p^n-1$，于是 $\delta(\beta)=\delta(\alpha^k)=\delta(\alpha)^k$，说明 $\delta(\beta)$ 由 $\delta(\alpha)$ 的取值唯一确定。

由引理 3.5，$f(x)$ 在$\mathbb{F}_{p^n}$中的所有根为 $\alpha,\alpha^p,\alpha^{p^2},\cdots,\alpha^{p^{n-1}}$。再由(2)，$\delta(\alpha)$ 只能取 α，$\alpha^p,\alpha^{p^2},\cdots,\alpha^{p^{n-1}}$ 其中之一，所以$\mathbb{F}_{p^n}$的自同构最多只有 n 个。

对于 $0\leqslant i<n$，定义 $\delta_i(0)=0$，且对于任意 $\beta=\alpha^k, 0\leqslant k<p^n-1$，定义 $\delta_i(\beta)=\beta^{p^i}$，可以得到$\mathbb{F}_{p^n}$上的一个自同构 δ_i，满足 $\delta_i(\alpha)=\alpha^{p^i}$。这是因为 δ_i 是一个一一映射，且对于 $\beta_1,\beta_2\in\mathbb{F}_{p^n}$，有 $\delta_i(\beta_1+\beta_2)=(\beta_1+\beta_2)^{p^i}=\beta_1^{p^i}+\beta_2^{p^i}=\delta_i(\beta_1)+\delta_i(\beta_2)$，$\delta_i(\beta_1\beta_2)=(\beta_1\beta_2)^{p^i}=\beta_1^{p^i}\beta_2^{p^i}=\delta_i(\beta_1)\delta_i(\beta_2)$。

因为 $\alpha,\alpha^p,\alpha^{p^2},\cdots,\alpha^{p^{n-1}}$ 两两互不相等，所以 $\delta_i(\alpha)=\alpha^{p^i}$ 两两互不相等，也就是说$\mathbb{F}_{p^n}$上的自同构 δ_i 是两两互不相同的，因此它们就是$\mathbb{F}_{p^n}$的所有 n 个自同构。按照映射的复合，这些自同构可以看成是由 δ_1 生成的 n 阶循环群，$\delta_i=(\delta_1)^i$。

定义集合 $S_i=\{x\in\mathbb{F}_{p^n}\mid\delta_i(x)=x\}$，$S_i$ 的元素即是多项式 $x^{p^i}-x$ 在$\mathbb{F}_{p^n}$中的根，也即是多项式 $\gcd(x^{p^i}-x,x^{p^n}-x)=x^{p^{(n,i)}}-x$ 在$\mathbb{F}_{p^n}$中的根，它们恰好形成$\mathbb{F}_{p^n}$的子域$\mathbb{F}_{p^{(n,i)}}$。反之，令 $\delta=\delta_1$，定义 $G_d=\{\gamma\in\langle\delta\rangle\mid\gamma(x)=x$，对于任意 $x\in\mathbb{F}_{p^d}, d\mid n\}$，设 $\gamma=\delta_j\in G_d$，那么对于任意 $x\in\mathbb{F}_{p^d}, d\mid n$，都有 $x^{p^j}-x=0$，由于$\mathbb{F}_{p^d}$的元素由多项式 $x^{p^d}-x$ 的根组成，所以 $x^{p^d}-x\mid x^{p^j}-x$，即 $d\mid j$，于是，$G_d=\langle\delta^d\rangle$。

(4) 因为 $\mathrm{Gal}(\mathbb{F}_{p^n}/\mathbb{F}_{p^k})=\langle\delta^k\rangle$，$\mathrm{Gal}(\mathbb{F}_{p^n}/\mathbb{F}_{p^d})=\langle\delta^d\rangle$，而 $d\mid k$，所以 $\mathrm{Gal}(\mathbb{F}_{p^n}/\mathbb{F}_{p^k})$ 是 $\mathrm{Gal}(\mathbb{F}_{p^n}/\mathbb{F}_{p^d})$ 的子群。也即保持中间域$\mathbb{F}_{p^k}$不变的自同构群是 $\mathrm{Gal}(\mathbb{F}_{p^n}/\mathbb{F}_{p^d})$ 的子群。

反之，因为 $\mathrm{Gal}(\mathbb{F}_{p^n}/\mathbb{F}_{p^d})=\langle\delta^d\rangle$ 的子群仍然是循环群，设 $\langle\delta^{di}\rangle, i=0,1,\cdots,\frac{n}{d}-1$ 是 $\langle\delta^d\rangle$ 的任一子群，由于 $\langle\delta^{di}\rangle=\langle\delta^{(di,n)}\rangle$，$d\mid(di,n)$，$(di,n)\mid n$，由(3)，$\langle\delta^{di}\rangle$ 保持不变的所有元素形成中间域$\mathbb{F}_{p^{(di,n)}}$。■

例 3.16 试构造有限域$\mathbb{Z}_2[x]_{x^3+x+1}$到$\mathbb{Z}_2[x]_{x^3+x^2+1}$上的一个域同构。

解：设 δ 是$\mathbb{Z}_2[x]_{x^3+x+1}$到$\mathbb{Z}_2[x]_{x^3+x^2+1}$上的任一同构，$f(x)=x^3+x+1\in\mathbb{Z}_2[x]$，$\alpha$ 是 $f(x)$ 在$\mathbb{Z}_2[x]_{x^3+x+1}$中的任一根，即 $f(\alpha)=0$。仿照定理 3.29 之(2)的证明过程，$f(\delta(\alpha))=0$，即 $\delta(\alpha)\in\mathbb{Z}_2[x]_{x^3+x^2+1}$必然是 $f(x)$ 在$\mathbb{Z}_2[x]_{x^3+x^2+1}$中的一根。

我们知道 $x\in\mathbb{Z}_2[x]_{x^3+x+1}$是 $f(x)$ 在$\mathbb{Z}_2[x]_{x^3+x+1}$上的一个根，而 $((1+x)^3+(1+x)+1)_{x^3+x^2+1}=0$，所以 $1+x\in\mathbb{Z}_2[x]_{x^3+x^2+1}$是 $f(x)$ 在$\mathbb{Z}_2[x]_{x^3+x^2+1}$中的一根。构造 $\delta:\mathbb{Z}_2[x]_{x^3+x+1}\to\mathbb{Z}_2[x]_{x^3+x^2+1}$满足

$$\delta\left(\sum_{i=0}^{2}a_ix^i\right)=\sum_{i=0}^{2}a_i(1+x)^i,\quad a_i\in\mathbb{Z}_2$$

即为所求。■

3.6 练习题

1. 判断下列集合中，哪些是复数域的子域。

(1) $\{a+bi\mid a,b\in\mathbb{Z}\}$，$i=\sqrt{-1}$；

(2) $\{a+bi\mid a,b\in\mathbb{Q}\}$；

(3) $\{a+b\sqrt[3]{2}+c\sqrt[3]{4}\mid a,b,c\in\mathbb{Q}\}$。

2. 设$\mathbb{F}$为域，$a\in\mathbb{F}$，n为正整数，下列命题是否正确，为什么？

(1) 如果$na=0$，则$a=0$；

(2) 如果$a^n=e$，则$a=e$；

(3) 如果$a^n=0$，则$a=0$。

3. 在$\mathbb{Z}_{37}$中计算7×23^{-1}。

4. 设$\mathbb{F}$为域，$a\in\mathbb{F}$，如果$\mathbb{F}$中每个非零元素都可以表示为$a^n(n\in\mathbb{Z})$的形式，那么$\mathbb{F}$必为有限域，试证明此结论。

5. 设p为素数，$f(x)$是$n(n\geqslant1)$次整系数多项式，试证明同余式$f(x)\equiv0 \pmod p$恰好有n个解的充要条件是在$\mathbb{Z}_p[x]$中，$f(x)\mid x^p-x$。

6. 设p为素数，$f(x)$是整系数多项式，试证明同余式$f(x)\equiv0 \pmod p$有解的充要条件是在$\mathbb{Z}_p[x]$中，$(f(x),x^p-x)\neq1$。

7. 试将$\mathbb{Z}_2[x]$中的多项式x^7+1和$x^{10}+1$分解成$\mathbb{Z}_2[x]$中不可约多项式之积。

8. 设p为素数，求证$\mathbb{Z}_p[x]$中的不可约多项式在$\mathbb{Z}_p$的任意扩域中均没有重根。

9. 设域$\mathbb{F}$的特征为素数p，$a\in\mathbb{F}$，求证方程$x^p=a$在$\mathbb{F}$中最多有一个解。

10. 设$f(x)\in\mathbb{F}_p[x]$，a是$\mathbb{F}_p$的某个扩域中的元素，如果a是多项式$f(x)$的根，那么对每个正整数n，a^{p^n}也是$f(x)$的根。

11. 设$\langle a\rangle$是由a生成的n阶循环群，试证明：

(1) $\langle a\rangle$的子群都是循环群；

(2) 对于任意正整数$d\mid n$，$\langle a\rangle$存在唯一的d元子群；

(3) 若整数s,t不全为0，则$\langle a^s,a^t\rangle=\langle a^{(s,t)}\rangle$。

12. 设$\langle a\rangle$是由a生成的12阶循环群，试求$\langle a^8\rangle$的元素个数。

13. 试证明$\mathbb{F}_{2^7}$不是$\mathbb{F}_{2^9}$的子域。

14. 设p为素数，$\mathbb{F}_{p^n}$是p^n个元素的有限域，试证明，对于任意正整数$d\mid n$，$\mathbb{F}_{p^n}$的$\mathbb{F}_{p^d}$元子域存在且唯一。

15. 试证明$\mathbb{F}_q$上的首1本原多项式的个数为$\dfrac{\varphi(q^n-1)}{n}$。

16. 试证明$f(x)=x^4+x^2+x+1$是$\mathbb{Z}_3$上的不可约多项式，若$\mathbb{Z}_3\subsetneq\mathbb{F}_{3^2}\subsetneq\mathbb{F}_{3^4}$，且$\alpha$是$f(x)$在扩域$\mathbb{F}_{3^4}$中的一根，试求$2\alpha+1$在$\mathbb{Z}_3$和$\mathbb{F}_{3^2}$上的极小多项式，并判断它们是否为本原多项式。

17. 设p为素数，$\mathbb{F}_{p^n}$是p^n个元素的有限域：

(1) 试构造出$\mathbb{F}_{p^n}$上的所有自同构，并证明这些自同构都保持$\mathbb{F}_{p^n}$的素域$\mathbb{F}_p$中的元素不变；

(2) 设正整数$d\mid n$，$\mathbb{F}_p\subsetneq\mathbb{F}_{p^d}\subsetneq\mathbb{F}_{p^n}$，试构造出$\mathbb{F}_{p^n}$上所有使得$\mathbb{F}_{p^d}$中的元素保持不变的自同构。

18. 试求有限域$\mathbb{Z}_2[x]_{x^3+x+1}$到$\mathbb{Z}_2[x]_{x^3+x^2+1}$的所有域同构。

19. 设 $c\in\mathbb{F}_q^*$，求证，对于每个正整数 k：

(1) 方程 $x^k=c$ 在 $\mathbb{F}_q^*$ 中或者无解，或者恰好有 $(k,q-1)$ 个解；

(2) $\mathbb{F}_q^*$ 中恰好有 $\dfrac{q-1}{(k,q-1)}$ 个元素 a 使得 $x^k=a$ 在 $\mathbb{F}_q^*$ 中有解。

3.7 扩展阅读与实践

1. 有限域 $\mathbb{F}_q$ 上不可约多项式的判别。

有限域上不可约多项式判别的基本原理如下。

(1) $x^{q^i}-x$ 在域 $\mathbb{F}_q$ 上可以表示为所有次数为 i 的因子的首 1 不可约多项式的乘积，每个不可约因式出现且仅出现一次。

(2) $f(x)$ 如果在 $\mathbb{F}_q$ 上可约，它一定包含次数小于等于 $\left[\dfrac{n}{2}\right]$ 的不可约因式。

由此，如果 $\mathbb{F}_q$ 上的一个多项式 $f(x)$ 和所有的 $x^{q^i}-x\left(1\leqslant i\leqslant\left[\dfrac{n}{2}\right]\right)$ 都互素，那么 $f(x)$ 不可约，反之也成立。

算法示例如下。

```
def irreducible(poly,p):
    R.<x>=GF(p)[]
    f= poly.change_ring(GF(p))
    deg= f.degree()//2
    t=x
    for i in range(1,deg+1):
        t=power_mod(t,p,f)
        g=gcd(f,t-x)
        if g!=1:
            print(i,g)
            return False
    print('irreducible')
    return True
```

试利用上述方法判断多项式 $f(x)=x^{2020}+20x^{1974}+38$ 在 $\mathbb{Z}_{97}$ 上是否可约。进一步，试问该多项式在 $\mathbb{Z}$ 上是否可约？

2. 有限域 $\mathbb{F}_q$ 上多项式的分解。

引理 1 设 $f(x)\in\mathbb{F}_q[x]$，其中，$q=p^m$，$f(x)=\sum\limits_{i=0}^{n}a_ix^i$，如果 $f'(x)=0$，那么存在 $g(x)\in\mathbb{F}_q[x]$，使得 $f(x)=g(x)^p$。

证明：因为 $f'(x)=0$，那么对于 $f(x)$ 的 i 次项 a_ix^i，$ia_i=0$，所以 $p\mid i$ 或者 $a_i=0$。

(1) 当 $a_i=0$ 时，$a_ix^i=0^p$。

(2) 当 $p\mid i$ 时，因为 $\delta:\mathbb{F}_q\to\mathbb{F}_q$，$\delta(a)=a^p$ 是域 $\mathbb{F}_q$ 的自同构映射，因此存在 $b_i\in\mathbb{F}_q$，使得 $b_i{}^p=a_i$，所以 $a_ix^i=(b_ix^{i/p})^p$。

综合(1)、(2)，$f(x)$的 i 次项是$\mathbb{F}_q$上一个单项式的 p 次幂，因此存在 $g(x)\in\mathbb{F}_q[x]$，使得 $f(x)=g(x)^p$。

当 $q=p$ 时，$b_i=a_i$，$g(x)$很容易就可以求出。当 $q=p^m$ 时，$(p,p^m-1)=1$，又因为若 $a_i\neq 0$，则 $a_i^{q-1}=1$，所以$(a_i^{p^{-1}(\bmod q-1)})^p=a_i$，令 $b_i=a_i^{p^{-1}(\bmod q-1)}$ 即可。■

引理 2 设 $f(x)\in\mathbb{F}_q[x]$，如果 $f'(x)\neq 0$，那么 $f(x)/\gcd(f(x),f'(x))$没有重因式。

证明：反证法。假设 $f(x)/\gcd(f(x),f'(x))$有重因式，那么它一定有不可约重因式，不妨设为 $g(x)$，$g(x)$也是 $f(x)$的重因式。设 $g(x)$是 $f(x)$的 k 重因式，根据定理 3.24，$g(x)^{k-1}\mid f'(x)$，所以 $g(x)^{k-1}\mid\gcd(f(x),f'(x))$，因此$g(x)^2\nmid f(x)/\gcd(f(x),f'(x))$与 $g(x)$是 $f(x)/\gcd(f(x),f'(x))$的重因式矛盾。■

利用上述两个引理，我们可以将 $f(x)\in\mathbb{F}_q[x]$分离成多个没有重因式的多项式的乘积，然后参照多项式不可约的方法，利用 $x^{q^i}-x$ 将每个多项式中次数相同的不可约多项式的乘积分离出来。

引理 3 设 $f(x)\in\mathbb{F}_q[x]$是没有重因式的 n 次多项式，$q=p^m$，p 为奇素数，$f(x)$是一些次数相同的不可约多项式的乘积，即 $f(x)=f_1(x)f_2(x)\cdots f_s(x)$，其中，$f_i(x)$ $(1\leqslant i\leqslant s, s\geqslant 2)$均为$\mathbb{F}_q$上次数为 d 的不可约多项式，若随机选择 $g(x)\in\mathbb{F}_q[x]$，$0<\deg g(x)<\deg f(x)$，那么通过计算 $\gcd(f(x),g(x)^{\frac{q^d-1}{2}}+1)$，$\gcd(f(x),g(x)^{\frac{q^d-1}{2}}-1)$，$\gcd(f(x),g(x)^{\frac{q^d-1}{2}})$，就可以得到 $f(x)$的非平凡因子，其成功的概率大于 1/2。

证明：对于 $1\leqslant i\leqslant s$，有限域$\mathbb{F}_q[x]_{f_i(x)}$是元素个数为 q^d 的有限域，对于 $g(x)\in\mathbb{F}_q[x]$，$(g(x))_{f_i(x)}\in\mathbb{F}_q[x]_{f_i(x)}$，所以$(g(x)^{q^d})_{f_i(x)}=(g(x))_{f_i(x)}$，即$(g(x)^{q^d-1})_{f_i(x)}=0,1$，从而$(g(x)^{\frac{q^d-1}{2}})_{f_i(x)}=0,\pm 1$，即 $g(x)^{\frac{q^d-1}{2}}$，$g(x)^{\frac{q^d-1}{2}}+1$，$g(x)^{\frac{q^d-1}{2}}-1$ 中必然有 1 个是 $f_i(x)$的倍式。

若$(g(x)^{\frac{q^d-1}{2}})_{f(x)}\neq 0,\pm 1$，那么$(g(x)^{\frac{q^d-1}{2}})_{f(x)}\notin\mathbb{F}_q$，否则将与$(g(x)^{\frac{q^d-1}{2}})_{f_i(x)}=0,\pm 1$ 矛盾，此时，通过计算 $\gcd(f(x),g(x)^{\frac{q^d-1}{2}}+1)$，$\gcd(f(x),g(x)^{\frac{q^d-1}{2}}-1)$，$\gcd(f(x),g(x)^{\frac{q^d-1}{2}})$可以得到 $f(x)$的非平凡因子。

当$(g(x)^{\frac{q^d-1}{2}})_{f(x)}=0,\pm 1$ 时，对于每个 $1\leqslant i\leqslant s$，同时有$(g(x)^{\frac{q^d-1}{2}})_{f_i(x)}=0,\pm 1$，对于 $1\leqslant i\leqslant s$，满足$(g(x)^{\frac{q^d-1}{2}})_{f_i(x)}=0$ 的多项式 $g(x)=0$，不符合选择条件；对于 $1\leqslant i\leqslant s$，满足$(g(x)^{\frac{q^d-1}{2}})_{f_i(x)}=1$ 的多项式 $g(x)$有$\frac{q^d-1}{2}$个，满足$(g(x)^{\frac{q^d-1}{2}})_{f_i(x)}=-1$ 的多项式 $g(x)$有$\frac{q^d-1}{2}$个，根据中国剩余定理，满足$(g(x)^{\frac{q^d-1}{2}})_{f(x)}=\pm 1$ 的多项式有 $2\left(\frac{q^d-1}{2}\right)^s$个。又因为 $g(x)\in\mathbb{F}_q^*$时，也有$(g(x)^{\frac{q^d-1}{2}})_{f(x)}=\pm 1$，根据 $g(x)$选择的随机性，$g(x)$满足$(g(x)^{\frac{q^d-1}{2}})_{f(x)}=0,\pm 1$ 的概率为

$$\frac{2\left(\frac{q^d-1}{2}\right)^s-(q-1)}{q^n-q}=\frac{(q^d-1)^s-2^{s-1}(q-1)}{2^{s-1}(q^n-q)}<\frac{(q^d)^s-2^{s-1}(q-1)}{2^{s-1}(q^n-q)}$$

$$=\frac{q^n-2^{s-1}(q-1)}{2^{s-1}(q^n-q)}<\frac{1}{2^{s-1}}\leqslant\frac{1}{2}$$

综合以上,成功分离出 $f(x)$ 的非平凡因子的概率大于$\frac{1}{2}$。■

对于特征为 2 的有限域,我们有如下结论。

引理 4 设 $f(x)\in\mathbb{F}_q[x]$ 是没有重因式的 n 次多项式,$q=2^m$,$f(x)$ 是一些次数相同的不可约多项式的乘积,即 $f(x)=f_1(x)f_2(x)\cdots f_s(x)$,其中,$f_i(x)(1\leqslant i\leqslant s,s\geqslant 2)$ 均为 $\mathbb{F}_q$ 上次数为 d 的不可约多项式,定义 $T(y)=\sum_{i=0}^{dm-1}y^{2^i}$,若随机选择 $g(x)\in\mathbb{F}_q[x]$,$0<\deg g(x)<\deg f(x)$,那么通过计算 $\gcd(f(x),T(g(x)))$,$\gcd(f(x),T(g(x))+1)$ 可以得到 $f(x)$ 的非平凡因子,其成功的概率大于 1/2。

证明:对于 $1\leqslant i\leqslant s$,有限域 $\mathbb{F}_q[x]_{f_i(x)}$ 是元素个数为 2^{dm} 的有限域,对于 $g(x)\in\mathbb{F}_q[x]$,$(g(x))_{f_i(x)}\in\mathbb{F}_q[x]_{f_i(x)}$,所以 $(g(x)^{2^{dm}})_{f_i(x)}=(g(x))_{f_i(x)}$。

因为

$$T(g(x))(T(g(x))+1)=g(x)^{2^{dm}}+g(x)$$

所以

$$(T(g(x))(T(g(x))+1))_{f_i(x)}=0$$

因此,$(T(g(x)))_{f_i(x)}=0$ 或者 $(T(g(x))+1)_{f_i(x)}=0$,即 $T(g(x))$,$T(g(x))+1$ 中必然有 1 个是 $f_i(x)$ 的倍式。

若 $(T(g(x)))_{f(x)}\neq 0,1$,那么 $(T(g(x)))_{f(x)}\notin\mathbb{F}_q$,否则将与 $(T(g(x)))_{f_i(x)}=0,1$ 矛盾,此时,通过计算 $\gcd(f(x),T(g(x)))$,$\gcd(f(x),T(g(x))+1)$,可以得到 $f(x)$ 的非平凡因子。

当 $(T(g(x)))_{f(x)}=0,1$ 时,对于每个 $1\leqslant i\leqslant s$,同时有 $(T(g(x)))_{f_i(x)}=0,1$。满足 $(T(g(x)))_{f_i(x)}=0,1$ 的多项式各有 2^{dm-1} 个,根据中国剩余定理,满足 $(T(g(x)))_{f(x)}=0,1$ 的多项式各有 $(2^{dm-1})^s$ 个,即共有 $2(2^{dm-1})^s$ 个。又因为 $g(x)\in\mathbb{F}_q$ 时,也有 $(T(g(x)))_{f(x)}=0,1$,根据 $g(x)$ 选择的随机性,$g(x)$ 满足 $(T(g(x)))_{f(x)}=0,1$ 的概率为 $\frac{2(2^{dm-1})^s-q}{q^n-q}=\frac{2^{dms-s+1}-2^m}{2^{dms}-2^m}<\frac{2^{dms-s+1}}{2^{dms}}=\frac{1}{2^{s-1}}\leqslant\frac{1}{2}$。

综上所述,成功分离出 $f(x)$ 的非平凡因子的概率大于$\frac{1}{2}$。

试利用上述思路,在 $\mathbb{Z}_{39847593767}[x]$ 中分解多项式

$$f(x)=x^{60}+2x^{56}+2x^{55}+x^{52}+2x^{51}+x^{50}+3454325x^{11}+x^{10}+6908650x^7$$
$$+6908652x^6+2x^5+3454325x^3+6908651x^2+3454327x+1$$

3. $\mathbb{Z}_n$ 上的多项式和多项式的根。

由于我们此节不希望一般性地讨论新的代数结构"环",故特别对 $\mathbb{Z}_n$ 上的多项式,即多项式的根的性质作一个简要介绍。

设 $n>1$,$\mathbb{Z}_n$ 是由 $0,1,2,\cdots,n-1$ 形成的集合,在其上定义模 n 的加法和乘法,$\mathbb{Z}_n$ 的所有元素按照模 n 的加法形成 n 阶加法群,0 是加法群的零元,按照模 n 的乘法,所有非零元当 n 为素数的时候是乘法群,当 n 为合数的时候不是乘法群。所以,当 $n=p$

为素数的时候，$\mathbb{Z}_n$就是我们所说的有限域$\mathbb{Z}_p$，而 n 不为素数的时候$\mathbb{Z}_n$不能构成域。

对于任意整数 k，$k=qn+r$，$0\leqslant r<n$，我们认为 k 等价于$\mathbb{Z}_n$中的元素 r。

我们定义$\mathbb{Z}_n$上关于文字 $x_1,x_2,\cdots,x_m$ 的 m 元多项式是指单项式 $ax_1^{i_1}x_2^{i_2}\cdots x_m^{i_m}$ 的形式和，其中，系数 $a\in\mathbb{Z}_n$，$i_1,i_2,\cdots,i_m$ 均为非负整数，当 $i_j=0$ 时，$x_j^{i_j}$ 也可以省略不写，当 $i_j=1$ 时，$x_j^{i_j}$ 可以简写作 x_j，当 $a\neq 0$ 时，单项式 $ax_1^{i_1}x_2^{i_2}\cdots x_m^{i_m}$ 的次数为 $i_1+i_2+\cdots+i_m$，当 $a=0$ 时，单项式 $ax_1^{i_1}x_2^{i_2}\cdots x_m^{i_m}$ 可以省略不写。当 $i_1=j_1,i_2=j_2,\cdots,i_m=j_m$ 时，我们称 $ax_1^{i_1}x_2^{i_2}\cdots x_m^{i_m}$ 与 $bx_1^{j_1}x_2^{j_2}\cdots x_m^{j_m}$ 为同类项，两个同类项 $ax_1^{i_1}x_2^{i_2}\cdots x_m^{i_m}$，$bx_1^{i_1}x_2^{i_2}\cdots x_m^{i_m}$ 合并是指它们相加，结果为 $(a+b)x_1^{i_1}x_2^{i_2}\cdots x_m^{i_m}$，两个单项式 $ax_1^{i_1}x_2^{i_2}\cdots x_m^{i_m}$ 与 $bx_1^{j_1}x_2^{j_2}\cdots x_m^{j_m}$ 相乘的结果为 $abx_1^{i_1+j_1}x_2^{i_2+j_2}\cdots x_m^{i_m+j_m}$。通常一个 m 元多项式可以写作

$$f(x_1,x_2,\cdots,x_m)=\sum_{t=0}^{n}a_t x_1^{i_{t,1}}x_2^{i_{t,2}}\cdots x_m^{i_{t,m}}$$

其中，次数最高的单项式的次数即为多项式的次数，两个多项式 $f(x_1,x_2,\cdots,x_m)$，$g(x_1,x_2,\cdots,x_m)$相等，当且仅当所有对应的同类项的系数相等，记作 $f(x_1,x_2,\cdots,x_m)=g(x_1,x_2,\cdots,x_m)$或者

$$f(x_1,x_2,\cdots,x_m)\equiv g(x_1,x_2,\cdots,x_m)\pmod{n}$$

两个多项式相加是将它们对应的同类项合并后得到的新的多项式。两个多项式相乘是将它们的所有单项式两两相乘，然后合并同类项后得到的结果。

若$\mathbb{Z}_n$上的 m 个元素 $\alpha_1,\alpha_2,\cdots,\alpha_m$ 满足 $f(\alpha_1,\alpha_2,\cdots,\alpha_m)=0$，则称 $\alpha_1,\alpha_2,\cdots,\alpha_m$ 为 $f(x_1,x_2,\cdots,x_m)$在$\mathbb{Z}_n$上的一个根，记作 $(x_1,x_2,\cdots,x_m)=(\alpha_1,\alpha_2,\cdots,\alpha_m)$，当 $m=1$ 时，直接记作 $x_1=\alpha_1$。

4. $\mathbb{Z}[x]$和$\mathbb{Q}[x]$中多项式的分解。

首先我们说明多项式在$\mathbb{Z}[x]$和$\mathbb{Q}[x]$中的分解是等价的。

如果一个整系数多项式 $f(x)\in\mathbb{Z}[x]$的系数互素，那么我们将 $f(x)$称为$\mathbb{Z}$上的**本原多项式**。

引理 1　$\mathbb{Z}$上的本原多项式的乘积仍为$\mathbb{Z}$上的本原多项式。

证明：设 $f(x)=\sum_{i=0}^{m}a_i x^i$，$g(x)=\sum_{i=0}^{n}b_i x^i$，其中，$(a_0,a_1,a_2,\cdots,a_m)=(b_0,b_1,b_2,\cdots,b_n)=1$，$f(x)g(x)=\sum_{i=0}^{m+n}c_i x^i$。

反证法。假设 $f(x)g(x)$的系数不互素，素数 $p\mid(c_0,c_1,c_2,\cdots,c_{m+n})$，又设 $p\mid a_i(0\leqslant i<s\leqslant m)$，$p\mid b_j(0\leqslant j<t\leqslant n)$，但是 $p\nmid a_s$，$p\nmid b_t$。

我们规定当 $i>m$ 时，$a_i=0$；当 $j>n$ 时，$b_i=0$，那么

$$c_{s+t}=a_0b_{s+t}+a_1b_{s+t-1}+\cdots+a_{s-1}b_{t+1}+a_sb_t+a_{s+1}b_{t-1}+\cdots+a_{s+t}b_0$$

根据 $p\mid a_i\ (0\leqslant i<s\leqslant m)$，有 $p\mid a_0b_{s+t}+a_1b_{s+t-1}+\cdots+a_{s-1}b_{t+1}$，根据 $p\mid b_j\ (0\leqslant j<t\leqslant n)$有 $p\mid a_{s+1}b_{t-1}+\cdots+a_{s+t}b_0$，而 $p\mid c_{s+t}$，所以 $p\mid a_sb_t$，得到 $p\mid a_s$或 $p\mid b_t$矛盾。

所以 $f(x)g(x)$也是$\mathbb{Z}$上的本原多项式。■

引理 2　设 $f(x)\in\mathbb{Z}[x]$，如果 $f(x)$在$\mathbb{Q}$上可约，那么它一定在$\mathbb{Z}$上可约。

证明：我们只需要证明 $f(x)$为$\mathbb{Z}$上的本原多项式的情况。

设 $f(x)$ 在 $\mathbb{Q}$ 上可约，且 $f(x)=f_1(x)f_2(x)$，$f_1(x),f_2(x)\in\mathbb{Q}[x]$，$0<\deg f_1(x)<\deg f(x)$，$0<\deg f_2(x)<\deg f(x)$，那么存在正整数 m,n，使得 $(m,n)=1$，且 $f(x)=\frac{n}{m}g_1(x)g_2(x)$，其中，$g_1(x),g_2(x)$ 为 $\mathbb{Z}$ 上的本原多项式，且 $g_1(x)$ 与 $f_1(x)$，$g_2(x)$ 与 $f_2(x)$ 均只相差一个有理数倍数。由此，有

$$mf(x)=ng_1(x)g_2(x)$$

因为 $f(x)$ 为 $\mathbb{Z}$ 上的本原多项式，所以 $mf(x)$ 的系数的最大公因数为 m，同样，根据引理 1，$ng_1(x)g_2(x)$ 的系数的最大公因数为 n，因此 $m=n=1$。所以 $f(x)$ 可以分解成 $\mathbb{Z}$ 上两个次数小于 $\deg f(x)$ 的多项式的乘积。■

当 $f(x)$ 在 $\mathbb{Z}$ 上可以分解时，不妨设 $f(x)=f_1(x)f_2(x)$，那么

$$f(x)=f_1(x)f_2(x)\pmod N$$

也一定是成立的，所以 $f(x)$ 在 $\mathbb{Z}_N$ 上一定可以分解。反过来一般不一定成立，也就是 $f(x)$ 在 $\mathbb{Z}_N$ 上可以分解时，在 $\mathbb{Z}$ 上不一定能分解。

当 $f(x)\in\mathbb{Q}[x]$ 时，如果 $\deg f(x)>0$，$f'(x)\neq 0$，设不可约多项式 $g(x)\in\mathbb{Q}[x]$ 是 $f(x)$ 的 $k>1$ 重因式，且

$$f(x)=g(x)^k q(x),\quad (g(x),q(x))=1$$

那么

$$f'(x)=kg(x)^{k-1}g'(x)q(x)+g(x)^k q'(x)=g(x)^{k-1}(kg'(x)q(x)+g(x)q'(x))$$

因为 $\gcd(kg'(x)q(x),g(x))=1$，所以 $g(x)\mid f(x)/\gcd(f'(x),f(x))$，但 $g(x)$ 不是 $f(x)/\gcd(f'(x),f(x))$ 的重因式。

假设 $f(x)\in\mathbb{Z}[x]$ 没有重因式，若 $f(x)$ 在 $\mathbb{Z}$ 上可以分解，那么存在 $f_1(x),f_2(x)\in\mathbb{Z}[x]$ 使得

$$f(x)=f_1(x)f_2(x),\quad 0<\deg f_1(x)<\deg f(x),\quad 0<\deg f_2(x)<\deg f(x)$$

假设

$$f(x)\equiv Ms_1(x)s_2(x)\cdots s_m(x)\pmod N$$

其中，$s_1(x),s_2(x),\cdots,s_m(x)$ 均为 $\mathbb{Z}_N$ 上的首 1 不可约多项式，且两两互不相等，M 为 $f(x)$ 的首项系数，记集合 $S=\{s_1(x),s_2(x),\cdots,s_m(x)\}$，那么存在 $K\mid M$ 使得

$$f_1(x)=Kt_1(x)t_2(x)\cdots t_n(x)\pmod N,\quad t_1(x),t_2(x),\cdots,t_n(x)\in S$$

当 N 足够大的时候，可使得 $f_1(x)=Kt_1(x)t_2(x)\cdots t_n(x)$，从而分离出 $f(x)$ 的一个真因式。

假设 $f(x)$ 的所有因式的系数的绝对值上界为 B，可以取 $N=2B$，这样，当 $\mathbb{Z}_N$ 上的多项式 $Kt_1(x)t_2(x)\cdots t_n(x)$ 的系数 c 超过 B 时，我们将它转化成 $c-N$，变成 $\mathbb{Z}$ 中的一个负整数。

一般，我们首先选取一个较小的素数 p，保证 $f(x)$ 在 $\mathbb{Z}_p$ 上没有重因式，利用有限域的分解方法将 $f(x)$ 在 $\mathbb{Z}_p$ 上分解成不可约多项式的乘积，然后用 Hensel 提升法，将 $\mathbb{Z}_p$ 上的分解式提升到 $\mathbb{Z}_{p^e}$ 上，再用组合的方法，尝试将 $\mathbb{Z}_{p^e}$ 中的首 1 因式相乘，并乘以 M 的因子 K，得到候选因式，最后可以通过试除来确认所求的因式是否为 $f(x)$ 在 $\mathbb{Z}$ 上的因式。

设 $f(x), f_1(x), f_2(x) \in \mathbb{Z}_p[x]$，$f(x) \equiv f_1(x) f_2(x) \pmod p$，$(f_1(x), f_2(x))=1$，用 **Hensel 提升法**可以找到 $g_1(x), g_2(x) \in \mathbb{Z}_{p^e}[x]$，使得 $f(x) \equiv g_1(x) g_2(x) \pmod{p^e}$。

```
Z.<x>=ZZ[]
f=(x^2+7^4+5)*(x^3+21*x^2+2*x+1)
g=x^2+5;h=x^3+2*x+1
#f=gh(mod p)
p=7;
_,s,t=xgcd(g.change_ring(Zmod(p)),h.change_ring(Zmod(p)))
#求 s 和 t 使得 sg+th=1(mod p)
s=s.change_ring(ZZ);t=t.change_ring(ZZ)
e=6;pi=p
for i in range(1,e):
#shift to p^(i+1)
    r=((f-g*h)//pi)% p
    u=(r*t)% g
    v=(r*s)% h
    g+=pi*u
    h+=pi*v
    pi*=p
    print(g% pi,h% pi)
```

从算法的执行过程中可以看出，如果 $f \equiv gh \pmod{p^i}$，那么，在第 i 个循环中，有

$$(g+p^i u)(h+p^i v)=gh+p^i(gv+hu)+p^{2i}uv=gh+p^i(g((rs)\%h)+h((rt)\%g))$$

因为存在$\mathbb{Z}_p$上的多项式k 使得

$$g((rs)\%h)+h((rt)\%g) \equiv kgh+r \pmod p$$

但是 $\deg(g((rs)\%h)+h((rt)\%g))<\deg gh$，$\deg r<\deg gh$，所以 $k=0$，即

$$g((rs)\%h)+h((rt)\%g) \equiv r \pmod p$$

从而

$$gh+p^i(g((rs)\%h)+h((rt)\%g)) \equiv gh+p^i r \equiv gh+f-gh \equiv f \pmod{p^{i+1}}$$

在最坏的情况下，以上算法是一个指数级的分解算法，对于次数较低的多项式分解较为有效，实现也比较简洁。利用格基规约算法，可以将该分解算法改进为多项式时间算法。

试利用上述思路在$\mathbb{Z}$上分解多项式

$$f(x)=900x^{12}+420x^{11}+1009x^{10}+1334x^9+31138730x^8+14532183x^7+34909817x^6+46154742x^5+18338274x^4+4256084x^3+519093x^2+34613x+1$$

5. 椭圆曲线整数分解方法。

第 2 章讲解了整数分解的 $p-1$ 方法，它要求整数 n 的素因子 p，满足 $p-1$ 的所有素因子均为较小的整数，局限性比较大。椭圆曲线整数分解方法随机选择 $p+1-2\sqrt{p}$ 到 $p+1+2\sqrt{p}$之间的某个整数，如果该整数的所有素因子均为较小的整数，那么就可

以找到整数 n 的因子 p。

为方便读者快速入门，我们此处仅根据需要讨论椭圆曲线的一些简单形式。

设 p 是一个不等于 2 和 3 的素数，$\mathbb{Z}_p$上的一条椭圆曲线是指二元多项式$y^2-x^3-ax-b(a,b\in\mathbb{Z}_p)$的所有根$(x,y)(x,y\in\mathbb{Z}_p$，我们暂时不考虑$\mathbb{Z}_p$的扩域中的根)形成的集合，每个根称为该椭圆曲线上的一个点。椭圆曲线通常写为方程的形式，即

$$y^2=x^3+ax+b$$

为了更直观地了解椭圆曲线的点之间的运算律，我们给出一条椭圆曲线在实数域中的图像，如图 3.1 所示。

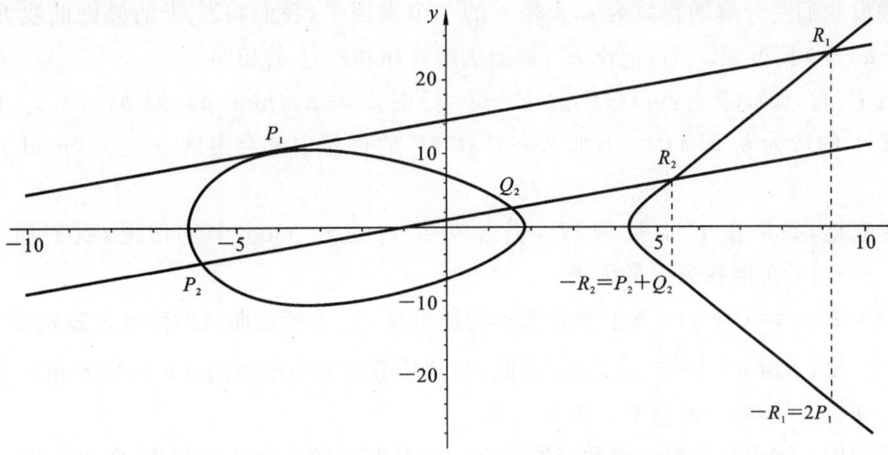

图 3.1　实数域上椭圆曲线的图像

一条直线一般和椭圆曲线交于两个或者三个点，如图 3.1 中的 P_2、Q_2、R_2 是直线 P_2R_2 和椭圆曲线的三个交点(当直线和椭圆曲线相切的时候，比如过 P_1 的直线 P_1R_1，我们将 P_1 算作两个点)，当直线垂直于 x 坐标轴时，直线与椭圆曲线交于两个点。

我们假设在椭圆曲线中还有一个无穷远点记为 O，规定椭圆曲线上的点的加法运算律为：同一条直线上的点相加等于O。图中 $P_2+Q_2+R_2=P_1+P_1+R_1=O$。将$O$当作零元，椭圆曲线上的所有点和 O 按照上述点的加法运算律形成交换群。

如图所示：$P_2+Q_2=-R_2$，$2P_1=-R_1$，其中，$-R_1$ 和 $-R_2$ 分别为 R_1 和 R_2 的负元，它们是 R_1 和 R_2 关于 x 坐标轴的对称点。

设 $P(x_1,y_1)$和 $Q(x_2,y_2)$是椭圆曲线 $y^2=x^3+ax+b$ 上的两点，当 $x_1\neq x_2$ 时，直线 PQ 的斜率为 $k=\dfrac{y_2-y_1}{x_2-x_1}$，当 $P=Q$，但是 $P+Q\neq O$ 时，椭圆曲线过 P 点的切线的斜率为 $k=\dfrac{3x_1^2+a}{2y_1}$。

记 $P+Q=R(x_3,y_3)$，那么，有

$$\begin{cases}x_3=k^2-x_1-x_2\\y_3=k(x_1-x_3)-y_1\end{cases}$$

当 $x_1=x_2$，$y_1+y_2=0$ 时，$P+Q=O$。

椭圆曲线上由点 P 生成的循环群记作$\langle P\rangle$，其中的元素称为 P 的倍点。我们用类

似模重复平方的方法，先计算 $P,2P,4P,\cdots,2^kP$，可以在多项式时间内计算 P 的任何倍点 nP。

设 $\mathbb{Z}_p$ 上椭圆曲线为 E，其加法群元素个数记为 $\#E$，根据 Hasse 定理，有

$$|\#E-p-1|\leqslant 2\sqrt{p}$$

所以

$$p+1-2\sqrt{p}\leqslant \#E\leqslant p+1+2\sqrt{p}$$

又因为 $\langle P\rangle$ 的阶是 $\#E$ 的因子，所以，如果 $\#E$ 可以分解成一些小整数的乘积，那么通过适当地选择上界 B，可以使得 $\#E|B!$，从而 $B!\ P=O$。

假设我们要分解的整数为 n，p 是 n 的一个素因子，我们将 $\mathbb{Z}_p$ 上的椭圆曲线 $E:y^2=x^3+ax+b$ 拓展到 $\mathbb{Z}_n$ 上，记作 E'，其加法运算律和 $\mathbb{Z}_p$ 上的相同。

当 $P(x_1,y_1),Q(x_2,y_2)\in E$，且 $P+Q=O$ 时，$x_1\equiv x_2 \pmod p$，即 $p|x_1-x_2$，设点 P 在 E 上的阶为 k，即 $kP=O$，那么在计算 kP 的过程中就会出现 $x_1\equiv x_2 \pmod p$ 的情况。

对应地，如果在 E' 上计算 kP，仍会发生 $x_1\equiv x_2 \pmod p$ 的情况，我们通过求 $\gcd(x_1-x_2,n)$ 可能找到 n 的因子 p。

由于 $E:y^2=x^3+ax+b$ 上参数选择的随机性，$\mathbb{Z}_p$ 上椭圆曲线的阶 $\#E$ 随机地分布在 $p+1-2\sqrt{p}$ 到 $p+1+2\sqrt{p}$ 之间，因此，找到能分解成小整数的 $\#E$ 的概率相比 $p-1$ 方法得到较大提高，分解整数 n 更为有效。

试利用上述思路分解大整数：980242044211985092736336639693704882547024923461160378944177135417401079000239371549507285503477867342392598562371419420753856222975767556120313862831650001。

4

二次剩余与方根

本章引入了勒让德符号、雅可比符号，详细介绍了二次剩余的概念和相关问题，考量了二次剩余问题中模为奇素数的平方根的计算方法，给出了阶与指标的定义和相关性质。

4.1 欧拉判别法则与勒让德符号

定义 4.1 设 m 是正整数，若同余式

$$x^2 \equiv a \pmod{m}, \quad (a,m)=1 \tag{4.1}$$

有解，则 a 称为模 m 的**二次剩余**（或**平方剩余**），否则，a 称为模 m 的**二次非剩余**（或**平方非剩余**）。

根据第 2 章同余式的讨论，要求解同余式(4.1)或者判断其是否有解，我们只需要讨论 m 为素数的情况即可。

定义 4.2 设 p 是素数，定义**勒让德(Legendre)符号**如下：

$$\left(\frac{a}{p}\right)=\begin{cases} 1 & \text{若 } a \text{ 是模 } p \text{ 的二次剩余} \\ -1, & \text{若 } a \text{ 是模 } p \text{ 的二次非剩余} \\ 0 & \text{若 } p \mid a \end{cases}$$

例 4.1 对于素数 7，因为 $(\pm1)^2\equiv1,(\pm2)^2\equiv4,(\pm3)^2\equiv2 \pmod 7$，所以

$$\left(\frac{1}{7}\right)=\left(\frac{2}{7}\right)=\left(\frac{4}{7}\right)=1, \quad \left(\frac{3}{7}\right)=\left(\frac{5}{7}\right)=\left(\frac{6}{7}\right)=-1, \quad \left(\frac{0}{7}\right)=\left(\frac{7}{7}\right)=0$$

根据定义 4.2 可得定理 4.1。

定理 4.1 设 p 是素数，若 $a\equiv b \pmod p$，则 $\left(\frac{a}{p}\right)=\left(\frac{b}{p}\right)$。

设 p 是素数，求同余式 $x^2\equiv a \pmod p$ 的解可以看成是在有限域 $\mathbb{Z}_p$ 中求多项式 x^2-a 的根。

定理 4.2 欧拉判别法则 设 p 是奇素数，则对于任意整数 a，$\left(\frac{a}{p}\right)\equiv a^{\frac{p-1}{2}} \pmod p$。

证明：设 g 是 $\mathbb{Z}_p$ 的本原元，则 $\mathbb{Z}_p^*=\{g^0,g^1,\cdots,g^{p-2}\}$。

对于所有 $0\leqslant i<\frac{p-1}{2}$，$(g^{2i})^{\frac{p-1}{2}}=(g^{p-1})^{i}=1$，而 $(g^{2i+1})^{\frac{p-1}{2}}=(g^{p-1})^{i}g^{\frac{p-1}{2}}$，$g^{\frac{p-1}{2}}=-1$，所以 $(g^{2i+1})^{\frac{p-1}{2}}=-1$。

由于我们考虑的是模 p 的二次同余式，因此 a 可以看作是 $\mathbb{Z}_p$ 中与之同余等价的元素。

当 $a\equiv g^{2i}\pmod p$ 时，$0\leqslant i<\frac{p-1}{2}$，多项式 $x^2-a=x^2-g^{2i}$ 有根 $\pm g^i$，所以

$$\left(\frac{a}{p}\right)=1\equiv a^{\frac{p-1}{2}}\pmod p$$

当 $a\equiv g^{2i+1}\pmod p$ 时，$0\leqslant i<\frac{p-1}{2}$，多项式 $x^2-a=x^2-g^{2i+1}$ 一定没有根。否则，若 $x_0^2=g^{2i+1}$，那么 $1=(x_0^2)^{\frac{p-1}{2}}=(g^{2i+1})^{\frac{p-1}{2}}=-1$，矛盾。所以

$$\left(\frac{a}{p}\right)=-1\equiv a^{\frac{p-1}{2}}\pmod p$$

当 $a\equiv 0\pmod p$ 时，根据定义，也有 $\left(\frac{a}{p}\right)\equiv a^{\frac{p-1}{2}}\equiv 0\pmod p$。■

根据欧拉判别法则可以得到如下推论。

推论　设 p 是奇素数，则

(1) $\left(\frac{1}{p}\right)=1$；

(2) $\left(\frac{-1}{p}\right)=(-1)^{\frac{p-1}{2}}$；

(3) $\left(\frac{ab}{p}\right)=\left(\frac{a}{p}\right)\left(\frac{b}{p}\right)$；

(4) $\left(\frac{a^n}{p}\right)=\left(\frac{a}{p}\right)^n$，$n>0$。

定理 4.3　设 p 是奇素数，则 $\left(\frac{2}{p}\right)=(-1)^{\frac{p^2-1}{8}}$。

证明：$(p-1)!\equiv 1\cdot 3\cdot 5\cdot\cdots\cdot(p-2)\cdot 2\cdot 4\cdot\cdots\cdot(p-1)$

$$\equiv\begin{cases}1\cdot(p-2)\cdot 3\cdot(p-4)\cdot 5\cdot\cdots\cdot\frac{p-3}{2}\cdot\left(p-\frac{p-1}{2}\right)\cdot\\ 2^{\frac{p-1}{2}}\cdot\left(\frac{p-1}{2}!\right)\pmod p,\ p\equiv 1\pmod 4\\ 1\cdot(p-2)\cdot 3\cdot(p-4)\cdot 5\cdot\cdots\cdot\left(p-\frac{p-3}{2}\right)\cdot\frac{p-1}{2}\cdot\\ 2^{\frac{p-1}{2}}\cdot\left(\frac{p-1}{2}!\right)\pmod p,\ p\equiv 3\pmod 4\end{cases}$$

$$\equiv\begin{cases}(-1)^{\frac{p-1}{4}}\cdot 2^{\frac{p-1}{2}}\cdot\left(\frac{p-1}{2}!\right)^2\pmod p,\ p\equiv 1\pmod 4\\ (-1)^{\frac{p-3}{4}}\cdot 2^{\frac{p-1}{2}}\cdot\left(\frac{p-1}{2}!\right)^2\pmod p,\ p\equiv 3\pmod 4\end{cases}$$

由 Wilson 定理，$(p-1)!\equiv -1\pmod p$，及 $(\frac{p-1}{2}!)^2\equiv(-1)^{\frac{p+1}{2}}\pmod p$ 得，当

$p\equiv\pm1 \pmod 8$ 时，$2^{\frac{p-1}{2}}\equiv 1 \pmod p$，当 $p\equiv\pm3\pmod 8$ 时，$2^{\frac{p-1}{2}}\equiv -1\pmod p$，综合起来，得 $2^{\frac{p-1}{2}}\equiv(-1)^{\frac{p^2-1}{8}}\pmod p$，由欧拉判别法则，$\left(\frac{2}{p}\right)=(-1)^{\frac{p^2-1}{8}}$。■

定理 4.4　二次互反律　设 p,q 是互素奇素数，则

$$\left(\frac{q}{p}\right)=(-1)^{\frac{p-1}{2}\cdot\frac{q-1}{2}}\left(\frac{p}{q}\right)$$

证明：记 $\mathbb{Z}_m^*$ 是 1 到 m 间与 m 互素的整数按照模 m 的乘法形成的一个乘法群，根据中国剩余定理，$\delta:\mathbb{Z}_{pq}^*\to\mathbb{Z}_p^*\times\mathbb{Z}_q^*$，$\delta(k)=(k\pmod p, k\pmod q)$ 是群同构。其中，$\mathbb{Z}_p^*\times\mathbb{Z}_q^*$ 表示群 $\mathbb{Z}_p^*$ 与 $\mathbb{Z}_q^*$ 的外直积，$\mathbb{Z}_p^*\times\mathbb{Z}_q^*=\{(a,b)\mid a\in\mathbb{Z}_p^*, b\in\mathbb{Z}_q^*\}$，单位元为 $(1,1)$，两个元素 (a,b)，(c,d) 的乘积为 $((ac)\pmod p,(bd)\pmod q)$，$(a,b)$ 的逆元为 $(a^{-1}\pmod p, b^{-1}\pmod q)$。

在 $\mathbb{Z}_{pq}^*$ 中，有

$$\prod_{\substack{1\leqslant i\leqslant(pq-1)/2\\(i,pq)=1}} i$$

$$\equiv\frac{\left(\prod_{i=1}^{p-1}i\right)\left(\prod_{i=1}^{p-1}(i+p)\right)\cdots\left(\prod_{i=1}^{p-1}\left(i+\left(\frac{q-1}{2}-1\right)p\right)\right)\left(\prod_{i=1}^{(p-1)/2}\left(i+\frac{q-1}{2}p\right)\right)}{q\cdot 2q\cdot\cdots\cdot\frac{p-1}{2}q}\pmod{pq}$$

$$\equiv\frac{(p-1)!^{(q-1)/2}}{q^{(p-1)/2}}\pmod p$$

及

$$\prod_{\substack{1\leqslant i\leqslant(pq-1)/2\\(i,pq)=1}} i$$

$$\equiv\frac{\left(\prod_{i=1}^{q-1}i\right)\left(\prod_{i=1}^{q-1}(i+q)\right)\cdots\left(\prod_{i=1}^{q-1}\left(i+\left(\frac{p-1}{2}-1\right)q\right)\right)\left(\prod_{i=1}^{(q-1)/2}\left(i+\frac{p-1}{2}q\right)\right)}{p\cdot 2p\cdot\cdots\cdot\frac{q-1}{2}p}\pmod{pq}$$

$$\equiv\frac{(q-1)!^{(p-1)/2}}{p^{(q-1)/2}}\pmod q$$

在 $\mathbb{Z}_p^*\times\mathbb{Z}_q^*$ 中，有

$$\prod_{\substack{1\leqslant i\leqslant(pq-1)/2\\(i,pq)=1}}\delta(i)=\prod_{\substack{1\leqslant i\leqslant(pq-1)/2\\(i,pq)=1}}(i\pmod p, i\pmod q)$$

当 $i\pmod q>\frac{q-1}{2}$ 时，我们将上式等号右侧的乘积中的 $(i\pmod p, i\pmod q)$ 替换成与之相等的 $(-1,-1)(p-i\pmod p, q-i\pmod q)$，结果不变，此时有 $1\leqslant q-i\pmod q\leqslant\frac{q-1}{2}$。同时，因为 $\delta(pq-i)=(p-i\pmod p, q-i\pmod q)$，但 $pq-i>(pq-1)/2$，所以 $(p-i\pmod p, q-i\pmod q)$ 在乘积中仅出现一次。由此，如果假设有 k 个 $(i\pmod p, i\pmod q)$ 做了这种替换，那么，因为在 $1\leqslant i\leqslant(pq-1)/2$ 中有 $\frac{\varphi(pq)}{2}=(p-1)\cdot\frac{q-1}{2}$ 个 i 与 pq 互素，所以

$$\prod_{\substack{1\leqslant i\leqslant (pq-1)/2\\(i,pq)=1}}(i(\bmod p),i(\bmod q))=(-1,-1)^k\prod_{\substack{1\leqslant i\leqslant p-1\\1\leqslant j\leqslant \frac{q-1}{2}}}(i,j)$$

根据同构的性质，有

$$\delta\Big(\prod_{\substack{1\leqslant i\leqslant (pq-1)/2\\(i,pq)=1}} i\Big)=\prod_{\substack{1\leqslant i\leqslant (pq-1)/2\\(i,pq)=1}}\delta(i)$$

所以

$$\left(\frac{(p-1)\,!^{(q-1)/2}}{q^{(p-1)/2}}(\bmod p),\frac{(q-1)\,!^{(p-1)/2}}{p^{(q-1)/2}}(\bmod q)\right)=(-1,-1)^k\prod_{\substack{1\leqslant i\leqslant p-1\\1\leqslant j\leqslant \frac{q-1}{2}}}(i,j)$$

由欧拉判别法则，$\left(\frac{q}{p}\right)\equiv q^{(p-1)/2}(\bmod p)$，$\left(\frac{p}{q}\right)\equiv p^{(q-1)/2}(\bmod q)$，根据 Wilson 定理，得到

$$\left((-1)^{(q-1)/2}\left(\frac{q}{p}\right)(\bmod p),(-1)^{(p-1)/2}\left(\frac{p}{q}\right)(\bmod q)\right)=(-1,-1)^k\prod_{\substack{1\leqslant i\leqslant p-1\\1\leqslant j\leqslant \frac{q-1}{2}}}(i,j)$$

根据 Wilson 定理的推论，$\left(\frac{q-1}{2}!\right)^2\equiv(-1)^{\frac{q+1}{2}}(\bmod q)$，所以

$$\prod_{\substack{1\leqslant i\leqslant p-1\\1\leqslant j\leqslant \frac{q-1}{2}}}(i,j)=\left((p-1)\,!^{\frac{q-1}{2}}(\bmod p),\left(\frac{q-1}{2}\right)!^{p-1}(\bmod q)\right)$$

$$=((-1)^{\frac{q-1}{2}}(\bmod p),(-1)^{(\frac{q+1}{2})(\frac{p-1}{2})}(\bmod q))$$

对比得到

$$\left((-1)^{\frac{q-1}{2}}\left(\frac{q}{p}\right)(\bmod p),(-1)^{\frac{p-1}{2}}\left(\frac{p}{q}\right)(\bmod q)\right)$$
$$=(-1,-1)^k((-1)^{\frac{q-1}{2}}(\bmod p),(-1)^{(\frac{q+1}{2})(\frac{p-1}{2})}(\bmod q))$$

所以

$$(-1)^{\frac{q-1}{2}}\left(\frac{q}{p}\right)-(-1)^k(-1)^{\frac{q-1}{2}}\equiv 0(\bmod p)$$

有

$$\left|(-1)^{\frac{q-1}{2}}\left(\frac{q}{p}\right)-(-1)^k(-1)^{\frac{q-1}{2}}\right|<p$$

所以

$$(-1)^{\frac{q-1}{2}}\left(\frac{q}{p}\right)=(-1)^k(-1)^{\frac{q-1}{2}}$$

同理，有

$$(-1)^{\frac{p-1}{2}}\left(\frac{p}{q}\right)=(-1)^k(-1)^{(\frac{q+1}{2})(\frac{p-1}{2})}$$

所以

$$(-1)^{\frac{q-1}{2}}\left(\frac{q}{p}\right)(-1)^{\frac{p-1}{2}}\left(\frac{p}{q}\right)=(-1)^{\frac{q-1}{2}}(-1)^{(\frac{q+1}{2})(\frac{p-1}{2})}$$

即

$$\left(\frac{q}{p}\right)=(-1)^{\frac{p-1}{2}\cdot\frac{q-1}{2}}\left(\frac{p}{q}\right)$$

证毕。■

例 4.2 判断同余式 $x^2\equiv 1992(\bmod 2017)$是否有解。

解:因为 2017 是素数,计算 Legendre 符号:

$$\begin{aligned}\left(\frac{1992}{2017}\right)&=\left(\frac{8\cdot 83\cdot 3}{2017}\right)=\left(\frac{2}{2017}\right)\left(\frac{83\cdot 3}{2017}\right)\\&=(-1)^{\frac{2017^2-1}{8}}(-1)^{\frac{2017-1}{2}\cdot\frac{83-1}{2}}\left(\frac{2017}{83}\right)\left(\frac{3}{2017}\right)\\&=\left(\frac{25}{83}\right)(-1)^{\frac{2017-1}{2}\cdot\frac{3-1}{2}}\left(\frac{2017}{3}\right)=\left(\frac{1}{3}\right)=1\end{aligned}$$

所以原同余式有解。■

也可以计算$\left(\frac{1992}{2017}\right)=\left(\frac{-25}{2017}\right)=\left(\frac{-1}{2017}\right)\left(\frac{25}{2017}\right)=(-1)^{\frac{2017-1}{2}}=1$。

4.2 雅可比符号

定义 4.3 设 $m=\prod_{i=1}^{n}p_i$,p_i 是奇素数,对于任意整数 a,定义 a 模 m 的**雅可比(Jacobi)符号**为

$$\left(\frac{a}{m}\right)=\prod_{i=1}^{n}\left(\frac{a}{p_i}\right)$$

当 a 是模 m 的平方剩余时,对于每个 p_i,a 都是模 p_i 的平方剩余,所以$\left(\frac{a}{p_i}\right)=1$,即$\left(\frac{a}{m}\right)=1$,反过来讲,如果$\left(\frac{a}{m}\right)=-1$,那么 a 一定不是模 m 的平方剩余。但是,如果$\left(\frac{a}{m}\right)=1$,并不能保证每个$\left(\frac{a}{p_i}\right)=1$,所以 a 不一定是模 m 的平方剩余。

当 m 是奇素数时,Jacobi 符号$\left(\frac{a}{m}\right)$也是 Legendre 符号,所以 Jacobi 符号可以用来计算 Legendre 符号。

定理 4.5 设 m 是正奇数,若 $a\equiv b(\bmod m)$,则$\left(\frac{a}{m}\right)=\left(\frac{b}{m}\right)$。

证明:设 $m=\prod_{i=1}^{n}p_i$,p_i 是奇素数,若 $a\equiv b(\bmod m)$,那么 $a\equiv b(\bmod p_i)$,根据定理 4.1,$\left(\frac{a}{p_i}\right)=\left(\frac{b}{p_i}\right)$,由定义 4.3,$\left(\frac{a}{m}\right)=\left(\frac{b}{m}\right)$。■

由定义 4.3 及 Legendre 符号的性质可得如下定理。

定理 4.6 设 m 是正奇数,则

(1) $\left(\frac{1}{m}\right)=1$;

(2) $\left(\frac{ab}{m}\right)=\left(\frac{a}{m}\right)\left(\frac{b}{m}\right)$；

(3) $\left(\frac{a^n}{m}\right)=\left(\frac{a}{m}\right)^n, n>0$；

(4) $\left(\frac{-1}{m}\right)=(-1)^{\frac{m-1}{2}}$；

(5) $\left(\frac{2}{m}\right)=(-1)^{\frac{m^2-1}{8}}$。

证明：我们仅对(4)、(5)进行证明。

设 $m=\prod_{i=1}^{n} p_i$，p_i 是奇素数，则

(4) $\left(\frac{-1}{m}\right)=\prod_{i=1}^{n}\left(\frac{-1}{p_i}\right)=(-1)^{\sum_{i=1}^{n}\frac{p_i-1}{2}}$，又

$$m\equiv\prod_{i=1}^{n} p_i\equiv\prod_{i=1}^{n}\left(1+2\cdot\frac{p_i-1}{2}\right)\equiv 1+2\cdot\sum_{i=1}^{n}\frac{p_i-1}{2}\pmod 4$$

所以 $\frac{m-1}{2}\equiv\sum_{i=1}^{n}\frac{p_i-1}{2}\pmod 2$，得到 $(-1)^{\frac{m-1}{2}}=(-1)^{\sum_{i=1}^{n}\frac{p_i-1}{2}}$。

(5) $\left(\frac{2}{m}\right)=\prod_{i=1}^{n}\left(\frac{2}{p_i}\right)=(-1)^{\sum_{i=1}^{n}\frac{p_i^2-1}{8}}$，又

$$m^2\equiv\prod_{i=1}^{n} p_i^2\equiv\prod_{i=1}^{n}\left(1+8\cdot\frac{p_i^2-1}{8}\right)\equiv 1+8\cdot\sum_{i=1}^{n}\frac{p_i^2-1}{8}\pmod{16}$$

所以 $\frac{m^2-1}{8}\equiv\sum_{i=1}^{n}\frac{p_i^2-1}{8}\pmod 2$，得到 $(-1)^{\frac{m^2-1}{8}}=(-1)^{\sum_{i=1}^{n}\frac{p_i^2-1}{8}}$。■

定理 4.7　设 m,n 是正奇数，则 $\left(\frac{n}{m}\right)=(-1)^{\frac{m-1}{2}\cdot\frac{n-1}{2}}\left(\frac{m}{n}\right)$。

证明：设 $m=\prod_{i=1}^{r} p_i$，$n=\prod_{i=1}^{s} q_i$，p_i，q_i 是奇素数，若 $(m,n)\neq 1$，则根据定义，$\left(\frac{n}{m}\right)=\left(\frac{m}{n}\right)=0$，结论成立。

设 $(m,n)=1$，则

$$\left(\frac{n}{m}\right)\left(\frac{m}{n}\right)=\prod_{i=1}^{r}\prod_{j=1}^{s}\left(\frac{q_j}{p_i}\right)\left(\frac{p_i}{q_j}\right)=(-1)^{\sum_{i=1}^{r}\sum_{j=1}^{s}\frac{p_i-1}{2}\cdot\frac{q_j-1}{2}}$$

$$=(-1)^{\left(\sum_{i=1}^{r}\frac{p_i-1}{2}\right)\left(\sum_{j=1}^{s}\frac{q_j-1}{2}\right)}=(-1)^{\frac{m-1}{2}\cdot\frac{n-1}{2}}$$

结论也成立。■

例 4.3　计算 Legendre 符号 $\left(\frac{255}{3187}\right)$。

解：$\left(\frac{255}{3187}\right)=(-1)^{\frac{255-1}{2}\cdot\frac{3187-1}{2}}\left(\frac{3187}{255}\right)=-\left(\frac{127}{255}\right)=-(-1)^{\frac{255-1}{2}\cdot\frac{127-1}{2}}\left(\frac{1}{127}\right)=1$。■

例 4.4　判断同余式 $x^2\equiv 32\pmod{104107}$ 是否有解。

解：计算 Jacobi 符号 $\left(\frac{32}{104107}\right)=\left(\frac{2}{104107}\right)=(-1)^{\frac{104107^2-1}{8}}=-1$，所以原同余式无

解。■

例 4.5 判断同余式 $x^2 \equiv 2(\text{mod } 209)$是否有解。

解:同余式 $x^2 \equiv 2(\text{mod } 209)$等价于同余式组:

$$\begin{cases} x^2 \equiv 2(\text{mod } 11) \\ x^2 \equiv 2(\text{mod } 19) \end{cases}$$

因为$\left(\frac{2}{11}\right)=\left(\frac{2}{19}\right)=-1$,所以同余式组无解。■

例 4.6 设 p,q 是 $4k+3$ 型的不同素数(Blum 素数),整数 a 满足$\left(\frac{a}{p}\right)=\left(\frac{a}{q}\right)=1$,试求同余式

$$x^2 \equiv a(\text{mod } pq)$$

的解。

解:原同余式等价于

$$\begin{cases} x^2 \equiv a(\text{mod } p) \\ x^2 \equiv a(\text{mod } q) \end{cases}$$

因为$\left(\frac{a}{p}\right)=1$,所以由欧拉判别法则 $a^{\frac{p-1}{2}} \equiv 1(\text{mod } p)$,得到$(a^{\frac{p+1}{4}})^2 \equiv a(\text{mod } p)$,因此,$x^2 \equiv a(\text{mod } p)$的解为 $x \equiv \pm a^{\frac{p+1}{4}}(\text{mod } p)$。

同理,$x^2 \equiv a(\text{mod } q)$的解为 $x \equiv \pm a^{\frac{q+1}{4}}(\text{mod } q)$。

由中国剩余定理,原同余式有四个解,有

$$x \equiv \pm(a^{\frac{p+1}{4}} q^{-1}(\text{mod } p))q \pm (a^{\frac{q+1}{4}} p^{-1}(\text{mod } q))p(\text{mod } pq)。$$ ■

下面来看看两个基于二次剩余的公钥加密算法。

4.2.1 Rabin 加密算法

Alice 选择两个不同的 Blum 素数 p,q,计算 $n=pq$,将 p,q 作为私钥,而公开 n。

加密:假设 Bob 想将整数 $0 \leqslant m < n$ 加密后传给 Alice,Bob 计算

$$c \equiv m^2(\text{mod } n)$$

并将 c 传给 Alice 即可。

解密: Alice 收到 c 后,解同余方程 $c \equiv x^2(\text{mod } n)$,可得到 4 个解,选择其中有意义的解作为明文 m。■

除了 Alice 之外,其他人不知道 p,q,所以无法求解同余式 $c \equiv x^2(\text{mod } n)$。

定义 4.4 在不知道 n 的分解式的情况下,一般性地判断一个整数 a 是否为模 n 的二次剩余是一个难解的问题,称为**二次剩余问题**。

4.2.2 Goldwasser-Micali 加密算法

Alice 选择两个不同的素数 p,q 和整数 y,y 满足$\left(\frac{y}{p}\right)=\left(\frac{y}{q}\right)=-1$,计算 $n=pq$,将 p,q 作为私钥,而公开 n,y。

加密:假设 Bob 想将二进制整数 $m=(b_0b_1b_2\cdots b_r)_2$ 加密后传给 Alice,对于每一个

b_i，Bob 随机选择 $0<x_i<n$，若 $b_i=0$，计算 $c_i\equiv x_i^2 \pmod n$，否则计算 $c_i\equiv y x_i^2 \pmod n$，最终，密文为 $c=(c_0c_1c_2\cdots c_r)_2$，Bob 将 c 传给 Alice 即可。

解密：Alice 收到 c 后，若 c_i 是模 n 的二次剩余，则判断 $b_i=0$，否则 $b_i=1$。■

除了 Alice 之外，其他人不知道 p,q，只能计算 Jacobi 符号来判断 c_i 是否为模 n 的二次剩余，但是当 $b_i=0$ 时，$\left(\frac{c_i}{n}\right)=\left(\frac{x_i^2}{n}\right)=1$，当 $b_i=1$ 时，$\left(\frac{c_i}{n}\right)=\left(\frac{yx_i^2}{n}\right)=\left(\frac{y}{n}\right)=\left(\frac{y}{p}\right)\left(\frac{y}{q}\right)=1$，所以无法作出正确判断，但是由于接收者 Alice 知道 p,q，其可以轻易作出判断。

4.3 模为奇素数的平方根

本节讨论 $x^2\equiv a \pmod p$，p 为奇素数的二次同余式的解法。

设 $\left(\frac{a}{p}\right)=1$，那么同余式 $x^2\equiv a \pmod p$ 有且仅有两个解，其解可通过 Tonelli-Shanks 算法求得。

输入：p 为奇素数，整数 a 满足 $\left(\frac{a}{p}\right)=1$。

输出：$x^2\equiv a \pmod p$ 的一个解 $x\equiv R \pmod p$。

(1) 令 $p-1=2^t s$，$t\geqslant 1$，s 为奇数。如果 $t=1$，那么 $p\equiv 3 \pmod 4$，直接可取 $R\equiv a^{\frac{p+1}{4}} \pmod p$；否则，执行步骤(2)。

(2) 选择整数 z 满足 $\left(\frac{z}{p}\right)=-1$，计算 $c\equiv z^s \pmod p$。

(3) 令 $R\equiv a^{\frac{s+1}{2}} \pmod p$，$r\equiv a^s \pmod p$，$M=t$，循环执行以下步骤：

① 如果 $r\equiv 1 \pmod p$，返回 $x\equiv R \pmod p$，算法结束。

② 否则，取最小的 i，$0<i<M$，使得 $r^{2^i}\equiv 1 \pmod p$。

③ 计算 $b_i\equiv c^{2^{M-i-1}}$，$R\equiv Rb_i$，$r\equiv rb_i^2$，$c\equiv b_i^2 \pmod p$，令 $M=i$ 并转①。

证明：当 $p\equiv 3 \pmod 4$ 时，由例 4.6，$R\equiv a^{\frac{p+1}{4}} \pmod p$ 是原同余式的一个解。

由步骤(3)之①，如果 $R\equiv a^{\frac{s+1}{2}} \pmod p$，$r\equiv 1 \pmod p$，则 $x\equiv R \pmod p$ 为一个解，这是因为

$$R^2\equiv (a^{\frac{s+1}{2}})^2\equiv a^{s+1}\equiv ar\equiv a \pmod p$$

一般地，当循环结束时，$R\equiv a^{\frac{s+1}{2}}\prod_i b_i$，$r\equiv a^s\prod_i b_i^2 \pmod p$，若 $r\equiv 1 \pmod p$，则

$$R^2\equiv \left(a^{\frac{s+1}{2}}\prod_i b_i\right)^2\equiv a^{s+1}\prod_i b_i^2\equiv ar\equiv a \pmod p$$

也可得到 $x\equiv R \pmod p$ 为原同余式的一个解。

接下来证明步骤(3)中的循环一定可以正常结束。因为循环中 M 为正整数，且严格递减，但是 M 的初始值为有限正整数 t，不可能无限递减下去，所以只需要证明若 $r\not\equiv 1 \pmod p$，则一定存在 i，$0<i<M$，使得 $\mathrm{ord}(r)=2^i$，即步骤(3)之②可行，那么，必然经过有限步骤，可以使得 $r\equiv 1 \pmod p$，循环即可结束。

当 $M=t$ 时，$r\equiv a^s \pmod p$，因为 $r^{2^{M-1}}\equiv(a^s)^{2^{t-1}}\equiv a^{\frac{p-1}{2}}\equiv 1\pmod p$，若 $r\not\equiv 1 \pmod p$，那么 $0<\mathrm{ord}(r)\leqslant 2^{M-1}$，且 $\mathrm{ord}(r)\mid 2^{M-1}$，故存在 i，$0<i<M$，使得 $\mathrm{ord}(r)=2^i$。

当 $c\equiv z^s \pmod p$ 时，$c^{2^t}\equiv(z^s)^{2^t}\equiv z^{p-1}\equiv 1\pmod p$，因为 $\left(\frac{z}{p}\right)=-1$，所以，由欧拉判别法则，$c^{2^{t-1}}\equiv z^{\frac{p-1}{2}}\equiv -1\pmod p$，所以，$\mathrm{ord}(c)=2^t=2^M$。经过步骤(3)之③重新赋值后，有

$$b'_i\equiv c^{2^{M-i-1}},\quad b'^2_i\equiv c^{2^{M-i}},\quad c'\equiv c^{2^{M-i}},\quad r'\equiv rc' \pmod p,\quad M'=i<t$$

所以 $\mathrm{ord}(c')=\dfrac{2^M}{(2^{M-i},2^M)}=2^i=2^{M'}$，因此，$(rc')^{2^{i-1}}\equiv r^{2^{i-1}}c'^{2^{i-1}}\equiv(-1)(-1)\equiv 1\pmod p$，所以 $\mathrm{ord}(rc')<2^i$，说明，如果 $r'\not\equiv 1\pmod p$，那么，必然存在 i'，$0<i'<M'$，使得 $\mathrm{ord}(r')=2^{i'}$。

依此循环下去，最终，$r\equiv 1\pmod p$，循环结束。■

例 4.7　求 $x^2\equiv 21\pmod{41}$ 的解。

解：$\left(\frac{21}{41}\right)=\left(\frac{41}{21}\right)(-1)^{\frac{21-1}{2}\times\frac{41-1}{2}}=\left(\frac{-1}{21}\right)=(-1)^{\frac{21-1}{2}}=1$，所以，原同余式有解。

因为 $41-1=2^3\times 5$，取 $a=21$，$t=3$，$s=5$，又

$$\left(\frac{3}{41}\right)=\left(\frac{41}{3}\right)(-1)^{\frac{3-1}{2}\times\frac{41-1}{2}}=\left(\frac{-1}{3}\right)=(-1)^{\frac{3-1}{2}}=-1$$

取 $c\equiv 3^s\equiv 3^5\equiv 38\pmod{41}$，$R\equiv a^{\frac{s+1}{2}}\equiv 21^3\equiv 36\pmod{41}$，$r\equiv a^s\equiv 21^5\equiv 9\pmod{41}$，执行循环：

(1) $M=3$，$r^2\equiv 81\equiv -1$，$r^{2^2}\equiv 1\pmod{41}$，所以 $i=2$，计算，$b\equiv c^{2^{M-i-1}}\equiv 38^{2^{3-2-1}}\equiv 38$，$R\equiv Rb\equiv 36\times 38\equiv 15$，$r\equiv rb^2\equiv 9\times 38^2\equiv 40$，$c\equiv b^2\equiv 9\pmod{41}$；

(2) $M=2$，$r^2\equiv(-1)^2\equiv 1\pmod{41}$，所以 $i=1$，计算，$b\equiv c^{2^{M-i-1}}\equiv 9^{2^{2-1-1}}\equiv 9$，$R\equiv Rb\equiv 15\times 9\equiv 12$，$r\equiv rb^2\equiv(-1)\times 9^2\equiv 1\pmod{41}$；

由于(2)中得到 $r\equiv 1\pmod{41}$，所以得到原同余式的一个解为 $x\equiv R\equiv 12\pmod{41}$，另一个解为 $x\equiv 41-12\equiv 29\pmod{41}$。■

4.4　阶与指标

定义 4.5　设 $\langle g\rangle$ 表示由元素 g 生成的一个 n 元循环群，则对于任意 $a\in\langle g\rangle$，存在 $0\leqslant i<n$，$a=g^i$，称 i 为以 g 为底 a 的**指标**，记作 $\mathrm{ind}_g a$。

求指标的问题在密码学上通常称为**离散对数问题**。当 n 为充分大的正整数(例如 $\approx 2^{1024}$)时，求解离散对数问题是数学上的一个难解问题。

下面讨论如何求元素的阶及指标。

定理 4.8　设 $\langle g\rangle$ 是一个 n 元循环群，$a\in\langle g\rangle$，如果对于正整数 m，有

(1) $a^m=e$；

(2) 对于任意素因子 $p\mid m$，$a^{\frac{m}{p}}\neq e$，则 $\mathrm{ord}(a)=m$，且 $m\mid n$。

证明：由 $a^m=e$，$\mathrm{ord}(a)=k\mid m$，若 $k<m$，此时存在某个素因子 $p\mid\frac{m}{k}$，即 $k\mid\frac{m}{p}$。由于 $\mathrm{ord}(a)=k$，即 $a^k=e$，必有 $a^{\frac{m}{p}}=e$，矛盾。故 $\mathrm{ord}(a)=m$。

由群的拉格朗日定理得 $m|n$。■

根据定理 4.8，当群的阶已知且可以分解的时候，我们可以方便地求出一个元素的阶。

我们还可以利用定理 4.8 求出一个群中阶最大的元素，仿照定理 3.27 中的方法，我们随机选择群中的两个元素 a,b，利用定理 4.8 得 $\mathrm{ord}(a)=m$，$\mathrm{ord}(b)=n$，如果 $[m,n]>\max\{m,n\}$，因为存在整数 $s|m$，$t|n$，$(s,t)=1$，且 $st=[m,n]$，所以，$\mathrm{ord}(a^{\frac{m}{s}}b^{\frac{n}{t}})=[m,n]$，即可得到一个阶比 m,n 都大的新的元素。我们再在群中随机选择一个元素 c，重复上面的过程，就可以得到阶不断增加的群元素。这是一个概率算法，可以设定一个阈值 B，当重复次数达到 B 时，我们就可以认为所求元素是阶最大的元素。

当群是循环群的时候，所求的阶最大的元素即为群的生成元。

定理 4.9 设 $\langle g\rangle$ 是一个 n 元循环群，$a,b\in\langle g\rangle$，则 $\mathrm{ind}_g ab\equiv \mathrm{ind}_g a+\mathrm{ind}_g b \pmod n$。

证明：设 $\mathrm{ind}_g a=x$，$\mathrm{ind}_g b=y$，则 $g^x=a$，$g^y=b$，所以 $g^{x+y}=ab=g^{\mathrm{ind}_g ab}$，即 $g^{x+y-\mathrm{ind}_g ab}=e$，又 $\mathrm{ord}(g)=n$，所以 $n|x+y-\mathrm{ind}_g ab$，即

$$\mathrm{ind}_g ab\equiv \mathrm{ind}_g a+\mathrm{ind}_g b \pmod n$$ ■

例 4.8 已知 $f(x)=x^4+x^3+x^2+x+1$ 是 $\mathbb{Z}_2$ 上的不可约多项式，试在域 $\mathbb{Z}_2[x]_{f(x)}$ 中求 $\mathrm{ord}(x)$，以及所有的本原元。

解：首先 $\mathrm{ord}(x)|2^4-1$，即 $\mathrm{ord}(x)|15$，根据定理 4.8，经验证，有

$$(x^{\frac{15}{5}})_{f(x)}\neq 1$$

$$(x^{\frac{15}{3}})_{f(x)}=(x^5)_{f(x)}=(x\cdot x^4)_{f(x)}=(x(x^3+x^2+x+1))_{f(x)}=1$$

所以 $\mathrm{ord}(x)|5$，因为 $\mathrm{ord}(x)\neq 1$，所以 $\mathrm{ord}(x)=5$。

因为

$$(1+x)^{\frac{15}{5}}=x^3+x\neq 1$$

$$\begin{aligned}(1+x)^{\frac{15}{3}}&=((1+x)^4(1+x))_{f(x)}=((1+x)(1+x^4))_{f(x)}=(x^5+x^4+x+1))_{f(x)}\\&=(x^4+x)_{f(x)}=x^3+x^2+1\neq 1\end{aligned}$$

所以 $\mathrm{ord}(1+x)=15$，即 $1+x$ 是一个本原元。

不妨设 $a\in\mathbb{Z}_2[x]_{f(x)}$，则存在 $0\leqslant i<15$，使得 $a=(1+x)^i$，而 a 是本原元当且仅当

$$\mathrm{ord}(a)=(1+x)^i=\frac{15}{(15,i)}=15$$

即 $(15,i)=1$，所以 $i=1,2,4,7,8,11,13,14$，共 $\varphi(15)=8$ 个。

我们计算 $1+x$ 之外的本原元：

$$(1+x)^2=1+x^2$$

$$(1+x)^4=(1+x^4)_{f(x)}=x^3+x^2+x$$

$$\begin{aligned}(1+x)^7&=((1+x)^5(1+x)^2)_{f(x)}=((x^3+x^2+1)(x^2+1))_{f(x)}\\&=(x^5+x^4+x^3+1)_{f(x)}=x^2+x+1\end{aligned}$$

$$(1+x)^8=(1+x^8)_{f(x)}=(1+x^3x^5)_{f(x)}=x^3+1$$

$$\begin{aligned}(1+x)^{11}&=((1+x)^8(1+x)^3)_{f(x)}=((x^3+1)(x^3+x^2+x+1))_{f(x)}\\&=((x^3+1)x^4)_{f(x)}=(x^7+x^4)_{f(x)}\\&=x^2+x^3+x^2+x+1=x^3+x+1\end{aligned}$$

$$(1+x)^{13}=((1+x)^{11}(1+x)^2)_{f(x)}=((x^3+x+1)(x^2+1))_{f(x)}$$
$$=(x^5+x^3+x^2+x^3+x+1)_{f(x)}=x^2+x$$
$$(1+x)^{14}=((1+x)^7)^2=(x^2+x+1)^2=(x^4+x^2+1)_{f(x)}=x^3+x \blacksquare$$

例 4.9 已知 $f(x)=x^6+x+1$ 是$\mathbb{Z}_2$上的不可约多项式,试求域$\mathbb{Z}_2[x]_{f(x)}$的所有子域。

解:$\mathbb{Z}_2[x]_{f(x)}$的所有子域即元素个数为 $2^1,2^2,2^3,2^6$ 的子域,且每种子域均只有唯一一个。设这四个子域分别为$\mathbb{F}_{2^1},\mathbb{F}_{2^2},\mathbb{F}_{2^3},\mathbb{F}_{2^6}$,其中,$\mathbb{F}_{2^1}=\mathbb{Z}_2$,$\mathbb{F}_{2^6}=\mathbb{Z}_2[x]_{f(x)}$。可证明 $x\in\mathbb{Z}_2[x]_{f(x)}$是一个本原元。

$$x^{\frac{63}{7}}=x^9=(x^6x^3)_{f(x)}=x^4+x^3\neq 1$$
$$x^{\frac{63}{3}}=x^{21}=x^3(x^9)^2=(x^3(x^8+x^6))_{f(x)}=(x^3(x^3+x^2+x+1))_{f(x)}$$
$$=(x^6+x^5+x^4+x^3)_{f(x)}=x^5+x^4+x^3+x+1\neq 1$$

所以 $\mathrm{ord}(x)=63$。

同时,$\mathrm{ord}(x^{21})=3$,$\mathrm{ord}(x^9)=7$,它们分别是$\mathbb{F}_{2^2}$,$\mathbb{F}_{2^3}$的本原元。

根据加法的封闭性,有

$$\mathbb{F}_{2^2}=\{0,1,x^5+x^4+x^3+x+1,x^5+x^4+x^3+x\}$$

由 $x^9=x^4+x^3$,$x^{18}=x^3+x^2+x+1$,以及加法的封闭性,可得

$$\mathbb{F}_{2^3}=\{0,1,x^4+x^3,x^4+x^3+1,x^3+x^2+x+1,x^3+x^2+x,x^4+x^2+x+1,$$
$$x^4+x^2+x\}\blacksquare$$

定义 4.6 设 m 是正整数,整数 a 满足 $(a,m)=1$,a 模 m 的**阶** $\mathrm{ord}_m(a)$是指 $a\pmod m$ 在$\mathbb{Z}_m^*$中的阶;如果$\mathbb{Z}_m^*$为循环群,整数 a 称为模 m 的**原根**是指 $a\pmod m$为$\mathbb{Z}_m^*$ 的生成元。

根据定义 4.6 及同余的性质,a 所在模 m 剩余类中的所有整数模 m 的阶均为 $\mathrm{ord}_m(a)$;整数 a 是模 m 的原根,那么 a 所在模 m 剩余类中的所有整数均为模 m 的原根。

根据原根的定义,当 $m=2,4$ 时,模 m 的原根分别为 1,3。

定理 4.10 当 $m=2^n$,$n\geqslant 3$ 时,模 m 没有原根。

证明:我们用数学归纳法证明,对于任何整数 a,$(a,m)=1$,都有 $\mathrm{ord}_{2^n}(a)\mid 2^{n-2}$,$a$ 的阶不等于 2^{n-1},就不可能为$\mathbb{Z}_m^*$的原根。

当 $n=3$ 时,$\mathbb{Z}_8^*=\{1,3,5,7\}$,其中,$\mathrm{ord}_8(1)=1$,$\mathrm{ord}_8(3)=2$,$\mathrm{ord}_8(5)=2$,$\mathrm{ord}_8(7)=2$,阶均为 2 的因子,结论成立。

假设当 $n=k(k\geqslant 3)$时结论成立,即对于任意整数 a,$(a,m)=1$,均有 $\mathrm{ord}_{2^k}(a)\mid 2^{k-2}$,也就是 $2^k\mid a^{2^{k-2}}-1$。

当 $n=k+1$ 时,$a^{2^{k-1}}-1=(a^{2^{k-2}}-1)(a^{2^{k-2}}+1)$,因为 $2\mid a^{2^{k-2}}+1$,所以 $2^{k+1}\mid a^{2^{k-1}}-1$,即 $\mathrm{ord}_{2^{k+1}}(a)\mid 2^{k-1}$。$\blacksquare$

定理 4.11 当 $m=p^\alpha$,p 为奇素数,$\alpha\geqslant 1$ 时,模 m 一定有原根。

证明:当 $\alpha=1$ 时,$\mathbb{Z}_p$的任意本原元都是模 p 的原根。

当 $\alpha=2$ 时,设 β 是模 p 的一个原根,因为 $\beta^{\mathrm{ord}_{p^2}(\beta)}\equiv 1\pmod{p^2}$,所以 $\beta^{\mathrm{ord}_{p^2}(\beta)}\equiv 1\pmod p$,故 $\mathrm{ord}_p(\beta)=p-1\mid\mathrm{ord}_{p^2}(\beta)$。

又因为，$\mathrm{ord}_{p^2}(\beta)\mid p(p-1)$，如果 $\mathrm{ord}_{p^2}(\beta)=p(p-1)$，那么 β 也是模 p^2 的原根，结论成立，反之，如果 $\mathrm{ord}_{p^2}(\beta)\neq p(p-1)$，那么 $\mathrm{ord}_{p^2}(\beta)=p-1$。此时，我们考虑模 p 的另外一个原根 $\beta+p$，根据泰勒展开，有

$$(\beta+p)^{p-1}\equiv\beta^{p-1}+(p-1)p\beta^{p-2}\equiv1-p\beta^{p-2}\not\equiv1\pmod{p^2}$$

所以 $\mathrm{ord}_{p^2}(\beta+p)\neq p-1$，根据上面的分析，有 $\mathrm{ord}_{p^2}(\beta+p)=p(p-1)$。

由此说明，模 p 的一个原根 β 如果不是模 p^2 的原根，那么 $\beta+p$ 一定是模 p^2 的原根。

当 $\alpha=2$ 时，选取 γ 为 β 或者 $\beta+p$ 是模 p^2 的原根，那么 $\gamma^{p(p-1)}\equiv1\pmod{p^2}$，$\gamma^{p-1}\not\equiv1\pmod{p^2}$，$\gamma^{p-1}\equiv1\pmod{p}$。

当 $\alpha>2$ 时，因为 $\gamma^{\mathrm{ord}_{p^\alpha}(\gamma)}\equiv1\pmod{p^\alpha}$，所以 $\gamma^{\mathrm{ord}_{p^\alpha}(\gamma)}\equiv1\pmod{p^2}$，故 $\mathrm{ord}_{p^2}(\gamma)=p(p-1)\mid\mathrm{ord}_{p^\alpha}(\gamma)$，又因为 $\mathrm{ord}_{p^\alpha}(\gamma)\mid p^{\alpha-1}(p-1)$，所以 $\mathrm{ord}_{p^\alpha}(\gamma)=p^k(p-1)(1\leqslant k\leqslant\alpha-1)$。

我们用数学归纳法进行证明，当 $\alpha>2$ 时，模 p^2 的原根 γ 也是模 p^α 的原根。

假设当 $2\leqslant\alpha<m(m>2)$ 时，$\mathrm{ord}_{p^\alpha}(\gamma)=p^{\alpha-1}(p-1)$。

当 $\alpha=m$ 时，因为 $\gamma^{p^{m-3}(p-1)}\not\equiv1\pmod{p^{m-1}}$，$\gamma^{p^{m-3}(p-1)}\equiv1\pmod{p^{m-2}}$，所以可设 $\gamma^{p^{m-3}(p-1)}=1+sp^{m-2}$，$(s,p)=1$，得到

$$\gamma^{p^{m-2}(p-1)}=(1+sp^{m-2})^p\equiv1+sp^{m-1}\not\equiv1\pmod{p^m}$$

因此，对于所有 $1\leqslant k<m-1$，均有 $\gamma^{p^{k-1}(p-1)}\not\equiv1\pmod{p^m}$。

所以 $\mathrm{ord}_{p^m}(\gamma)=p^{m-1}(p-1)$。■

定理 4.12 当 $m=2p^\alpha$，p 为奇素数，$\alpha\geqslant1$ 时，模 m 有原根。

证明：根据定理 4.11，设 γ 是模 p^α 的一个原根，有 $\gamma^{\varphi(p^\alpha)}\equiv1\pmod{p^\alpha}$，但是对于 $1\leqslant k<\varphi(p^\alpha)$，$\gamma^k\not\equiv1\pmod{p^\alpha}$。

若 $(\gamma,2)=1$，$\gamma^{\varphi(p^\alpha)}\equiv1\pmod 2$，则 $\gamma^{\varphi(p^\alpha)}\equiv1\pmod{2p^\alpha}$。而 $\varphi(2p^\alpha)=\varphi(p^\alpha)$，当 $1\leqslant k<\varphi(p^\alpha)$，$\gamma^k\not\equiv1\pmod{p^\alpha}$ 时，$\gamma^k\not\equiv1\pmod{2p^\alpha}$，所以 $\mathrm{ord}_{p^m}(\gamma)=\varphi(m)$，即 γ 是模 m 的原根。

若 $(\gamma,2)=2$，因为 $(\gamma+p^\alpha,2)=1$，且 $\gamma+p^\alpha$ 也是模 p^α 的一个原根，根据上面的讨论，$\gamma+p^\alpha$ 是模 m 的原根。■

定理 4.13 当且仅当 $m=2,4,p^\alpha,2p^\alpha$，p 为奇素数，$\alpha\geqslant1$ 时，模 m 有原根。

证明：首先考虑奇数的情况，设 $m=\prod_{i=1}^{s}p_i^{\alpha_i}$，其中，$\alpha_i\geqslant1$，$p_i$ 为奇素数。

若 $(\gamma,m)=1$ 是模 m 的原根，必须有 $\mathrm{ord}_m(\gamma)=\varphi(m)$。

因为 $\varphi(p_i^{\alpha_i})\mid[\varphi(p_1^{\alpha_1}),\varphi(p_2^{\alpha_2}),\cdots,\varphi(p_s^{\alpha_s})]$，$\gamma^{\varphi(p_i^{\alpha_i})}\equiv1\pmod{p_i^{\alpha_i}}$，所以

$$\gamma^{[\varphi(p_1^{\alpha_1}),\varphi(p_2^{\alpha_2}),\cdots,\varphi(p_s^{\alpha_s})]}\equiv1\pmod{p_i^{\alpha_i}}\quad(1\leqslant i\leqslant s)$$

因此，$\gamma^{[\varphi(p_1^{\alpha_1}),\varphi(p_2^{\alpha_2}),\cdots,\varphi(p_s^{\alpha_s})]}\equiv1\pmod m$。

所以，$\varphi(m)=\varphi(p_1^{\alpha_1})\varphi(p_2^{\alpha_2})\cdots\varphi(p_s^{\alpha_s})\mid[\varphi(p_1^{\alpha_1}),\varphi(p_2^{\alpha_2}),\cdots,\varphi(p_s^{\alpha_s})]$。

但 $2\mid(\varphi(p_1^{\alpha_1}),\varphi(p_2^{\alpha_2}),\cdots,\varphi(p_s^{\alpha_s}))$，所以必然有 $s=1$。

根据上面的讨论，无论 m 为奇数还是偶数，如果 m 的分解中有奇素数的幂，那么其只能包含一个奇素数的幂。

可再设 $m=2^n p^\alpha$，$n\geqslant 1$，$\alpha\geqslant 1$，p 为奇素数。$\varphi(m)=2^{n-1}\varphi(p^\alpha)$，若 $(\beta,m)=1$ 是模 m 的原根，那么 $\varphi(m)=2^{n-1}\varphi(p^\alpha)\mid[2^{n-1},\varphi(p^\alpha)]$，必然有 $(2^{n-1},\varphi(p^\alpha))=1$，即 $n=1$，所以 $m=2p^\alpha$。

结合定理 4.10、4.11、4.12 可知，当且仅当 $m=2,4,p^\alpha,2p^\alpha$，p 为奇素数，$\alpha\geqslant 1$ 时，模 m 有原根。■

根据定理 4.11，当 m 是素数 p 时，模 p 的原根就是域 $\mathbb{Z}_p$ 的本原元，一般地，当模 m 有原根时，则一共有 $\varphi(\varphi(m))$ 个原根。

例 4.10 试求模 18 的所有原根。

解：$\varphi(18)=6$，所以模 18 的简化剩余系共有 6 个元素，即 $\{1,5,7,11,13,17\}$，这是一个 6 元的乘法群，经验证，$5^{\frac{6}{3}}\equiv 5^2\equiv 7$，$5^{\frac{6}{2}}\equiv 5^3\equiv -1 \pmod{18}$，所以 $\mathrm{ord}(5)=6$，5 即是一个原根。模 18 的所有原根可表示为 $5^i \pmod{18}$，$(i,6)=1$，$1\leqslant i<6$，即 5，11，共 $\varphi(6)=2$ 个。■

例 4.11 已知 6 是模 41 的一个原根，且 $6^{15}\equiv 3 \pmod{41}$，试求解同余式 $x^5\equiv 3 \pmod{41}$。

解：6 是 $\mathbb{Z}_{41}$ 的一个本原元，由 $x^5\equiv 3 \pmod{41}$，得 $\mathrm{ind}_6 x^5=\mathrm{ind}_6 3=15$，即 $5\mathrm{ind}_6 x\equiv 15 \pmod{40}$，所以，$\mathrm{ind}_6 x\equiv 3,11,19,27,35 \pmod{40}$，即

$$x\equiv 6^3,6^{11},6^{19},6^{27},6^{35} \pmod{41}$$

计算得

$$x\equiv 11,28,34,12,38 \pmod{41}。■$$

对于 n 元循环群 $\langle g\rangle$，如果我们事先计算所有的 g^i，$0\leqslant i<n$，并列表存储，则显然对于任意 $a,b\in\langle g\rangle$ 和整数 m，有

$$ab=g^{\mathrm{ind}_g ab}=g^{(\mathrm{ind}_g a+\mathrm{ind}_g b)(\mathrm{mod}\ n)}$$

$$a^m=g_g^{\mathrm{ind}}a^m=g^{m\mathrm{ind}_g a(\mathrm{mod}\ n)}$$

于是，乘法、幂运算和求逆都可以通过查表来简化运算。

定义 4.7 设 m 是大于 1 的正整数，如果 n 次同余式

$$x^n\equiv a \pmod{m},\quad (a,m)=1$$

有解，则 a 称作模 m 的 ***n* 次剩余**，否则，a 称作模 m 的 ***n* 次非剩余**。

定理 4.14 设 m 是大于 1 的正整数，g 是模 m 的一个原根，$(a,m)=1$，$d=(n,\varphi(m))$，那么 $x^n\equiv a \pmod{m}$ 有解的充要条件是 $a^{\frac{\varphi(m)}{d}}\equiv 1 \pmod{m}$。

证明：因为 g 是模 m 的一个原根，所以 $\mathbb{Z}_m^*=\langle g\rangle$，$x^n\equiv a \pmod{m}$ 有解的充要条件是 $\mathrm{ind}_g x^n=\mathrm{ind}_g a$，由定理 4.9，即 $n\mathrm{ind}_g x\equiv \mathrm{ind}_g a \pmod{\varphi(m)}$，令 $X=\mathrm{ind}_g x$，有

$$nX\equiv \mathrm{ind}_g a \pmod{\varphi(m)}$$

该一次同余式有解的充要条件是 $(n,\varphi(m))\mid \mathrm{ind}_g a$，即 $d\mid \mathrm{ind}_g a$。这等价于

$$\mathrm{ind}_g a\equiv 0 \pmod{d}$$

根据定理 2.4 之(4)，有 $\frac{\varphi(m)}{d}\mathrm{ind}_g a\equiv 0 \pmod{\varphi(m)}$，即

$$a^{\frac{\varphi(m)}{d}}\equiv 1 \pmod{m}■$$

例 4.12 试求同余式 $x^{34}\equiv 261 \pmod{4500}$ 的解的个数。

解：因为 $4500=2^2\times 3^2\times 5^3$，原同余式可以等价地化为

$$\begin{cases} x^{34} \equiv 1 \pmod{2^2} \\ x^{34} \equiv 0 \pmod{3^2} \\ x^{34} \equiv 11 \pmod{5^3} \end{cases}$$

对于 $x^{34}\equiv 1 \pmod{2^2}$，因为 $d=(34,\varphi(4))=2$，$1^{\frac{\varphi(4)}{2}}\equiv 1 \pmod{2^2}$，所以有 2 个解。

对于 $x^{34}\equiv 0 \pmod{3^2}$，因为 $x^{34}\equiv 0 \pmod 3$ 有 1 个解 $x\equiv 0 \pmod 3$，令 $f(x)=x^{34}$，$f'(0)\equiv 0 \pmod 3$，$3^2 \mid f(0)$，所以 $x^{34}\equiv 0 \pmod 3$ 有 3 个解。

对于 $x^{34}\equiv 11 \pmod{5^3}$，因为 $d=(34,\varphi(5^3))=2$，$11^{\frac{\varphi(5^3)}{2}}\equiv 11^{50}\equiv 1 \pmod{5^3}$，所以有 2 个解。

综合以上，原方程总共有 $2\times 3\times 2=12$ 个解。■

4.5 练习题

1. 试计算下列 Legendre 符号。

(1) $\left(\frac{199}{2017}\right)$；

(2) $\left(\frac{56}{337}\right)$。

2. 判断同余方程 $2x^2+17x+153\equiv 0 \pmod{927}$ 的解数。

3. 证明：对于任意素数 p，同余式 $(x^2-3)(x^2-5)(x^2-60)\equiv 0 \pmod p$ 均有解。

4. 证明：形如 $4k+1$ 的素数有无限多个。

5. 求所有素数 p，使得 -5 是模 p 的平方剩余。

6. 设 a,b 为两个负奇数，$(a,b)=1$，证明：$\left(\frac{a}{|b|}\right)\left(\frac{b}{|a|}\right)=-(-1)^{\frac{a-1}{2}\cdot\frac{b-1}{2}}$。

7. 设 $a>0,b>0,b$ 为奇数，证明 Jacobi 符号：

$$\left(\frac{a}{2a+b}\right)=\begin{cases} \left(\frac{a}{b}\right), & a\equiv 0,1 \pmod 4 \\ -\left(\frac{a}{b}\right), & a\equiv 2,3 \pmod 4 \end{cases}$$

8. 证明：如果奇素数 $p\equiv 1 \pmod 4$，则 $\sum_{r=1}^{p-1} r\left(\frac{r}{p}\right)=0$。

9. 试判断同余方程 $x^5\equiv 7 \pmod{99}$ 是否有解。

10. 试求素数 2017 的一个原根。

11. 试求整数 250 的所有原根。

12. 求解同余方程 $x^2\equiv 61 \pmod{97}$。

13. 设素数 $p=17,q=23,n=pq$，试计算 $\mathbb{Z}_n^*$ 的子群的个数，并求出其中阶最大的元素和单位元之外阶最小的元素。

4.6 扩展阅读与实践

1. k 次同余方程的求法。

对于正整数 m，如果不知道 m 的分解，即使当 $k=2$ 时，也没有有效的算法来计算

模 m 的 k 次同余式。如果 $m=\prod_{i=1}^{s}p_i^{a_i}$，我们可以将求解模 m 的同余式问题转化成等价的模 $p_i^{a_i}$ 的同余式组问题，利用定理 2.18 最后可以将问题归结到模为素数的同余式的求解问题。

本章 4.3 节已经讲过 Tonelli-Shanks 算法可以解决模为奇素数的平方根的求解问题。对于一般的 k 次方根的问题，可以使用本节有限域上多项式的分解方法求得一次因式，然后得到多项式的根。

试利用有限域上多项式的分解求同余式

$$\begin{aligned}
&x^{104}+11604925926x^{103}+4741646395852322315 1x^{102}\\
&+79771595941071917069283630666x^{101}\\
&+4572693161829647965486971297106423164 0x^{100}+x^{54}\\
&+11604925926x^{53}+47416463958523223151x^{52}\\
&+79771595941071917069283630666x^{51}\\
&+45726931618296479654869712971064231640x^{50}+x^{4}\\
&+11604925926x^{3}+47416463958523223151x^{2}\\
&+79771595941071917069283630666x\\
&+45726931618296479654869712971064231640\\
&\equiv 0\pmod{170141183460469231731687303715884105727}
\end{aligned}$$

的解。

2. 离散对数的求法。

设 $\langle\alpha\rangle$ 是由 α 生成的循环群，阶为 n，$\beta\in\langle\alpha\rangle$，求 $\mathrm{ind}_\alpha\beta$，即 $0\leqslant i<n$，使得 $\beta=\alpha^i$。

Pollard ρ 求解离散对数的思路是构造一个随机序列 $x_1,x_2,\cdots,x_m$，其中，每个元素 $x_i=\alpha^{a_i}\beta^{b_i}$，若存在两个元素 x_i,x_j 使得 $x_i=x_j$，$i\neq j$，那么 $\alpha^{a_i}\beta^{b_i}=\alpha^{a_j}\beta^{b_j}$，即 $\beta^{b_i-b_j}=\alpha^{a_j-a_i}$，进一步得到 $\mathrm{ind}_\alpha\beta\equiv(b_i-b_j)^{-1}(a_j-a_i)\pmod n$。

首先将 $\langle\alpha\rangle$ 分成元素个数大致相等的三个两两互不相交的集合，即

$$\langle\alpha\rangle=S_1\cup S_2\cup S_3$$

构造函数

$$f(x,a,b)=\begin{cases}(\beta x,a,b+1) & x\in S_1\\(x^2,2a,2b), & x\in S_2\\(\alpha x,a+1,b) & x\in S_3\end{cases}$$

根据 f 函数的构造，当自变量 (x,a,b) 满足 $x=\alpha^a\beta^b$ 时，其函数值也满足这个关系，即 $\beta x=\alpha^a\beta^{b+1}$，$x^2=\alpha^{2a}\beta^{2b}$，$\alpha x=\alpha^{a+1}\beta^b$。

由 Pollard ρ 方法，我们选取初始值 (x_1,a,b) 满足 $x_1=\alpha^a\beta^b$，例如 $(1,0,0)$，迭代调用 f 函数，直到找到 $x_i=x_{2i}$，$i\geqslant1$，根据上面的讨论，此时 $\mathrm{ind}_\alpha\beta\equiv(b_i-b_{2i})^{-1}(a_{2i}-a_i)\pmod n$。

求解过程中需要注意两点，首先是 (b_i-b_{2i}) 和 n 不互素时，需要选择新的初始值，重新开始计算，另外一点是，单位元 $1\in\langle\alpha\rangle$ 不能划分在 S_2 中，否则，当 f 函数的取值为 $(1,a,b)$ 时，序列将停留在单位元上，不能继续下去。

试利用 Pollard ρ 方法求以下同余方程的解：

$$87123847233281^x \equiv 3948487454 \pmod{389834921328434963}$$

3. 二次筛法。

二次筛法的基本原理是：设 p,q 为两个不相等的素数，$N=pq$，若 $x^2\equiv y^2 \pmod N$，且 $N\nmid x\pm y$，那么 $(x\pm y,N)=p$ 或 q。

一般地，当 N 为比较大的整数时，找到上述 x,y 是比较困难的。

二次筛法步骤如下。

(1) 选择适当的较小的素数基 $B=\{p_1,p_2,\cdots,p_n\}$，满足 Jacobi 符号 $\left(\frac{N}{p_i}\right)=1$。

(2) 令 $f(x)=([\sqrt{N}]+x)^2-N$，$x=1,2,3,\cdots$，其中，$[x]$ 为高斯函数。

(3) 对于 $x=1,2,3,\cdots$，如果 $f(x)=\prod\limits_{i=1}^{n}p_i^{\alpha_i}$，那么保存 $f(x)$ 值，否则舍弃该值。

(4) 如果通过步骤(3)得到了 $n+1$ 个 $f(x)$ 值，不妨设为 $f(x_1),f(x_2),f(x_3),\cdots,f(x_{n+1})$，且 $f(x_s)=\prod\limits_{i=1}^{n}p_i^{\alpha_{s,i}}$，$s=1,2,3,\cdots,n+1$。考虑 $\mathbb{Z}_2$ 上以下 $n+1$ 个 n 维向量：

$$\boldsymbol{\beta}_1=(\alpha_{1,1}\pmod 2,\alpha_{1,2}\pmod 2,\alpha_{1,3}\pmod 2,\cdots,\alpha_{1,n}\pmod 2)$$

$$\boldsymbol{\beta}_2=(\alpha_{2,1}\pmod 2,\alpha_{2,2}\pmod 2,\alpha_{2,3}\pmod 2,\cdots,\alpha_{2,n}\pmod 2)$$

$$\cdots$$

$$\boldsymbol{\beta}_{n+1}=(\alpha_{n+1,1}\pmod 2,\alpha_{n+1,2}\pmod 2,\alpha_{n+1,3}\pmod 2,\cdots,\alpha_{n+1,n}\pmod 2)$$

因为这些向量线性相关，所以存在不全为零的 c_i，使得 $\prod\limits_{i=1}^{n+1}c_i\boldsymbol{\beta}_i=\mathbf{0}$，其中，$c_i=0,1$，此时，

$$\prod_{i=1}^{n+1}f(x_i)^{c_i}\equiv\prod_{i=1}^{n+1}([\sqrt{N}]+x)^{2c_i}\equiv\prod_{j=1}^{n}p_j^{\sum\limits_{i=1}^{n+1}c_i\alpha_{i,j}}\pmod N$$

因为 $\sum\limits_{i=1}^{n+1}c_i\alpha_{i,j}\equiv 0\pmod 2$，所以 $\sum\limits_{i=1}^{n+1}c_i\alpha_{i,j}$ 是偶数，于是得到

$$\left(\prod_{i=1}^{n+1}([\sqrt{N}]+x)^{c_i}\right)^2\equiv\left(\prod_{j=1}^{n}p_j^{\frac{\sum_{i=1}^{n+1}c_i\alpha_{i,j}}{2}}\right)^2\pmod N$$

(5) 计算 $\left(\prod\limits_{i=1}^{n+1}([\sqrt{N}]+x)^{c_i}+\prod\limits_{j=1}^{n}p_j^{\frac{\sum_{i=1}^{n+1}c_i\alpha_{i,j}}{2}},N\right)$，可能得到 N 的因子 p 或者 q。

试利用上述思想分解整数：

17026461601050873322807321581843943684933068878599511768691058489338338517231131

5

环

本章引入了环的定义以及环上的多项式，介绍了环上理想的定义及性质，对剩余类环、唯一分解整环、Dedekind 整环等内容进行了详细阐述。

5.1 环与理想

定义 5.1 设 R 是一个非空的集合，在其上定义了两种运算，分别为加法和乘法，记作"＋"和"·"，对于 R 中的任意两个元素 a,b，均有 $a+b\in R$，$a\cdot b\in R$（R 对于加法和乘法自封闭，$a+b$，$a\cdot b$ 分别称为两个元素的和与积，$a\cdot b$ 通常简记作 ab），我们称 R 对于所规定的加法和乘法成为一个**环**，如果 R 中的元素满足以下四条规则：

（1）R 中所有元素对于加法形成一个加法交换群；

（2）对于任意 $a,b,c\in R$，$a(bc)=(ab)c$（满足乘法结合律）；

（3）存在 $e\in R$，对于任意 $a\in R$ 均有 $ae=ea=a$；

（4）对于任意 $a,b,c\in R$，$a(b+c)=ab+ac$，$(b+c)a=ba+ca$（乘法对加法的分配律）。

若对于任意 $a,b\in R$，$ab=ba$（满足乘法交换律），则称 R 为**交换环**。

环的加法群的零元是唯一的，称作环的**零元**，通常记作 0。环 R 中的 e 称为环的**单位元**或者**幺元**，R 的幺元必唯一，有时也记作 1 或者 1_R。

根据环的定义，对于任意 $a\in R$，$0a=(e-e)a=a-a=0$，同样，$a0=0$。

如果 $0=e$，不难看出，环 R 只能包含一个元素 0，这样的 R 称为**零环**，若不做特别说明，今后讨论的环均不为零环。

若 R' 是环 R 的子集，且按照 R 的加法和乘法其自身也是一个环，则称 R' 为环 R 的**子环**，R 为环 R' 的**扩环**，记作 $R'\subseteq R$，当 $R'\neq R$ 时，也记作 $R'\subsetneq R$。

常见的整数集合 $\mathbb{Z}$、有理数集合 $\mathbb{Q}$、实数集合 $\mathbb{R}$ 和复数集合 $\mathbb{C}$ 按照其上定义的加法和乘法都形成交换环，分别称为整数环、有理数环、实数环和复数环，且 $\mathbb{Z}\subsetneq\mathbb{Q}\subsetneq\mathbb{R}\subsetneq\mathbb{C}$。

由定义 5.1 可知，任意域是交换环。

所有整数 $\mathbb{Z}$ 按照其上定义的加法和乘法不能形成一个域，但是可形成一个交换环。

当 m 是合数时，$\mathbb{Z}_m$按照模 m 的加法和乘法形成一个交换环。

对于正整数 $n>1$，域$\mathbb{F}$上的所有 $n\times n$ 矩阵，按照矩阵的加法和乘法形成一个非交换环。

域$\mathbb{F}$上的多项式$\mathbb{F}[x]$按照多项式的加法和乘法形成交换环，称为**域$\mathbb{F}$上(文字为 x)的多项式环**。

一般地，如果 R 是环，记 $R[x]=\left\{\sum_{i=0}^{n}a_ix^i \mid n\geqslant 0,a_i\in R\right\}$，规定 $a_0x^0=a_0\in R$，类比定义 3.5，我们可以定义环 R 上文字为 x 的多项式及多项式的加法和乘法，按照多项式的加法和乘法，$R[x]$形成环 R 的扩环，称为**环 R 上(文字为 x)的多项式环**。进一步，若 $R[x_1,x_2,\cdots,x_{k-1}]$是环 R 上文字为 $x_1,x_2,\cdots,x_{k-1}$ 的多项式环，那么

$$R[x_1,x_2,\cdots,x_{k-1},x_k]=R[x_1,x_2,\cdots,x_{k-1}][x_k]$$

称为**环 R 上(文字为 $x_1,x_2,\cdots,x_k$)的多项式环**。如果 R 是交换环，那么 $R[x]$也是交换环。

如果不作特别说明，我们今后讨论的环均为交换环。

定理 5.1 非空集合 $R'\subseteq R$ 是 R 的子环，当且仅当：

(1) 对于任意 $a,b\in R'$，$a-b\in R'$；

(2) 对于任意 $a,b\in R'$，$ab\in R'$；

(3) 单位元 $e\in R'$。

证明：必要性显然，仅证充分性。由(1)，R'是 R 的加法子群，所以 R'对加法封闭；由(2)，R'对乘法封闭。由于 R 对乘法满足结合律，且满足乘法对加法的分配律，R'的运算和 R 的运算相同，因此，R'上的乘法也满足结合律和乘法对加法的分配律。根据定义 5.1，R'是一个环，因此其是 R 的子环。■

定义 5.2 设 R 是一个环，如果存在两个非零元 $a,b\in R$，$ab=0$，则 a,b 均称为**零因子**；对于非零元 a，如果存在正整数 n，使得 $a^n=0$，则称 a 为**幂零元**；环中的乘法可逆元称为**单位**，一个没有零因子的交换环称为**整环**。

对于域$\mathbb{F}$而言，任意 $a,b\in\mathbb{F}$，若 $ab=0$，则必然 $a=0$ 或者 $b=0$，所以域$\mathbb{F}$中没有零因子，$\mathbb{F}$是整环。容易验证，$\mathbb{Z}$和$\mathbb{F}[x]$都是整环。

如果两个元素 $a,b\in R$ 的乘积 c 为单位，那么 a,b 均为单位。这是因为，如果 $c=ab$，那么$(c^{-1}a)b=a(bc^{-1})=1$。

例如，在环$\mathbb{Z}_{30}$中，因为 $5\times 6\equiv 0 \pmod{30}$，所以 5 和 6 都是零因子，$\mathbb{Z}_{30}^*$中的元素都可逆，因此均为单位，不难验证$\mathbb{Z}_{30}$中没有幂零元。但是在环$\mathbb{Z}_{12}$中，$6^2\equiv 0 \pmod{12}$，所以 6 是幂零元。此处需要注意，因为运算规则不同，不能简单认为环$\mathbb{Z}_{12}$是$\mathbb{Z}_{30}$的子环。

定理 5.2 在整环 R 中，若 $ab=ac$，且 $a\neq 0$，那么 $b=c$。

证明：因为 $ab=ac$，所以 $a(b-c)=0$，因为 R 为整环，无零因子，而 $a\neq 0$，所以 $b-c=0$，即 $b=c$。■

定理 5.2 称作整环的消去律。

对于一个整环，如果它的所有非零元都是单位，那么这个整环就是域。

定理 5.3 有限整环是有限域。

证明: 根据域的定义,只需证明有限整环中所有非零元均为单位。设 R 是有限整环,对于任意 $0\neq r\in R$,根据环的乘法的封闭性,$r^2,r^3,\cdots$,均为 R 中的元素,因为 R 是有限的,于是,存在整数 $1\leqslant i<j$,使得 $r^i=r^j$。根据定理 5.2,$r^{j-i}=1$,即 $rr^{j-i-1}=1$,所以 r 为单位。■

考虑整数环$\mathbb{Z}$ 的子集 $2\mathbb{Z}$(所有偶数),根据子环的定义,因为 $2\mathbb{Z}$ 没有幺元,所以 $2\mathbb{Z}$ 不是环,因而也不是$\mathbb{Z}$ 的子环,但是 $2\mathbb{Z}$ 满足环的其他条件。

定义 5.3 设 R 是一个环,$I\subseteq R$ 是 R 的加法子群,如果对于任意 $r\in R,a\in I$ 都有 $ra\in I$(或 $ar\in I$),则称 I 是 R 的一个**左理想(右理想)**。若 I 既是左理想,又是右理想,则称 I 是 R 的**理想**,如果除 I 和 R 外,没有理想(左理想、右理想)J 满足 $I\subsetneqq J\subsetneqq R$,则称 I 为**极大理想(左理想、右理想)**。0 和 R 是 R 的两个**平凡理想**。

在交换环中,左理想也是右理想。根据定义 5.3,$2\mathbb{Z}$ 是$\mathbb{Z}$ 的理想。

例 5.1 求$\mathbb{Z}_{12}$的所有理想,并指出其中的极大理想。

解: 首先,$\mathbb{Z}_{12}$是加法循环群,其所有子群均为循环群。记

$$I_0=\{0\},\quad I_1=\mathbb{Z}_{12},\quad I_2=\{0,2,4,6,8,10\},$$

$$I_3=\{0,3,6,9\},\quad I_4=\{0,4,8\},\quad I_6=\{0,6\}$$

分别是由 0,1,2,3,4,6 生成的加法循环群,对于任意 $r\in\mathbb{Z}_{12},a\in I_i,ra\in I_i,i=0,1,2,3,4,6$。根据定义,这些集合按照$\mathbb{Z}_{12}$的加法和乘法都是$\mathbb{Z}_{12}$的理想,其中,极大理想为 I_2,I_3。■

定义 5.4 设 R 为环,$I,J\subseteq R$ 均为 R 的理想,如果 $I\subseteq J$,那么称 J 为 I 的**理想因子**,简称**因子**,而称 I 为 J 的**倍理想**,对于理想 $K\subseteq R$,K 和 R 一定都是 K 的因子,称为理想 K 的**平凡理想因子**。如果理想 $K\subset R$ 对于任意 $a,b\in R,ab\in K$,一定有 $a\in K$ 或者 $b\in K$,那么称 K 为 R 的**素理想**。

在例 5.1 中,$R=I_1$ 是所有理想的因子,I_0 是所有理想的倍理想,I_6 的因子有 I_1,I_2,I_3,I_6。

根据定义,I_2,I_3 是 R 的素理想,但是 I_0,I_1,I_4,I_6 不是 R 的素理想,例如取 $a=2,b=6$,$2\times6\equiv0\pmod{12}$,即 $ab\in I_4$,但是 2,6 均不是 I_4 中的元素,同样取 $a=3,b=4$,$3\times4\equiv0\pmod{12}$,即 $ab\in I_6$,但是 3,4 均不是 I_6 中的元素。

定理 5.4 设 R 是一个环,$I,J\subseteq R$ 均为 R 的理想,那么 $I+J=\{a+b\mid a\in I,b\in J\}$,$IJ=\left\{\sum_{i=1}^{n}a_ib_i\mid n\in\mathbb{Z}^+,a_i\in I,b_i\in J\right\}$,$I\cap J$ 均是 R 的理想。

证明: 因为 $I,J\subseteq R$ 均为加法子群,所以 $I+J$ 也是 R 的加法子群,又对于任意 $r\in R,a\in I,b\in J$,有 $r(a+b)=ra+rb\in I+J$,所以 $I+J$ 是 R 的理想。

下面证明 IJ 是 R 的加法子群。设 $\sum_{i=1}^{n}a_ib_i$,$\sum_{i=1}^{m}a'_ib'_i$ 是 IJ 中的任意两个元素,其中,$a_i,a'_i\in I,b_i,b'_i\in J$,那么,$\sum_{i=1}^{n}a_ib_j-\sum_{i=1}^{m}a'_ib'_i=\sum_{i=1}^{n}a_ib_j+\sum_{i=1}^{m}(-a'_i)b'_i\in IJ$,所以 IJ 是 R 的加法子群。

对于任意 $r\in R$,$\sum_{i=1}^{n}a_ib_i\in IJ$,有 $r\sum_{i=1}^{n}a_ib_i=\sum_{i=1}^{n}(ra_i)b_i\in IJ$,所以 IJ 是 R 的理想。

对于 $I\cap J$，首先，$I\cap J$ 是 R 的加法子群。对于任意 $r\in R,a\in I\cap J$，因为 $ra\in I\cap J$，所以 $I\cap J$ 是 R 的理想。■

值得注意的是，一般而言，$\{ab|a\in I,b\in J\}$不一定能形成 R 的理想(练习题第 1 题)。

定义 5.5 设 R 是一个环，$I,J\subseteq R$ 均为 R 的理想，$I+J$、$I\cap J$ 和 IJ 分别称为理想 I,J 的**最大公约理想**、**最小公倍理想**和**积**。$I+J$ 也记作(I,J)。如果 $I+J=R$，那么称 I,J **互素**，记作$(I,J)=R$ 或者$(I,J)=1$。

例 5.2 在$\mathbb{Z}_{12}$中，求 $I_6+I_4,I_3+I_4,I_6\cap I_4,I_3\cap I_2,I_6I_4,I_3I_2$。

解：I_6 是 6 生成的加法循环群$\langle 6\rangle$，I_4 是 4 生成的加法循环群$\langle 4\rangle$，所以 I_6+I_4 是$(6,4)=2$ 生成的加法循环群，即 $I_6+I_4=I_2$；同理，$I_3+I_4=I_1$，也就是说 I_3 和 I_4 互素。

由例 5.1，$I_6\cap I_4=I_0,I_6I_4=I_0$；同样，$I_3\cap I_2=I_6,I_3I_2=I_6$。■

定理 5.5 设 R 是一个环，$I,J\subseteq R$ 均为 R 的理想，如果 I,J 互素，那么 $I\cap J=IJ$。

证明：根据理想的定义，$IJ\subseteq I,IJ\subseteq J$，所以 $IJ\subseteq I\cap J$。

反过来，如果$(I,J)=1$，可令单位元 $e=a+b,a\in I,b\in J$，对于任意 $c\in I\cap J,c=ec=ac+bc\in IJ$，所以 $I\cap J\subseteq IJ$。

综上，$I\cap J=IJ$。■

定义 5.6 设 R 是一个环，$a_1,a_2,\cdots,a_m\in R$，R 的包含 $a_1,a_2,\cdots,a_m$ 的最小理想$(a_1,a_2,\cdots,a_m)$称为由 $a_1,a_2,\cdots,a_m$ 生成的**有限生成理想**，特别地，若 $a\in R$，R 的包含 a 的最小理想(a)称为由 a 生成的**主理想**，如果 R 的所有理想都是主理想，则称 R 为**主理想环**。

例 5.3 试证明$(a_1,a_2,\cdots,a_m)=a_1R+a_2R+\cdots+a_mR$。

证明：首先易验证 $a_1R+a_2R+\cdots+a_mR$ 是 R 的理想，且包含 $a_1,a_2,\cdots,a_m$，所以$(a_1,a_2,\cdots,a_m)\subseteq a_1R+a_2R+\cdots+a_mR$。

另一方面，设 I 是任一包含 $a_1,a_2,\cdots,a_m$ 的理想，对于任意的 $a_1r_1+a_2r_2+\cdots+a_mr_m\in a_1R+a_2R+\cdots+a_mR$，因为 $a_ir_i\in a_iR\subseteq I$，根据加法的封闭性，$a_1r_1+a_2r_2+\cdots+a_mr_m\in I$，所以 $a_1R+a_2R+\cdots+a_mR\subseteq I$，所以 $a_1R+a_2R+\cdots+a_mR\subseteq(a_1,a_2,\cdots,a_m)$。■

特别地，主理想$(a)=aR$。

例 5.4 试证明$\mathbb{Z}$是主理想环。

证明：设 R 是$\mathbb{Z}$的任一理想。当 $R=\{0\}$时，R 是主理想；当 $R\neq\{0\}$时，设 d 是 R 中最小的正整数，对于任意 $a\in R$，存在 q,r 使得 $a=qd+r,0\leqslant r<d$，因为 d 是 R 中最小的正整数，而 $r=a-qd\in R$，所以 $r=0$，因此 $d|a$，说明 $R=d\mathbb{Z}=(d)$为主理想。■

同样的道理，域$\mathbb{F}$上的多项式环$\mathbb{F}[x]$也是主理想环，任何一个理想都是由其中非零的次数最低的多项式生成的主理想。但$\mathbb{Z}[x]$不是主理想环(练习题第 2 题)。

5.2 剩余类环

定义 5.7 设 R 是一个环，$I\subseteq R$ 是 R 的理想，加法商群 R/I 中的每一个元素称为一个模 I 的**剩余类**，对于 $r\in R$，r 所在的剩余类为 $r+I$，也记作$\bar{r}$，若再在 R/I 上定义乘法$\overline{r_1}\cdot\overline{r_2}=\overline{r_1r_2}$，那么 R/I 是一个环，称为 R 模 I 的**剩余类环**。

根据加法商群的定义，R 中的元素 r_1 和 r_2 属于同一个模 I 的剩余类，即$\overline{r_1}=\overline{r_2}$，当且仅当 $r_1-r_2\in I$。在例 5.1 中，I_4 是$\mathbb{Z}_{12}$的理想，$\mathbb{Z}_{12}/I_4=\{\overline{0},\overline{1},\overline{2},\overline{3}\}$，其中，$\overline{2}\cdot\overline{3}=\overline{6}=\overline{2}$。

定义 5.8 设 R 和 R'是两个环，映射 $\delta:R\to R'$称作是环的**同态**，如果对于任意 $a,b\in R$，有

$$\delta(1_R)=1_{R'},\quad \delta(a+b)=\delta(a)+\delta(b),\quad \delta(ab)=\delta(a)\delta(b)$$

我们将后两个等式称为环的同态保持加法和乘法，若 δ 是一一映射（满射，单射），δ 也称作环的**同构（满同态、单同态）**。如果 δ 是满同态，我们称 R 和 R'同态，记作 $R\sim R'$，如果 δ 是同构，我们称 R 和 R'同构，记作 $R\cong R'$。若 $\delta:R\to R$ 是同构，则称 δ 为环 R 的**自同构**。如果用 δ^{-1}表示原像，同态 δ 的**核**是指 $\ker(\delta)=\delta^{-1}(0)=\{r\in R|\delta(r)=0\}$。

环同态将 R 的零元映射为 R'的零元，将 R 的子环映射为 R'的子环。

如果 $\delta:R\to R'$是满射，那么对于任意 $a\in R$，因为 $\delta(a)=\delta(1_Ra)=\delta(1_R)\delta(a)$，所以根据保持乘法的条件 $\delta(ab)=\delta(a)\delta(b)$，一定可以得到 $\delta(1_R)=1_{R'}$，不需要单独验证。

定理 5.6 如果 $\delta:R\to R'$是满同态，那么

(1) δ 将 R 的任意理想 I 映射为 R'的理想；

(2) R'的任意理想 $I'\subseteq R'$的原像 $\delta^{-1}(I')$是 R 的理想，特别地，$\ker(\delta)$是 R 的理想。

证明：(1) δ 将 I 映射为 R'的加法子群，不妨记作 $\delta(I)$。对于任意 $\delta(a)\in\delta(I)$，$a\in I$ 和 $r'\in R'$，因为 δ 是满同态，所以存在 $r\in R$，使得 $\delta(r)=r'$。又因为 $ra\in I$，所以 $r'\delta(a)=\delta(ra)\in\delta(I)$，故 $\delta(I)$是理想。

(2) 对于任意 $a,b\in\delta^{-1}(I')$，$\delta(a-b)=\delta(a)-\delta(b)\in I'$，所以 $a-b\in\delta^{-1}(I')$，对于任意 $r\in R$，因为 I'是理想，所以 $\delta(ra)=\delta(r)\delta(a)\in I'$，即 $ra\in\delta^{-1}(I')$，所以 $\delta^{-1}(I')$是理想。

特别地，因为$\{0\}$是 R'的平凡理想，所以 $\ker(\delta)$是 R 的理想。■

定理 5.7 同态基本定理，环的第一同构定理 如果 $\delta:R\to R'$是满同态，那么 $R/\ker(\delta)\cong R'$。

证明：对于任意 $a\in R$，记 $\bar{a}\in R/\ker(\delta)$为 a 所在的剩余类。

如果 $\bar{a}=\bar{b}$，那么 $a-b\in\ker(\delta)$，所以 $\delta(a-b)=0$，即 $\delta(a)=\delta(b)$。由此可定义映射 $f:R/\ker(\delta)\to R'$，$f(\bar{a})=\delta(a)$。

首先，因为 δ 是满同态，所以 f 是满射；若 $\delta(a)=0$，一定有 $\bar{a}=\bar{0}$，所以 f 是单射。又

$$f(\bar{a}+\bar{b})=f(\overline{a+b})=\delta(a+b)=\delta(a)+\delta(b)=f(\bar{a})+f(\bar{b})$$

$$f(\bar{a}\bar{b})=f(\overline{ab})=\delta(ab)=\delta(a)\delta(b)=f(\bar{a})f(\bar{b})$$

所以 f 是环同构。■

定义 5.9 设 R 是一个环，$I\subseteq R$ 是 R 任一理想，$p:R\to R/I$，$p(r)=\bar{r}$定义了一个从 R 到模 I 剩余类环上的满同态，称为**投射**或者**自然同态**。

由定理 5.7，如果 R 和 R'同态，I 为同态核，那么 $p(R)=R/I\cong R'$，即 R'可以看成是 R 的一个投射。对于任意环同态 $\delta:R\to R'$，因为 $\delta:R\to\delta(R)$是满同态，所以

$R/\ker(\delta)\cong\delta(R)$。

定理 5.8 设 R 是一个环，$I\subseteq R$ 是 R 任一理想，$p:R\to R/I$ 为投射，如果 $\delta:R\to S$ 是环同态，且 $I\subseteq\ker(\delta)$，那么存在唯一的环同态 $\delta':R/I\to S$，使得 $\delta=\delta' p$，且 $\ker(\delta')=\ker(\delta)/I$。

证明：因为投射 $p:R\to R/I$ 是满射，如果 δ'存在，且使得 $\delta=\delta' p$，那么对于任意 $\bar{r}\in R/I$（此处 $\bar{r}$ 表示 $r+I$），$\delta(r)=\delta' p(r)=\delta'(\bar{r})$，下面说明 $\delta'(\bar{r})=\delta(r)$这样定义可以形成一个环同态：首先，对于任意 $r,r'\in R$，如果 $\bar{r}=\overline{r'}$，那么 $r-r'\in I\subseteq\ker(\delta)$，意味着$\delta(r-r')=0$，即 $\delta'(\bar{r})-\delta'(\overline{r'})=\delta(r)-\delta(r')=\delta(r-r')=0$，说明映射 $\delta'(\bar{r})$的值是由 $\delta(r)$唯一确定的；再来验证 δ'保持加法和乘法，这可以从下面两式直接得到：

$$\delta'(\bar{r}+\overline{r'})=\delta'(\overline{r+r'})=\delta(r+r')=\delta(r)+\delta(r')=\delta'(\bar{r})+\delta'(\overline{r'})$$

$$\delta'(\bar{r}\,\overline{r'})=\delta'(\overline{rr'})=\delta(rr')=\delta(r)\delta(r')=\delta'(\bar{r})\delta'(\overline{r'})$$

最后来求 $\ker(\delta')$，$\ker(\delta')=\{\bar{r}\mid\delta'(\bar{r})=\delta(r)=0,r\in R\}=\{r+I\mid\delta(r)=0,r\in R\}=\{r+I\mid r\in\ker(\delta)\}=\ker(\delta)/I$。■

推论 1 环的第一同构定理 如果 $\delta:R\to R'$是满同态，那么 $R/\ker(\delta)\cong R'$。

证明：令 $I=\ker(\delta)$，取 $p:R\to R/I$，根据定理 5.8，存在唯一的 $\delta':R/I\to R'$使得 $\delta=\delta' p$，$\ker(\delta')=\ker(\delta)/I=\ker(\delta)/\ker(\delta)=\bar{0}$，说明 δ'是单同态，又因为 δ 是满同态，所以 $\delta'(\bar{r})=\delta(r)$也是满同态，从而 δ'是环同构，即 $R/\ker(\delta)\cong R'$。■

推论 2 环的第二同构定理 设 R 是环，S 是 R 的子环，I 是 R 的理想，试证明 $S/S\cap I\cong(S+I)/I$。（练习题第 5 题）

推论 3 环的第三同构定理 设 R 是一个环，A,B 均是 R 的理想，且 $B\subseteq A$，那么 $R/A\cong(R/B)/(A/B)$。

证明：设 $p_A:R\to R/A$，$p_B:R\to R/B$，均为投射，因为 $B\subseteq A$，所以 $\ker(p_B)\subseteq\ker(p_A)$，根据定理 5.8，存在唯一的环同态 $\delta':R/B\to R/A$，使得 $p_A=\delta' p_B$，$\ker(\delta')=A/B$。根据定理 5.7，$R/A\cong(R/B)/(A/B)$。■

定义 5.10 设 $R_1,R_2,\cdots,R_k$ 均为环，那么 $S=\{(r_1,r_2,\cdots,r_k)\mid r_i\in R_i,1\leqslant i\leqslant k\}$，按照以下的加法和乘法形成一个环：

$$(r_1,r_2,\cdots,r_k)+(s_1,s_2,\cdots,s_k)=(r_1+s_1,r_2+s_2,\cdots,r_k+s_k)$$

$$(r_1,r_2,\cdots,r_k)(s_1,s_2,\cdots,s_k)=(r_1s_1,r_2s_2,\cdots,r_ks_k)$$

称为环 $R_1,R_2,\cdots,R_k$ 的**外直和**，记作 $S=R_1\oplus R_2\oplus\cdots\oplus R_k$。$S$ 的每个理想 $S_i=\{(0,0,\cdots,r_i,\cdots,0)\mid r_i\in R_i,1\leqslant i\leqslant k\}$与环 R_i 同构，若 $x=x_1+x_2+\cdots+x_k$，$x_i\in S_i$，那么 x 的表示方式是唯一的，即 $S=S_1+S_2+\cdots+S_k=\{x_1+x_2+\cdots+x_k\mid x_i\in S_i,1\leqslant i\leqslant k\}$。

一般地，设 $I_1,I_2,\cdots,I_k$ 均为 R 的理想，如果 $R=I_1+I_2+\cdots+I_k$，且对于任意 $y\in R$，y 都可以唯一地表示为 $I_1,I_2,\cdots,I_k$ 中元素的和 $y=y_1+y_2+\cdots+y_k$，$y_i\in I_i$，那么 R 称为 $I_1,I_2,\cdots,I_k$ 的**内直和**，简称**直和**，记作 $R=I_1\oplus I_2\oplus\cdots\oplus I_k$，有时在特殊说明的情况下，也可不作区分记作 $R=I_1+I_2+\cdots+I_k$。

在定义 5.10 中，外直和 S 是它的 k 个理想 S_i 的内直和。

若环 R 与 S 同构，同构映射记作 $\delta:R\to S$，因为 S_i 是 S 的理想，所以 $I_i=\delta^{-1}(S_i)$都

是 R 的理想，且 $R=I_1\oplus I_2\oplus\cdots\oplus I_k$。

反之，当 R 是 $I_1,I_2,\cdots,I_k$ 的内直和时，R 与 $I_1,I_2,\cdots,I_k$ 的外直和同构，即若令 $S=\{(r_1,r_2,\cdots,r_k)\mid r_i\in I_i,1\leqslant i\leqslant k\}$，那么 $\delta:R\to S,\delta(r_1+r_2+\cdots+r_k)=(r_1,r_2,\cdots,r_k)$ 是 R 到 S 上的同构映射，且 $\delta(I_i)=S_i$。

又因为对于任意 $1\leqslant i<j\leqslant k,S_i\cap S_j=\{(0,0,\cdots,0,\cdots,0)\}$，而同构映射中零元的原像仍为零元，所以 $I_i\cap I_j=\{0\}$。同理，若 $a_i\in I_i,b_j\in I_j$，那么 $a_ib_j=0$。

定理 5.9　中国剩余定理　设 R 是一个环，$I_1,I_2,\cdots,I_k$ 均为 R 的理想，且对于任意 $1\leqslant i<j\leqslant k,(I_i,I_j)=R$，那么 $R/(I_1\cap I_2\cap\cdots\cap I_k)\cong R/I_1\oplus R/I_2\oplus\cdots\oplus R/I_k$。

证明：设 $p_i:R\to R/I_i,1\leqslant i\leqslant k$ 是 i 个投射，$\ker(p_i)=I_i$。构造映射 $p:R\to R/I_1\oplus R/I_2\oplus\cdots\oplus R/I_k,p(r)=(p_1(r),p_2(r),\cdots,p_k(r))$，易于验证 p 是环同态。

对于 $(0,0,\cdots,e_i,0,\cdots,0)$，$e_i$ 为 R/I_i 的单位元，不妨设 $p_i(r_i)=e_i,r_i\in R$，因为 $(I_i,I_j)=R$，所以，存在 $x_{i,j}\in I_i,y_j\in I_j$ 使得 $e=x_{i,j}+y_j$，e 为 R 的单位元。于是

$$y_1\cdots y_{i-1}y_{i+1}\cdots y_k=(e-x_{i,1})\cdots(e-x_{i,i-1})(e-x_{i,i+1})\cdots(e-x_{i,k})=e+z_i,z_i\in I_i$$

构造 $x_i=r_iy_1\cdots y_{i-1}y_{i+1}\cdots y_k$，因为 $r_iy_1\cdots y_{i-1}y_{i+1}\cdots y_k\in I_1\cap\cdots\cap I_{i-1}\cap I_{i+1}\cap\cdots\cap I_k$，所以 $p_1(x_i)=\cdots=p_{i-1}(x_i)=p_{i+1}(x_i)=\cdots=p_k(x_i)=0$，而

$$p_i(x_i)=p_i(r_i(e+z_i))=p_i(r_i)=e_i$$

对于任意的 $(\overline{t_1},\overline{t_2},\cdots,\overline{t_i},\cdots,\overline{t_k})\in R/I_1\oplus R/I_2\oplus\cdots\oplus R/I_k,p_i(t_i)=\overline{t_i}$，有

$$p(x_1t_1+x_2t_2+\cdots+x_it_i+\cdots+x_kt_k)=(\overline{t_1},\overline{t_2},\cdots,\overline{t_i},\cdots,\overline{t_k})$$

故 p 是满同态。

又因为 $p(r)=0$ 时，当且仅当 $p_1(r)=p_2(r)=\cdots=p_k(r)=0$，所以 $\ker(p)=I_1\cap I_2\cap\cdots\cap I_k$，根据环的第一同构定理，$R/(I_1\cap I_2\cap\cdots\cap I_k)\cong R/I_1\oplus R/I_2\oplus\cdots\oplus R/I_k$。■

例 5.5　设 $m=\prod_{i=1}^{s}p_i^{\alpha_i}$ 是正整数 m 的标准分解式，那么 $\mathbb{Z}/m\mathbb{Z}\cong\mathbb{Z}/p_1^{\alpha_1}\mathbb{Z}\oplus\mathbb{Z}/p_2^{\alpha_2}\mathbb{Z}\oplus\cdots\oplus\mathbb{Z}/p_s^{\alpha_s}\mathbb{Z}$，这是因为 $a\mathbb{Z}=(a)$ 都是 $\mathbb{Z}$ 的理想，$(p_i,p_j)=1$，所以 $(p_i^{\alpha_i}\mathbb{Z},p_j^{\alpha_j}\mathbb{Z})=\mathbb{Z}$，$p_1^{\alpha_1}\mathbb{Z}\cap p_2^{\alpha_2}\mathbb{Z}\cap\cdots\cap p_s^{\alpha_s}\mathbb{Z}=m\mathbb{Z}$。■

定理 5.10　设 R 为环，$I\subseteq R$ 是 R 的理想，那么，当且仅当 R/I 只有两个平凡的理想 $\{\overline{0}\}$ 和 R/I，I 是 R 的极大理想。

证明：考虑投射 $p:R\to R/I$，对于 R/I 的任意一个理想 J，$p(I)=\{\overline{0}\}\subseteq J$，所以 $I\subseteq p^{-1}(J)\subseteq R$。

充分性。如果 I 是 R 的极大理想，那么 $p^{-1}(J)=I$ 或 $p^{-1}(J)=R$，相应地，$J=\{\overline{0}\}$ 或 $J=R/I$。

必要性。如果 I 不是 R 的极大理想，那么存在除 I 和 R 之外的理想 I'，满足 $I\subseteq I'\subseteq R$，一方面，对于任意 $r\in I'\setminus I,p(r)=\overline{r}\neq\overline{0}$，所以 $p(I')\neq\{\overline{0}\}$；另一方面，若假设 $p(I')=R/I$，也就是对于任意 $\overline{r}\in R/I$，存在 $r\in I'$，使得 $p(r)=\overline{r}$，此时 $p^{-1}(\overline{r})=r+I\subseteq I'$，进而 $R=p^{-1}(R/I)\subseteq I'$，得到 $R=I'$ 矛盾。所以 $p(I')\neq R/I$。综合起来，$p(I')$ 是 R/I 的不同于 $\{\overline{0}\}$ 和 R/I 的理想。■

推论　设 R 为环，I 是 R 的极大理想当且仅当 R/I 是域。

证明:域 R/I 只有两个平凡的理想 $\{\bar{0}\}$ 和 R/I,根据定理 5.11,充分性显然。

必要性:若 I 是 R 的极大理想,根据定理 5.11,R/I 只有两个平凡的理想 $\{\bar{0}\}$ 和 R/I。理想 R/I 自身也是一个环,所以 $\bar{1}\in R/I$,对于任意 $\bar{0}\neq\bar{a}\in R/I$,因为理想 $(\bar{a})\neq\{\bar{0}\}$,所以 $(\bar{a})=R/I$,故存在 $\bar{r}\in R/I$ 使得 $\bar{r}\,\bar{a}=\bar{1}$,因此,环 R/I 中所有非零元素均为单位,根据定义 3.1,R/I 是域。■

定理 5.11 设 R 为环,$I\subseteq R$ 是 R 的理想,那么,I 是 R 的素理想当且仅当 R/I 是整环。

证明:充分性。对于任意 $ab\in I$,$\overline{ab}=\bar{a}\bar{b}=\bar{0}$,如果 R/I 是整环,那么 $\bar{a}=\bar{0}$或者 $\bar{b}=\bar{0}$,即 $a\in I$ 或者 $b\in I$,所以 I 是 R 的素理想。

必要性。反之,对于任意 $\bar{a}\bar{b}=\overline{ab}=\bar{0}$,必有 $ab\in I$,如果 I 是 R 的素理想,那么 $a\in I$ 或者即 $b\in I$,即 $\bar{a}=\bar{0}$或者 $\bar{b}=\bar{0}$,所以 R/I 是整环。■

因为域是整环,所以根据定理 5.11 和定理 5.10 之推论,在环中,极大理想一定是素理想。但是,反过来,素理想不一定是极大理想。例如在 $\mathbb{Z}$ 中,$\{0\}$是素理想,但是 $\{0\}\subseteq(2)\subseteq\mathbb{Z}$,所以$\{0\}$不是极大理想。在 $\mathbb{Z}[x]$中,主理想 (x) 是素理想,但是 $(x)\subseteq(3,x)\subseteq\mathbb{Z}[x]$,所以 (x) 不是极大理想。

5.3 唯一分解整环

本节我们讨论整环中元素的整除关系。

定义 5.11 设 R 是一个整环,$a,b\in R$,且 $b\neq0$,若存在 $q\in R$,使得 $a=qb$,则称 b 是 a 的**因子**,a 是 b 的**倍元**,或者称 b **可整除** a,记作 $b|a$,否则称 b 不可整除 a,记作 $b\nmid a$。如果 $a|b$ 且 $b|a$,称 a 和 b 是**相伴元**,记作 $a\sim b$。如果 b 是 a 的因子,且 b 既不是单位,也不是 a 的相伴元,则称 b 是 a 的**真因子**,否则称 b 是 a 的**平凡因子**。

由定义 5.11,0 是任何非零元的倍元,单位是任何元素的因子,单位都与幺元 e 相伴,单位的因子仍为单位。

两个元素 a 和 b 是相伴元,当且仅当它们之间相差一个单位因子。

整除具有传递性,即若 $a|b$,$b|c$,那么一定有 $a|c$。

由定理 5.2,如果 $c\neq0$,$ac|bc \Leftrightarrow a|b$。

定义 5.12 设 R 是一个整环,R 中没有真因子的非单位元素称为**不可约元**,有真因子的非零元素称为**可约元**。设 p 非单位,对于任意 $a,b\in R$,如果 $p|ab$,一定有 $p|a$ 或者 $p|b$,这样的 p 称为**素元**。

例如,在整数环$\mathbb{Z}$ 中,素数既是不可约元,也是素元。

高斯整环$\mathbb{Z}[\sqrt{-1}]=\{a+b\sqrt{-1}|a,b\in\mathbb{Z}\}$中,$a+b\sqrt{-1}$如果是单位,当且仅当 $a^2+b^2=1$,因子只有 4 个,即±1,$\pm\sqrt{-1}$。$2=(1+\sqrt{-1})(1-\sqrt{-1})$,$(1+\sqrt{-1})$和$(1-\sqrt{-1})$都不是 2 的相伴元,说明 2 在$\mathbb{Z}[\sqrt{-1}]$中是可约元。

可约元一定不是素元,或者说素元一定是不可约元。这是因为,若 s 是可约元,可令 $s=ab$,其中,a 是 s 的真因子,即 a 不是单位,也不是 s 的相伴元,因此 $s\nmid a$。此时,$b|s$,b 不是单位,也不是 s 的相伴元,因为若 $b\sim s$,可令 $s=cb$,其中,c 为单位,那么 $cb=$

ab,得到 $a=c$ 为单位,矛盾,所以 b 也是 s 的真因子,$s\nmid b$。但是 $s|ab$,根据定义 5.12,s 不是素元。

从以上推导过程可以看出,整环 R 中元素 s 是可约元当且仅当 s 可以表示为 s 的两个真因子的积。

不可约元不一定是素元。

考虑整环$\mathbb{Z}[\sqrt{-5}]=\{a+b\sqrt{-5}|a,b\in\mathbb{Z}\}$。整数 3 是其中的不可约元,这是因为若 $3=(a+b\sqrt{-5})(c+d\sqrt{-5})$,则

$$9=(a^2+5b^2)(c^2+5d^2)=a^2c^2+5(b^2c^2+d^2a^2)+25b^2d^2$$

故而 $bd=0$。不妨设 $b=0$,则有 $d=0$,且 $ac=3$,故 3 除了 $\pm1,\pm3$ 外没有其他的因子,所以不可约。

下面我们证明 $2+\sqrt{-5}$ 也是$\mathbb{Z}[\sqrt{-5}]$中的不可约元。若 $2+\sqrt{-5}=(a+b\sqrt{-5})(c+d\sqrt{-5})$,同样有 $9=(a^2+5b^2)(c^2+5d^2)=a^2c^2+5(b^2c^2+d^2a^2)+25b^2d^2$,即 $bd=0$。不妨设 $b=0$,则 $2+\sqrt{-5}=ac+ad\sqrt{-5}$,所以 $ad=1$。当 $a=\pm1$,均只能得到 $2+\sqrt{-5}$的平凡因子±1 和$\pm(2+\sqrt{-5})$。

同样的道理,$2-\sqrt{-5}$也只有平凡因子±1 和$\pm(2-\sqrt{-5})$,其是$\mathbb{Z}[\sqrt{-5}]$中的不可约元。

$9=(2+\sqrt{-5})(2-\sqrt{-5})$,说明 $3|(2+\sqrt{-5})(2-\sqrt{-5})$,但是根据以上对 $2+\sqrt{-5}$和 $2-\sqrt{-5}$的因子的讨论,$3\nmid(2+\sqrt{-5})$,且 $3\nmid(2-\sqrt{-5})$,因此,根据定义 5.12,3 不是$\mathbb{Z}[\sqrt{-5}]$的素元。

定义 5.13 设 R 是一个整环,$a,b\in R$,如果 $d\in R$ 满足:

(1) $d|a,d|b$;

(2) 对于任意 $r\in R$,若 $r|a,r|b$,则 $r|d$。那么称 d 为 a 和 b 的**最大公约元**,记作(a,b)。

根据定义,如果 d 是 a,b 的最大公约元,那么 d 的相伴元都是 a,b 的最大公约元。

整环 R 中的两个元素不一定总有最大公约元。

例如,$\mathbb{Z}[\sqrt{-5}]$中,令 $x=3(2+\sqrt{-5})$,$y=(2+\sqrt{-5})(2-\sqrt{-5})=9$,若 z 是 x 和 y 的最大公约元,根据定义 5.13,$z|x$,可设 $z=a+b\sqrt{-5}$,$x=(a+b\sqrt{-5})(c+d\sqrt{-5})=3(2+\sqrt{-5})$,那么

$$81=a^2c^2+5(b^2c^2+d^2a^2)+25b^2d^2$$

所以,$bd=0,\pm1$,穷举 b 和 d 的取值,可以得到 z 只能为$\pm1,\pm3,\pm(2+\sqrt{-5}),\pm x$,又因为 $3|x,(2+\sqrt{-5})|x,3|y,(2+\sqrt{-5})|y$,根据定义 5.13,$3|z,(2+\sqrt{-5})|z$,所以,$z$ 只可能为$\pm x$,但是$\pm x\nmid y$,因此,(x,y)不存在。

为了便于计算,我们给出最大公约元的几个基本性质。

定理 5.12 设 R 是一个整环,如果以下最大公约元均存在,那么

(1) $((a,b),c)\sim(a,(b,c))$;

(2) $c(a,b)\sim(ac,bc)$；

(3) 若$(a,b)\sim 1$，那么$(a,bc)\sim(a,c)$；

(4) 若$(a,b)\sim 1$，$(a,c)\sim 1$，那么$(a,bc)\sim 1$。

证明：(1) 设$d=((a,b),c)$，$d'=((a,b),c)$。因为$d\mid(a,b)$，$d\mid c$，所以$d\mid a$，$d\mid b$，$d\mid c$，故$d\mid a$，$d\mid(b,c)$，得到$d\mid d'$，同理，$d'\mid d$，$d\sim d'$。

(2) 设$d=(a,b)$，$d'=(ac,bc)$。因为$d\mid a$，$d\mid b$，如果(ac,bc)存在，那么$c\neq 0$，于是$cd\mid ca$，$cd\mid cb$，所以$cd\mid d'$，可令$d'=cdu$。

又因为$d'\mid ac$，$d'\mid bc$，可令$ac=d'x$，$bc=d'y$，即$ac=cdux$，$bc=cduy$，根据整环的消去律，$a=dux$，$b=duy$，所以$du\mid a$，$du\mid b$，于是$du\mid d$。说明$du\sim d$，也就是u为单位。从而$d'=cdu\sim cd$。

(3) 令$d=(a,c)$，$d'=(a,bc)$。因为$d\mid a$，$d\mid c$，所以$d\mid a$，$d\mid bc$，于是$d\mid d'$。

另一方面，$d'\mid a$，$d'\mid bc$，所以$d'\mid ac$，$d'\mid bc$，于是$d'\mid(ac,bc)$。而$(ac,bc)\sim c(a,b)\sim c$，所以$d'\mid c$，从而$d'\mid d$。

综上，$d\sim d'$。

(4) 由(3)，若$(a,b)\sim 1$，那么$(a,bc)\sim(a,c)\sim 1$。■

定义 5.14 设R是一个整环，如果其中任何非零、非单位元素都可以唯一地分解为不可约元的乘积，那么R称为**唯一分解整环**。更进一步描述，R称为**唯一分解整环**，是指对于任意$a\in R$，$a\neq 0$，且a不是单位，存在R的$s\geqslant 1$个两两不相伴的不可约元p_1，p_2，…，p_s使得$a=p_1p_2\cdots p_s$，而且，如果存在R的$t\geqslant 1$个两两不相伴的不可约元q_1，q_2，…，q_t使得$a=q_1q_2\cdots q_t$，那么一定有$s=t$，且通过适当调整因子顺序，可得到$p_1\sim q_1$，$p_2\sim q_2$，…，$p_s\sim q_t$。

我们知道$\mathbb{Z}$是唯一分解整环，但是，在整环$\mathbb{Z}\left[\sqrt{-5}\right]$中，$9=(2+\sqrt{-5})(2-\sqrt{-5})=3\times 3$，$2+\sqrt{-5}$，$2-\sqrt{-5}$均不与3相伴，所以9的分解不唯一，$\mathbb{Z}\left[\sqrt{-5}\right]$不是唯一分解整环。

定理 5.13 设R是一个整环，如果对于任意不全为0的$a,b\in R$，(a,b)均存在，那么R中的不可约元都是素元。

证明：反证法。设p是R的任意一个不可约元，若存在$a,b\in R$，满足$p\mid ab$，$p\nmid a$，且$p\nmid b$，那么，一方面，因为p是不可约元，所以$(p,a)\sim 1$，$(p,b)\sim 1$，由定理5.12，$(p,ab)\sim 1$。

另一方面，因为$p\mid ab$，所以$(p,ab)\sim p$，因此$p\sim 1$，与p是不可约元矛盾。■

定理 5.14 设R是一个唯一分解整环，$a=\prod\limits_{i=1}^{s}p_i^{\alpha_i}$，$b=\prod\limits_{i=1}^{s}p_i^{\beta_i}$ $(\alpha_i,\beta_i\geqslant 0)$，其中，$p_i$为两两不相伴的不可约元，那么$a\mid b$当且仅当对所有$1\leqslant i\leqslant s$，$\alpha_i\leqslant\beta_i$。

证明：若$a\mid b$，设$b=ac$，$c=\prod\limits_{i=1}^{s}p_i^{\gamma_i}$ $(\gamma_i\geqslant 0)$。因为R是一个唯一分解整环，所以对所有$1\leqslant i\leqslant s$，$\beta_i=\alpha_i+\gamma_i$，所以$\alpha_i\leqslant\beta_i$。

反之，若对所有$1\leqslant i\leqslant s$，$\alpha_i\leqslant\beta_i$，令$\gamma_i=\beta_i-\alpha_i\geqslant 0$，$c=\prod\limits_{i=1}^{s}p_i^{\gamma_i}$，有$b=ac$，所以$a\mid b$。■

推论 如果R是一个唯一分解整环，$a=\prod_{i=1}^{s}p_i^{\alpha_i}$，$b=\prod_{i=1}^{s}p_i^{\beta_i}(\alpha_i,\beta_i\geqslant 0)$，其中，$p_i$为两两不相伴的不可约元，$a$是$b$的真因子，那么对所有$1\leqslant i\leqslant s$，均有$\alpha_i\leqslant\beta_i$，且$\sum_{i=1}^{s}\alpha_i<\sum_{i=1}^{s}\beta_i$。

定理 5.15 设R是一个唯一分解整环，那么任意不全为 0 的$a,b\in R$，(a,b)均存在。

证明：根据定义 5.13，若a,b中有一个为 0，或者有一个为单位，(a,b)存在。

现在假设a,b均为非 0 且非单位元素。

因为R是一个唯一分解整环，可设$a=\prod_{i=1}^{s}p_i^{\alpha_i}$，$b=\prod_{i=1}^{s}p_i^{\beta_i}(\alpha_i,\beta_i\geqslant 0)$，$p_i$为两两不相伴的不可约元，令$d=\prod_{i=1}^{s}p_i^{\min(\alpha_i,\beta_i)}$，根据定理 5.14，$d|a,d|b$。

对于任意$c|a,c|b$，$c=\prod_{i=1}^{s}p_i^{\gamma_i}(\gamma_i\geqslant 0)$，根据定理 5.14，$\gamma_i\leqslant\alpha_i,\gamma_i\leqslant\beta_i$，所以$\gamma_i\leqslant\min(\alpha_i,\beta_i)$，由此，$c\mid d$。根据定义 5.13，$d$即为$a,b$的最大公因子。■

定义 5.15 设R是一个整环，如果对于$1\leqslant i\leqslant s$，$a_i\in R$，a_{i+1}是a_i的真因子($1\leqslant i\leqslant s-1$)，那么$a_1,a_2,\cdots,a_s$称为环$R$的一个长度为$s$的**真因子链**。

由定理 5.14 的推论，唯一分解整环R中以任何一个元素a起始的真因子链长度都是有限的。

定理 5.16 设R是一个整环，那么以下条件等价。

(1) R是一个唯一分解整环。

(2) R满足如下两个条件：

① R中任何真因子链只有有限项；

② R中的不可约元都是素元。

(3) R满足如下两个条件：

① R中任何真因子链只有有限项；

② R中任何两个非 0 元素都有最大公约元。

证明：根据定理 5.13 和 5.15，可以证明(1) ⇒ (3) ⇒ (2)，下面，我们来证明(2) ⇒ (1)。

首先，我们证明R中任意非 0，非单位的元素a均可以分解为不可约元的乘积。

如果a是不可约元，那么以a起始的真因子链长度为 1，如果a是可约元，那么a一定有真因子，设$a=a_1,a_2,\cdots,a_s$是以a起始的一个有限长度的真因子链，如果a_s是可约元，那么这条真因子链还可以继续延长，直到a_s为不可约元。

设$p_1=a_s$，$a=p_1b_1$，其中，p_1为不可约元，b_1为a的真因子。如果b_1是不可约元，问题得证。否则，如果b_1是可约元，那么存在p_2为不可约元，b_2为b_1的真因子，使得$b_1=p_2b_2$，此时$a=p_1p_2b_2$，如果b_2是不可约元，问题得证。

否则，继续下去，因为$a,b_1,b_2,\cdots$，是一条真因子链，因此，经过有限步之后，必然存

在 b_n 为不可约元，$b_{n-1}=p_nb_n$，令 $p_{n+1}=b_n$，有 $a=p_1p_2\cdots p_{n+1}$。

接下来证明分解的唯一性。

假设 $p_1p_2\cdots p_s=q_1q_2\cdots q_t$ 是 a 的两种分解。那么 $p_1\mid q_1q_2\cdots q_t$，因为 p_1 是素元，那么一定存在 $1\leqslant i\leqslant t$，使得 $p_1\mid q_i$，但是，q_i 是不可约元，所以 $p_1\sim q_i$，通过调整顺序，我们假设 $i=1$，且设 $q_1=u_1p_1$，其中，u_1 为单位，那么 $p_1p_2\cdots p_s=u_1p_1q_2\cdots q_t$，有 $p_2\cdots p_s=u_1q_2\cdots q_t$，依此类推，有 $s=t$，且对于所有 $1\leqslant i\leqslant s$，$p_i\sim q_i$。■

定理 5.17 设 R 是一个主理想整环，$a,b\in R$，那么

(1) $(a)\subseteq(b)\Leftrightarrow b\mid a$；

(2) $(a)=(b)\Leftrightarrow a\sim b$；

(3) 如果 a,b 不全为 0，那么 (a,b) 一定存在，且 $((a),(b))=((a,b))$。

证明：(1) 由 $(a)\subseteq(b)$，$a\in(b)$，所以，存在 $q\in R$，使得 $a=bq$，于是 $b\mid a$。反之，若 $b\mid a$，令 $a=bq$，$q\in R$，对于任意 $ar\in(a)$，$r\in R$，都有 $ar=bqr\in(b)$，所以 $(a)\subseteq(b)$。

(2) $(a)=(b)\Leftrightarrow(a)\subseteq(b)$ 且 $(b)\subseteq(a)$，$a\sim b\Leftrightarrow a\mid b$ 且 $b\mid a$，由(1)即可得。

(3) 因为 R 是一个主理想整环，R 的任何理想都是主理想，那么，可令 $((a),(b))=(a)+(b)=(c)$。因为 $(a)\subseteq(c)$，$(b)\subseteq(c)$，所以 $c\neq 0$，且 $c\mid a$，$c\mid b$；对于任意 $r\in R$，若 $r\mid a$，$r\mid b$，那么 $(a)\subseteq(r)$，$(b)\subseteq(r)$，根据理想对加法的封闭性，对于任意 $s\in R$，$t\in R$，$sa+tb\in(r)$，所以 $(c)\subseteq(r)$，于是 $r\mid c$。根据定义 5.13，$(a,b)\sim c$，所以 $((a,b))=(c)$。■

为了标记方便，在不引起混淆的情况下，两个元素生成的有限生成理想 $((a),(b))$，$(a)+(b)$，$((a,b))$ 一般用 (a,b) 来表示。

定理 5.18 设 R 是一个主理想整环，那么，R 中的不可约元必为素元。

证明：设 $p\in R$ 为不可约元，对于任意 $a,b\in R$，假设 $p\mid ab$，若 $p\nmid a$，考虑理想 $S=(p,a)$。

因为 R 是一个主理想整环，所以可设 $S=(d)$，$d\in R$，于是 $d\mid p$，$d\mid a$。

又 p 是不可约元，由 $d\mid p$，所以 $d\sim 1$ 或者 $d\sim p$，再由 $p\nmid a$，得到 $d\sim 1$。因此，$S=(p,a)=\{ax+py\mid x,y\in R\}=(1)=R$。一定存在 $x_0,y_0\in R$，使得 $1=ax_0+py_0$，此时 $b=abx_0+pby_0$，从而 $p\mid b$。■

定理 5.19 主理想整环一定是唯一分解整环。

证明：根据定理 5.18，可以只需要再证主理想整环中的真因子链都是有限项。

设 R 是主理想整环，$a_1,a_2,\cdots,a_s,\cdots$，是 R 的一个无限项的因子链，a_{i+1} 是 a_i 的因子，考虑主理想序列 $(a_1)\subseteq(a_2)\subseteq\cdots\subseteq(a_s)\cdots$，令 $A=\bigcup\limits_{i=1}^{\infty}(a_i)$，那么 A 是 R 的理想，所以存在 $d\in A$，使得 $A=(d)$。

一方面，因为 $d\in A$，所以存在 (a_s)，使得 $d\in(a_s)$，所以 $a_s\mid d$；另一方面，$(a_s)\subseteq A=(d)$，所以 $d\mid a_s$。综合起来，$d\sim a_s$。根据主理想序列的包含关系，对于 $i\geqslant s$，均有 $d\sim a_i$，所以真因子链只有有限项。■

定义 5.16 设 R 是一个整环，若存在一个从 R 的非零元到非负整数的映射 φ，使得对于任意 $a,b\in R$，$b\neq 0$，存在 $q,r\in R$，使 $a=bq+r$，其中，$r=0$ 或者 $\varphi(r)<\varphi(b)$，那么 R 称为**欧氏环**。

例如，整数环$\mathbb{Z}$和$\mathbb{F}[x]$都是欧氏环。对于$\mathbb{Z}$，可取$\varphi(a)=|a|$，对于$\mathbb{F}[x]$可取$\varphi(f)=\deg f$。

定理 5.20 欧氏环是主理想整环，因此也是唯一分解整环。

证明：设R是欧氏环，I是R的理想。若$I=\{0\}$，那么I是主理想。

若$I\neq\{0\}$，令$A=\{\varphi(x)\mid x\in I,x\neq 0\}$，那么$A$为非负整数集合，其中的最小整数设为$d$，且$\varphi(b)=d,b\in I,b\neq 0$。

因为R是欧氏环，对于任意$a\in I$，存在$q,r\in R$，使得$a=bq+r$，其中，$r=0$或者$\varphi(r)<\varphi(b)$。由于I是理想，所以$r=a-bq\in I$，但是$\varphi(b)=d$是A中的最小整数，所以$r=0$，即$b|a$。故$I=(b)$，为主理想环。■

5.4 Dedekind 整环

定义 5.17 如果整环R的每个理想都是有限生成的，则称R为**诺特**(Noether)**整环**。

例如，主理想整环的每个理想都是由一个元素生成的，因此主理想整环是诺特整环。

定理 5.21 设R为整环，那么以下三个条件彼此等价：

(1) R是诺特整环；

(2)（理想升链条件）如果$I_1\subseteq I_2\subseteq\cdots\subseteq I_n\subseteq\cdots$，均为$R$中的理想，那么存在$n_0\in\mathbb{Z}$，使得$I_{n_0}=I_{n_0+1}=\cdots$；

(3) 设S是R中的一些理想形成的非空集合，则S中一定存在极大元I（不存在$I'\in S$，使得$I\subsetneq I'$）。

证明：(1) ⇒ (2)，设R是诺特整环，令$I=\bigcup\limits_{i=1}^{\infty}I_i$，则$I$也是$R$的理想，所以$I$是有限生成的，不妨设$I=(a_1,a_2,\cdots,a_m)$。因为每个$a_k\in I$都在某个$I_i$中，同时也必然在$I_{i+1},I_{i+2},\cdots$中，所以存在$n_0\in\mathbb{Z}$，使得$I_{n_0},I_{n_0+1},\cdots$，均包含所有$a_1,a_2,\cdots,a_m$，此时$I_{n_0}=I_{n_0+1}=\cdots=I$。

(2) ⇒ (3)，反证法。如果S中不存在极大元，则对于任意$I_1\in S$，一定存在$I_2\in S$，使得$I_1\subsetneq I_2$，同样，对于I_2，一定存在$I_3\in S$，使得$I_2\subsetneq I_3$，依此类推，会形成无限理想升链$I_1\subsetneq I_2\subsetneq\cdots\subsetneq I_n\subsetneq\cdots$，其中每个理想均互不相同，与(2)矛盾。

(3) ⇒ (1)，反证法。如果R的理想I不是有限生成的，任取$b_1\in I$，令$I_1=(b_1)$，那么$I_1\subsetneq I$。再取$b_2\in I\backslash I_1$，令$I_2=(b_1,b_2)$，同样$I_2\subsetneq I$。依次类推，得到$I_1\subsetneq I_2\subsetneq\cdots\subsetneq I_n\subsetneq\cdots$，令$S=\{I_i\mid i=1,2,\cdots\}$，则$S$中没有极大元，与(3)矛盾。■

类比整数$\mathbb{Z}$扩充成有理数域$\mathbb{Q}$的方法，我们有下面的定义。

定义 5.18 设R为整环，定义$S=\{\frac{a}{b}\mid a,b\in R,b\neq 0\}$，规定$\frac{a}{b}=\frac{d}{c}$当且仅当$ac=bd$，在$S$上定义加法和乘法如下：

$$\frac{a}{b}+\frac{d}{c}=\frac{ac+bd}{bc},\quad \frac{a}{b}\cdot\frac{d}{c}=\frac{ad}{bc}$$

那么 S 形成一个域，称为**整环 R 的分式域**。特别地，我们还规定 $\frac{a}{1}=a\in R$，这样 R 可以看成其分式域的子环。

定义 5.19 整环 R 称为**整闭**的，是指若 R 的分式域中的元素 a 是 $R[x]$ 中某首 1 多项式的根，则一定有 $a\in R$。

定义 5.20 整环 R 称为 Dedekind **整环**，是指 R 满足如下三个条件：

(1) R 是诺特整环；

(2) R 中每个非零元素理想均是极大理想；

(3) R 是整闭的。

下面，我们来研究 Dedekind 整环及其理想的一些性质。

定理 5.22 主理想整环是 Dedekind 整环。

证明：依次验证 Dedekind 整环的三个条件。

(1) 首先，主理想整环是诺特整环。

(2) 反证法。设 $I=(a)$ 是主理想整环 R 中任一非零素理想，那么 $a\neq 0$，如果 I 不是极大理想，则存在 $I'=(b)$，使得 $I\subsetneq I'\subsetneq R$。由 $I\subsetneq I'$，$a\in I'$，可令 $a=rb$，$r\in R$。又 I 是素理想，$a\in I$，所以必有 $r\in I$ 或者 $b\in I$。如果 $b\in I$，必有 $I'\subseteq I$，与 $I\subsetneq I'$ 矛盾；如果 $r\in I$，令 $r=r'a$，$r'\in R$，那么 $a=rb=r'ab$，因为 $a\neq 0$，根据定理 5.2，$r'b=1$，所以 $I'=(b)\supseteq(r'b)=(1)=R$，与 $I'\subsetneq R$ 矛盾。

(3) 设 F 是主理想整环 R 的分式域，$\frac{a}{b}\in F$，$a,b\in R$，$b\neq 0$，因为 R 是唯一分解整环，所以 a,b 的最大公因子 (a,b) 一定存在，不妨设 $a=a'(a,b)$，$b=b'(a,b)$，$(a',b')\sim 1$，则 $\frac{a}{b}=\frac{a'}{b'}$，因此，不失一般性，我们可假设 $(a,b)\sim 1$。若 $\frac{a}{b}$ 是多项式

$$f(x)=x^n+\sum_{i=0}^{n-1}r_ix^i,\quad r_i\in R,n\geqslant 1$$

的根，即 $f\left(\frac{a}{b}\right)=0$，那么 $b^nf\left(\frac{a}{b}\right)=0$，展开得 $a^n=-b\sum_{i=0}^{n-1}r_ia^ib^{n-i-1}$，所以 $b\mid a^n$，根据 R 是唯一分解整环，b 必为单位。于是，$\frac{a}{b}=\frac{ab^{-1}}{1}\in R$，$R$ 整闭。■

虽然 Dedekind 整环在一般整环的基础上做了一些限制，但是，仍然并不是所有的 Dedekind 整环都是唯一分解整环，事实上，Dedekind 整环中仅有主理想整环是唯一分解整环（定理 5.29）。但是，Dedekind 整环中每个非零理想均可（不计次序）唯一地表示为有限个素理想的乘积（定理 5.28）。

定理 5.23 设 R 为诺特整环，I 是 R 的任意理想，那么必然存在 R 的有限个素理想 $p_i(1\leqslant i\leqslant n)$，使得 $I\supseteq\prod_{i=1}^{n}p_i$。

证明：设 S 为所有不满足定理条件的 R 的理想所形成的集合。

反证法。如果 S 不空，那么 S 必有极大元，设 $X\in S$ 为极大元。首先，因为 $X\in S$，所以 X 不是素理想，即存在 $a,b\in R\backslash X$，使得 $ab\in X$。考虑理想 $X+(a)$ 和 $X+(b)$，因为 $X\subsetneq X+(a)$，$X\subsetneq X+(b)$，所以 $X+(a)$ 和 $X+(b)$ 均不是 S 中的元素，可以假设 X

$+(a)\supseteq\prod_{i=1}^{n}p_i$，$X+(b)\supseteq\prod_{i=1}^{m}q_i$，其中 $p_i(1\leqslant i\leqslant n)$，$q_i(1\leqslant i\leqslant m)$ 均为素理想。又因为 $X\supseteq(X+(a))(X+(b))\supseteq\prod_{i=1}^{n}p_i\prod_{i=1}^{m}q_i$，与 $X\in S$ 矛盾。所以 S 为空。■

定理 5.24 设 I 是 Dedekind 整环 R 的非零理想，$I\neq R$，F 是 R 的分式域，那么存在 $\gamma\in F\backslash R$，使得 $\gamma I\subseteq R$。

证明：因为 I 非零，存在 $0\neq a\in I$，根据定理 5.23，可设 n 是最小的使得 $(a)\supseteq\prod_{i=1}^{n}p_i$ 的正整数，其中，$p_i(1\leqslant i\leqslant n)$ 均为素理想。又 $I\neq R$，令 S 为所有包含 I 但不等于 R 的理想形成的集合，I' 为 S 的一个极大元，I' 也是极大理想，于是 $I'\supseteq I\supseteq(a)\supseteq\prod_{i=1}^{n}p_i$。因为在含幺交换环中，极大理想 I' 一定是素理想，所以 I' 一定包含某 p_i（否则，在每个 p_i 中取 $r_i\notin I'$，$\prod_{i=1}^{n}r_i\in\prod_{i=1}^{n}p_i\subseteq I'$，与 I' 为素理想矛盾），不妨设 $I'\supseteq p_1$，又在 Dedekind 整环中，非零素理想 p_1 也是极大理想，所以 $I'=p_1$。

另一方面，根据 n 的极小性，存在 $b\in\prod_{i=2}^{n}p_i$，$b\notin(a)$，令 $\gamma=\dfrac{b}{a}$，则 $\gamma\in F\backslash R$（否则，若 $\gamma\in R$，那么 $b=\gamma a\in(a)$），且 $bI\subseteq bI'=bp_1\subseteq\prod_{i=1}^{n}p_i\subseteq(a)=aR$，即 $\gamma I\subseteq R$。■

定理 5.25 设 I 是 Dedekind 整环 R 的非零理想，那么存在 R 的理想 J，使得 IJ 为主理想。

证明：因为 I 非零，存在 $0\neq a\in I$，由定理 5.20 构造理想 $J=\{b\in R\mid bI\subseteq(a)\}$，可得 $IJ\subseteq(a)$，进而理想 $A=\dfrac{1}{a}IJ\subseteq R$。

下面，我们来证明 $A=R$，从而 $IJ=(a)$。

反证法。假设 $A\neq R$，根据定理 5.20，存在 $\gamma\in F\backslash R$，使得 $\gamma A\subseteq R$。因为 $a\in I$，所以 $A=\dfrac{1}{a}IJ\supseteq J$，于是 $\gamma J\subseteq\gamma A\subseteq R$，说明对于任意 $b\in J$，$\gamma b\in R$。又 $\gamma bI\subseteq\gamma JI=\gamma aA\subseteq(a)$，由 J 的定义，$\gamma b\in J$，于是 $\gamma J\subseteq J$。由于 R 是诺特整环，其理想 J 是有限生成的，不妨设 $J=(a_1,a_2,\cdots,a_m)$，存在 R 上的 m 阶方阵 M，使得

$$\gamma\begin{pmatrix}a_1\\ \vdots\\ a_m\end{pmatrix}=M\begin{pmatrix}a_1\\ \vdots\\ a_m\end{pmatrix}$$

因为 $a_1,a_2,\cdots,a_m$ 不全为 0，从而，γ 是 R 上的首 1 多项式 $|xI_m-M|=0$ 的根，根据 Dedekind 整环的整闭性，$\gamma\in R$，矛盾。■

定理 5.26 设 A,B,C 均是 Dedekind 整环 R 的非零理想，且 $AC=BC$，那么 $A=B$。

证明：由定理 5.25，存在理想 J 使得 $JC=(a)$，$a\neq0$，于是，$aA=JCA=JCB=aB$，由于 R 为整环，有 $A=B$。■

定理 5.27 设 A,B 均是 Dedekind 整环 R 的理想，那么 $A\supseteq B$ 当且仅当存在 R 的理想 C 使得 $AC=B$。

证明:充分性。若 $AC=B$，那么 $A\supseteq AC=B$。

必要性。若 $A\supseteq B$，根据定理 5.25，存在理想 J 使得 $JA=(a)$，$a\neq 0$，因为 $A\supseteq B$，可知 $C=\frac{1}{a}JB$ 为理想，此时，$AC=\frac{1}{a}JAB=B$。■

定理 5.28 Dedekind 整环 R 的每个非零理想均可(不计次序)唯一地表示为有限个素理想的乘积。

证明:存在性。令 S 为 R 中不能表示成有限个素理想之积的那些非零理想的集合，$R\notin S$。下面用反证法证明 S 为空。

如果 S 不为空，可设 S 中的极大元为 I，$I\neq R$，仿照定理 5.20，I 必包含于某极大理想 I' 之中，I' 为素理想，所以 $I\neq I'$，于是 $R\supset I'\supset I$。根据定理 5.27，存在理想 C，使得 $I=I'C$，因为 $I\neq I'$，所以 $R\supset C\supset I$。又 I 为 S 中的极大元，所以 $C\notin S$，可设 $C=\prod_{i=1}^{n}p_i$，其中，$p_i(1\leqslant i\leqslant n)$ 均为素理想，这样 $I=I'\prod_{i=1}^{n}p_i$ 是有限个素理想的乘积，与 $I\in S$ 矛盾，故 S 为空。

唯一性。假设 $I=\prod_{i=1}^{n}p_i=\prod_{i=1}^{m}q_i$，其中，$p_i(1\leqslant i\leqslant n)$，$q_i(1\leqslant i\leqslant m)$ 均为素理想，是非零理想 I 的两种表示方法。仿照定理 5.20，$p_1\supseteq\prod_{i=1}^{m}q_i$，不妨设 $p_1=q_1$，根据定理 5.26，$\prod_{i=2}^{n}p_i=\prod_{i=2}^{m}q_i$，依此类推，通过适当调整顺序，可得 $m=n$，$p_i=q_i(1\leqslant i\leqslant n)$。■

定理 5.29 Dedekind 整环 R 是唯一分解整环的充要条件是 R 为主理想整环。

证明:根据定理 5.15 和 5.18，主理想整环是唯一分解 Dedekind 整环，充分性显然。

必要性。反证法。假设 Dedekind 整环 R 是唯一分解整环，但 R 不是主理想整环。不妨设理想 I 不是主理想，$I=\prod_{i=1}^{n}p_i$，其中，$p_i(1\leqslant i\leqslant n)$ 均为素理想，那么 p_i 中至少有一个素理想不是主理想，不妨记为 p。考虑理想集合 $S=\{R\text{ 的理想 }J\mid pJ\text{ 为主理想}\}$，根据定理 5.21，$S$ 非空，设 q 为 S 的极大元，且 $pq=(a)$，那么 a 必为不可约元(这是因为，如果 a 为可约元，设 $a=bc$，那么 $p\mid(a)=(b)(c)$，从而 $p\mid(b)$ 或者 $p\mid(c)$，于是 (b) 或者 (c) 有形式 pJ，其中 $J\in S$。由 $pJ\mid(a)=pq$，有 $J\mid q$，但是 q 为 S 的极大元，所以 $J=q$，说明 $(b)=(a)$ 或者 $(c)=(a)$，即 b,c 中至少有一个与 a 相伴，这与 a 为可约元矛盾)。另一方面，因为 p 不是主理想，所以 $R\supset p\supset(a)$，由 $p\neq R$，$q\supset(a)$。考虑 $f\in p\backslash(a)$，$g\in q\backslash(a)$，有 $a\nmid f$，$a\nmid g$。因为 $(a)=pq\supseteq(f)(g)=(fg)$，从而 $a\mid fg$，但是 a 是唯一分解 Dedekind 整环 R 中的不可约元，因而 a 也是素元，$a\mid fg$ 与 $a\nmid f$，$a\nmid g$ 矛盾。■

5.5 练习题

1. 设 $R=\mathbb{Z}[x,y]$，$A=\langle x,y\rangle$，$B=\langle x^2,y\rangle$，试证明 $\{ab \mid a\in A, b\in B\}$ 不是 R 的理想。

2. 试证明 $\mathbb{Z}[x]$ 不是主理想环。

3. 试对以下各种情况分析复数域 $\mathbb{C}$ 中元素生成的子环：

(1) 由 $\sqrt{2}$ 生成的子环；

(2) 由 $\sqrt[3]{2}$ 生成的子环；

(3) 由自然对数底 e 生成的子环；

(4) 设 $d\in\mathbb{Z}$，$d\neq 0,1$，且无平方因子，由 $\sqrt{d}$ 生成的子环；

(5) 设 $d\in\mathbb{Z}$，$d\neq 0,1$，且无平方因子，由 $1,\sqrt{d}$ 生成的子环；

(6) 设 $d\in\mathbb{Z}$，$d\equiv 1 \pmod 4$，且无平方因子，由 $1,(-1+\sqrt{d})/2$ 生成的子环。

4. 求 $\mathbb{Z}$ 添加 $\sqrt{3}$ 和 $\sqrt{6}$ 生成的环。

5. (环的第二同构定理) 设 R 是环，S 是 R 的子环，I 是 R 的理想，试证明 $S/S\cap I \cong (S+I)/I$。

6. 求整环 $\mathbb{Z}\left[\sqrt[4]{3}\right]$ 的分式域。

7. 试证明：如果 R 是唯一分解整环，那么 $R[x]$ 也是唯一分解整环。

5.6 扩展阅读与实践

与环中剩余类的概念类似，可以更抽象地定义模的概念，环上的自由模是域上线性空间的推广，我们首先回顾一下线性空间的定义。

假设 $\mathbb{F}$ 是一个域，V 是一个加法群，在 $\mathbb{F}\times V$ 上定义一种运算，$\mathbb{F}\times V \mapsto V$，称作"数乘"，记为"·"，满足如下规则：

(1) 对于任意 $v\in V$，$1\cdot v=v$；

(2) 对于任意 $\alpha,\beta\in\mathbb{F}$，$v\in V$，$\alpha\cdot(\beta\cdot v)=(\alpha\beta)\cdot v$；

(3) 对于任意 $\alpha\in\mathbb{F}$，$u,v\in V$，$\alpha\cdot(u+v)=\alpha\cdot u+\alpha\cdot v$；

(4) 对于任意 $\alpha,\beta\in\mathbb{F}$，$v\in V$，$(\alpha+\beta)\cdot v=\alpha\cdot v+\beta\cdot v$。

那么 V 称为 $\mathbb{F}$ 上的一个**线性空间**(或者**向量空间**)。

本节将讨论环上的"线性空间"。

定义 1 假设 R 是一个环，M 是一个加法群，在 $R\times M$ 上定义一种运算，$R\times M\mapsto M$，称作"作用"，记为"·"，满足如下规则：

(1) 对于任意 $m\in M$，$1_R\cdot m=m$；

(2) 对于任意 $\alpha,\beta\in R$，$m\in M$，$\alpha\cdot(\beta\cdot m)=(\alpha\beta)\cdot m$；

(3) 对于任意 $\alpha\in R$，$m_1,m_2\in M$，$\alpha\cdot(m_1+m_2)=\alpha\cdot m_1+\alpha\cdot m_2$；

(4) 对于任意 $\alpha,\beta\in R$，$m\in M$，$(\alpha+\beta)\cdot m=\alpha\cdot m+\beta\cdot m$。

那么 M 称为一个 R-**模**，如果 M_1 和 M_2 都是 R-模，且 $M_1 \subseteq M_2$，那么称 M_1 是 M_2 的一个子 R-**模**。在不引起混淆的情况下，有时我们也可以省略"·"。

根据定义，域上的线性空间 V 是一个 $\mathbb{F}$-模。

对于任意的加法群 M 和 $m \in M$，如果定义

$$n \cdot m = \begin{cases} \overbrace{m+m+\cdots+m}^{n\text{个}m\text{相加}} & n>0 \\ 0 \quad , & n=0 \\ -\underbrace{(m+m+\cdots+m)}_{|n|\text{个}m\text{相加}} & n<0 \end{cases}$$

那么 M 是一个 $\mathbb{Z}$-模。

当我们将"作用"定义为环 R 的乘法时，容易验证以下基本结论：

(1) 环 R 的任意理想都是 R-模，反之，环 R 的任意 R-模都是理想；

(2) 设 H 是环 R 的子环，M 是 R 的加法子群，如果对于任意的 $h \in H, m \in M$，都有 $hm \in M$，那么 M 是一个 H-模；

(3) 对于 R 的任意子环 H，零环和 R 都是 H-模；

(4) 如果 H 是由环 R 的幺元生成的子环，我们记作 $H = \langle 1_R \rangle$，那么 R 的任意加法子群 M 都是 $\langle 1_R \rangle$-模；

考虑高斯整环 $\mathbb{Z}[\sqrt{-1}]$，$M = \{a+2b\sqrt{-1} \mid a,b \in \mathbb{Z}\}$ 是 $\mathbb{Z}[\sqrt{-1}]$ 的加法子群，取 $\sqrt{-1} \in \mathbb{Z}[\sqrt{-1}]$，$1+2\sqrt{-1} \in M$，我们发现 $\sqrt{-1}(1+2\sqrt{-1}) = -2+\sqrt{-1} \notin M$，所以 M 不是 $\mathbb{Z}[\sqrt{-1}]$ 的理想。但是，我们发现，对于 $\mathbb{Z}[\sqrt{-1}]$ 的子环 $\mathbb{Z}$，任意的 $z \in \mathbb{Z}$，$m \in M$，都有 $zm \in M$，所以，M 是一个 $\mathbb{Z}$-模。

定理 1 设 M_1, M_2 均为 R-模，那么，$M_1+M_2 = \{a+b \mid a \in M_1, b \in M_2\}$，$M_1M_2 = \left\{\sum_{i=1}^{n} a_ib_i \mid n \in \mathbb{Z}^+, a_i \in M_1, b_i \in M_2\right\}$，$M_1 \cap M_2$ 均是 R-模，分别称作 M_1 和 M_2 的**和**、**积**及**最大公共子 R-模**。

证明： 首先集合 M_1+M_2、M_1M_2 和 $M_1 \cap M_2$ 仍然是加法群。

然后，对于任意 $r \in R$，$a+b \in M_1+M_2$，$r(a+b) = ra+rb$，因为 $ra \in M_1$，$rb \in M_2$，所以 $ra+rb \in M_1+M_2$，故 M_1+M_2 是 R-模。

再者，对于任意 $r \in M$，$\sum_{i=1}^{n} a_ib_i \in M_1M_2$，$r\left(\sum_{i=1}^{n} a_ib_i\right) = \sum_{i=1}^{n}(ra_i)b_i$，因为 $ra_i \in M_1$，$b_i \in M_2$，所以 $\sum_{i=1}^{n}(ra_i)b_i \in M_1M_2$，故 M_1M_2 是 R-模。

最后，对于任意 $r \in M$，$a \in M_1 \cap M_2$，有 $ra \in M_1$，$ra \in M_2$，所以 $ra \in M_1 \cap M_2$，故 $M_1 \cap M_2$ 是 R-模。■

有关整数的同余、剩余类等概念可以推广到模上来。

定义 2 设 M 是环 R 中的 H 模，对于 $a, b \in R$，如果 $a-b \in M$，则称 a 和 b 关于模

M **同余**，记作 $a \equiv b(\mathrm{mod}\ M)$。否则，称 a 和 b 关于模 M **不同余**，记作 $a \not\equiv b(\mathrm{mod}\ M)$。

定理 2 设 M_1, M_2 均为 R 中的 H 模，$M_1 \subseteq M_2$，如果 $a \equiv b(\mathrm{mod}\ M_1)$，那么 $a \equiv b(\mathrm{mod}\ M_2)$。

证明：若 $a \equiv b(\mathrm{mod}\ M_1)$，那么 $a-b \in M_1$，必有 $a-b \in M_2$，即 $a \equiv b(\mathrm{mod}\ M_2)$。■

如果 M_1, M_2 均为 R 中的理想，因为 $M_1M_2 \subseteq M_1$，且 $M_1M_2 \subseteq M_2$，所以可以得到如下推论。

推论 设 M_1, M_2 均为 R 中的理想，如果 $a \equiv b(\mathrm{mod}\ M_1M_2)$，那么 $a \equiv b(\mathrm{mod}\ M_1)$，且 $a \equiv b(\mathrm{mod}\ M_2)$。

定理 3 模 M 同余是等价关系。

证明：(1) 自反性。因为 $a-a=0, 0 \in M$，所以 $a \equiv a(\mathrm{mod}\ M)$。

(2) 对称性。若 $a \equiv b(\mathrm{mod}\ M)$，则 $a-b \in M$，也有 $b-a \in M$，所以 $b \equiv a(\mathrm{mod}\ M)$。

(3) 传递性。若 $a \equiv b(\mathrm{mod}\ M)$，$b \equiv c(\mathrm{mod}\ M)$，则 $a-b \in M, b-c \in M$，所以 $a-b+b-c=a-c \in M$，所以 $a \equiv c(\mathrm{mod}\ M)$。■

定义 3 设 M 是环 R 中的 H 模，环 R 的元素按照模 M 同余可以划分成不同的等价类，称为**模 M 剩余类**，记作 R_M，$a \in R$ 所在的剩余类记作 $\bar{a}$，$x \in R$ 属于剩余类 $\bar{a}$ 当且仅当 $x \equiv a(\mathrm{mod}\ M)$。从每个剩余类中取出一个元素形成的集合称为**模 M 完全剩余系**。

例 1 在高斯整环 $\mathbb{Z}[\sqrt{-1}]$ 中，$M=\{a+2b\sqrt{-1} \mid a, b \in \mathbb{Z}\}$，$M$ 是 $\mathbb{Z}[\sqrt{-1}]$ 中的一个 $\mathbb{Z}$-模，试求 $\mathbb{Z}[\sqrt{-1}]$ 模 M 剩余类及其一个完全剩余系。

解：根据剩余类的定义，0 所在的剩余类 $\bar{0}=M$。再取 M 之外的一个元素 $\sqrt{-1}$，$\overline{\sqrt{-1}}=\sqrt{-1}+M=\{a+(2b+1)\sqrt{-1} \mid a, b \in \mathbb{Z}\}$。而 $\bar{0} \cup \overline{\sqrt{-1}}=\mathbb{Z}[\sqrt{-1}]$，所以 $\mathbb{Z}[\sqrt{-1}]_M=\{\bar{0}, \overline{\sqrt{-1}}\}$，$\{0, \sqrt{-1}\}$ 即为其一个完全剩余系。■

在模上有类似定理 5.9 的中国剩余定理，本教材不继续深入讲解。

定义 4 设 R 为环，M 为 R-模，X 是 M 的子集，若 M 的每个元素都能被 X 线性表示，则称 X 是模 M 的一组**生成元**。如果 $X=\{x_1, x_2, \cdots, x_t\}$ 是有限集，对于任意 $a_1x_1+a_2x_2+\cdots+a_tx_t=0$，$a_i \in R$，必有 $a_i=0$，$i=1,2,\cdots,t$，则称 X 是 R-**线性无关**的，否则称 X 是 R-**线性相关**的。

对于线性空间而言，单个非零元素一定是线性无关的，但是对于环 R 来说，R-模中单个非零元不一定是线性无关的。例如 $R=\mathbb{Z}_{12}$，$M=\langle 4\rangle=\{0,4,8\}$，$M$ 是 R 的理想，因此是 R-模，但是 4 不是 R-线性无关的，因为 $3 \cdot 4 \equiv 0(\mathrm{mod}\ 12)$。同样，4 也不是 $\mathbb{Z}$-线性无关的。

定义 5 设 R 为环，M 为 R-模，X 是模 M 的一组有限的生成元，如果 X 是 R-线性无关的，则称 X 是 R-模 M 的一组**基(R-基)**。具有基的 R-模称为**自由 R-模**。

定义 6 设 R 为环，M 为 R-模，X 是 M 的子集，那么 $N=\left\{\sum a_ix_i \mid a_i \in R, x_i \in X\right\}$ 形成 M 的一个子模，称为**由 X 生成的子模**，如果 $X=\{x_1, x_2, \cdots, x_t\}$ 是有限集，那么称 N 是由 X 生成的**有限生成 R-模**。

在定义 6 中，如果 X 是 R-线性无关的，那么 N 就是由 X 有限生成的自由 R-模，X 是 N 的一组 R-基。

例 2 考虑高斯整环 $\mathbb{Z}[\sqrt{-1}]$ 中，$M=\{a+2b\sqrt{-1}\mid a,b\in\mathbb{Z}\}$，$M$ 是 $\mathbb{Z}[\sqrt{-1}]$ 中的一个 $\mathbb{Z}$-模，试求 M 的一组 $\mathbb{Z}$-基。

解：取 $X=\{1,2\sqrt{-1}\}$，易验证 X 是 $\mathbb{Z}$-线性无关的，且 M 是由 $1,2\sqrt{-1}$ 生成的 $\mathbb{Z}$-有限生成模，X 即为 M 的一组 $\mathbb{Z}$-基。

定理 4 设 R 为环，M 为自由 R-模，那么 M 的任意两组基具有相同的元素个数(简称为**基数或秩**)。

定义 7 加法群 G 称为秩为 n 的**自由** Abel **群**，是指 G 是自由 $\mathbb{Z}$-模。

换句话说，即存在 G 中的 n 个元素 $\alpha_1,\alpha_2,\cdots,\alpha_n$，使得 G 中的每个元素均可唯一地表示成 $m_1\alpha_1+m_2\alpha_2+\cdots+m_n\alpha_n(m_i\in\mathbb{Z})$，我们一般写作 $G=\mathbb{Z}\alpha_1\oplus\cdots\oplus\mathbb{Z}\alpha_n$，$\alpha_1,\alpha_2,\cdots,\alpha_n$ 即为 G 的一组 $\mathbb{Z}$-**基**。

零群 $\{0\}$ 看作秩为 0 的自由 Abel 群。

一般而言，自由 R-模的子模不一定是自由模，但是当 R 是主理想环的时候，这个结论是成立的。$\mathbb{Z}$ 是主理想环，所以秩为 n 的自由 Abel 群的子群仍然是自由 Abel 群。就这一结论，我们可以给予一个通俗的证明。

定理 5 秩为 n 的自由 Abel 群的子群仍然是自由 Abel 群。

证明：首先证明秩为 n 的自由 Abel 群 G 的子群是有限生成的。

我们将 n 个 $\mathbb{Z}$ 的直和记为 $\mathbb{Z}^n$。因为 $G\cong\mathbb{Z}^n$，所以我们只需要证明 $\mathbb{Z}^n$ 的子群是有限生成的。设 A 是 $\mathbb{Z}^n$ 的子群，那么 A 也可以看为是 $\mathbb{Q}^n$ 的子群，设 A 中的一个最大 $\mathbb{Q}$-线性无关组为 $\beta_1,\beta_2,\cdots,\beta_k(k\leqslant n)$，其中，$\beta_i\in A$，设 B 是由 $\beta_1,\beta_2,\cdots,\beta_k$ 生成的 A 的子群。

我们将 $\mathbb{Q}$-线性无关组 $\beta_1,\beta_2,\cdots,\beta_k$ 扩充成 $\mathbb{Q}^n$ 的一组 $\mathbb{Q}$-基 $\beta_1,\beta_2,\cdots,\beta_n$，通过消除分母，易知可约定 $\beta_{k+1},\beta_{k+2},\cdots,\beta_n\in\mathbb{Z}^n$，此时任意 $\mathbb{Q}^n$ 中的元素都可以唯一地表示成 $\beta_1,\beta_2,\cdots,\beta_n$ 的 $\mathbb{Q}$-线性组合。不妨设 $\vec{e}_i$ 表示 $\mathbb{Z}^n$ 中第 i 个坐标为 1，其余坐标均为 0 的向量，那么 $\vec{e}_i(1\leqslant i\leqslant n)$ 构成 $\mathbb{Z}^n$ 的一组 $\mathbb{Z}$-基。令 $\vec{e}_i=\sum\limits_{j=1}^{n}a_{ij}\beta_j,a_{ij}\in\mathbb{Q}$，存在正整数 N 使得所有 $Na_{ij}\in\mathbb{Z}$，因此 $N\vec{e}_i$ 均为 $\beta_1,\beta_2,\cdots,\beta_n$ 的 $\mathbb{Z}$-线性组合。由此，对于任意 $w=\sum\limits_{i=1}^{n}w_i\vec{e}_i\in\mathbb{Z}^n$，$Nw=\sum\limits_{i=1}^{n}w_iN\vec{e}_i$ 也可以表示为 $\beta_1,\beta_2,\cdots,\beta_n$ 的 $\mathbb{Z}$-线性组合。进一步，若 $w\in A$，那么 Nw 可以表示为 $\beta_1,\beta_2,\cdots,\beta_n$ 的 $\mathbb{Z}$-线性组合，但是另一方面，w 是 $\beta_1,\beta_2,\cdots,\beta_k$ 的 $\mathbb{Q}$-线性组合，从而 Nw 也是 $\beta_1,\beta_2,\cdots,\beta_k$ 的 $\mathbb{Q}$-线性组合，根据 Nw 表示方式的唯一性，Nw 必然为 $\beta_1,\beta_2,\cdots,\beta_k$ 的 $\mathbb{Z}$-线性组合，即 $Nw\in B$，从而 $NA\subseteq B$。又 $B\subseteq A$，所以 $NB\subseteq NA$，于是，综合起来有 $NB\subseteq NA\subseteq B$。根据加法商群的定义，因为 B 是由 k 个元素有限生成的，所以 $[B:NB]\leqslant N^k$，而 $A/B\cong NA/NB$，所以 $[A:B]=[NA:NB]\leqslant[B:NB]$，于是 $[A:B]$ 有限。不妨设 $A=\bigcup\limits_{i=1}^{s}(\gamma_i+B)$，$\gamma_i\in A$，那么 A 必然可以由 $\beta_1,\beta_2,\cdots,\beta_k,\gamma_1,\cdots,\gamma_s$ 有限生成。

设 $G=\mathbb{Z}\alpha_1\oplus\cdots\oplus\mathbb{Z}\alpha_n$，群 G' 是 G 的子群，那么群 G' 必然是有限生成的。如果 G' 是

零群，那么 G' 是秩为 0 的自由 Abel 群，以下假设 G' 不是零群。

设 $\beta_1, \beta_2, \cdots, \beta_m$ 是 G' 的一个生成集。令

$$\begin{pmatrix} \beta_1 \\ \vdots \\ \beta_m \end{pmatrix} = \begin{pmatrix} a_{11} & \cdots & a_{1n} \\ \vdots & \ddots & \vdots \\ a_{m1} & \cdots & a_{mn} \end{pmatrix} \begin{pmatrix} \alpha_1 \\ \vdots \\ \alpha_n \end{pmatrix}$$

其中，$a_{ij} \in \mathbb{Z}$，m 行 n 列的矩阵记作 $\boldsymbol{M}$。

当对 $\boldsymbol{M}$ 做如下三种行变换的时候：

(1) 交换 $\boldsymbol{M}$ 的两行；

(2) 将 $\boldsymbol{M}$ 的一行乘以 -1；

(3) 将 $\boldsymbol{M}$ 的一行乘以任意整数 c 加到另外一行。

相当于对 $\beta_1, \beta_2, \cdots, \beta_m$ 做相应的变换，得到的新向量仍然是 G' 的生成集。

当对 $\boldsymbol{M}$ 做如下三种列变换的时候：

(1) 交换 $\boldsymbol{M}$ 的两列；

(2) 将 $\boldsymbol{M}$ 的一列乘以 -1；

(3) 将 $\boldsymbol{M}$ 的一列乘以任意整数 c 加到另外一列。

相当于对 $\alpha_1, \alpha_2, \cdots, \alpha_n$ 做相应的变换，得到的新向量仍然是 G 的一组 $\mathbb{Z}$-基。

现在，利用以上两类变换，我们将 $\boldsymbol{M}$ 中绝对值最小的非零整数调整到 a_{11} 的位置，如果 $a_{11} < 0$，那么将 $\boldsymbol{M}$ 的第 1 行（或者第 1 列）乘以 -1，以使得 $a_{11} > 0$，接下来从所有第 $i(i>1)$ 列减去第 1 列的 $\left[\dfrac{a_{1i}}{a_{11}}\right]$ 倍，从所有第 $j(j>1)$ 行减去第 1 行的 $\left[\dfrac{a_{j1}}{a_{11}}\right]$ 倍，根据定理 1.21，这一操作将会使得第 1 行和第 1 列中 a_{11} 之外的整数均为小于 a_{11} 的非负整数。如果 $a_{1i}(i>1)$ 或者 $a_{j1}(j>1)$ 中还有比 a_{11} 更小的整数，那么通过行或者列交换使其与 a_{11} 交换位置。重复上面的操作直到第 1 行和第 1 列中 a_{11} 之外的元素均为 0。

如果 $a_{ij}(i>1, j>1)$ 中还有非零元素，对 $\boldsymbol{M}$ 中第 1 行第 1 列之外的元素重复以上步骤，使得 $\boldsymbol{M}$ 中第 2 行第 2 列中 a_{22} 之外的元素均为 0。

依此类推，存在 $r \leqslant \min(m, n)$，最终，除了 $a_{ii}(1 \leqslant r)$ 之外，$\boldsymbol{M}$ 的其他元素均为 0。

以上操作说明，对于 G 的任意非零子群 G'，存在 G 的一组 $\mathbb{Z}$-基 $\alpha'_1, \alpha'_2, \cdots, \alpha'_n$ 使得 $G' = \mathbb{Z}a_{11}\alpha'_1 \oplus \cdots \oplus \mathbb{Z}a_{rr}\alpha'_r$。■

6

数域

在有限域的基础上，进一步引入数域。本章将讲解数域的定义，数域的扩张，代数整数及代数整数环等知识，根据数域的扩展再次引入范数与迹的概念。

6.1 数域与扩张

对于有限域，若$\mathbb{F}_{q^n}$是$\mathbb{F}_q$的扩域，那么$\mathbb{F}_{q^n}$可以看成$\mathbb{F}_q$上的n维向量空间。

定义 6.1 设L,K均为域，且$K\subseteq L$，如果L是K上的有限维向量空间，那么称L是K的**有限次扩域**，向量空间的维数称为**扩张次数**，记作$[L:K]$。

域L是K的扩域，一般也记作L/K，根据线性代数的知识，我们易得：若$K\subseteq L\subseteq F$，那么$[F:K]=[F:L][L:K]$。

同有限域的情形，可以定义一般域上的多项式、不可约多项式、多项式的根，以及极小多项式等概念，在此不再赘述。

定义 6.2 有理数域$\mathbb{Q}$的有限次扩域K称作**代数数域**，简称**数域**。

有理数域$\mathbb{Q}$的n次扩域$K/\mathbb{Q}$可以通过在$\mathbb{Q}$上添加一个n次不可约多项式$f(x)\in\mathbb{Q}[x]$的根α得到，记作$\mathbb{Q}(\alpha)$或者$\mathbb{Q}[x]_{f(x)}$，例如$\mathbb{Q}$的3次扩域$\mathbb{Q}(\sqrt[3]{2})=\{a+b\sqrt[3]{2}+c\sqrt[3]{4}\mid a,b,c\in\mathbb{Q}\}$，也可以写作$\mathbb{Q}[x]_{x^3-2}$，扩张次数为$[K:\mathbb{Q}]=3$，$K/\mathbb{Q}$可以看作$\mathbb{Q}$上的3维向量空间，$1,\sqrt[3]{2},\sqrt[3]{4}$是一组$\mathbb{Q}$-基。

同样的道理，$\mathbb{Q}(\sqrt{-2})=\{a+b\sqrt{-2}\mid a,b\in\mathbb{Q}\}$也是数域，$[\mathbb{Q}(\sqrt{-2}):\mathbb{Q}]=2$。

我们用$\mathbb{Z}_{(1)}[x]$、$\mathbb{Q}_{(1)}[x]$分别表示$\mathbb{Z}[x]$、$\mathbb{Q}[x]$中首项系数为1的多项式子集。

定义 6.3 复数α称为**有理数域$\mathbb{Q}$上的代数数**，是指存在次数大于0的多项式$f(x)\in\mathbb{Q}[x]$，使得$f(\alpha)=0$；α称为**有理数域$\mathbb{Q}$上的代数整数**，是指存在次数大于0的多项式$f(x)\in\mathbb{Z}_{(1)}[x]$，使得$f(\alpha)=0$。

因为$\mathbb{Q}[x]$中的多项式与$\mathbb{Z}[x]$中的多项式只相差一个有理数常数，所以，一般地，有理数域$\mathbb{Q}$上的代数数α也一定是$\mathbb{Z}[x]$中多项式的根。有理数域$\mathbb{Q}$上的代数数α为代数整数的充要条件是α在$\mathbb{Q}$上的极小多项式$f(x)\in\mathbb{Z}_{(1)}[x]$。

为方便起见，本教材以后所称代数数、代数整数均指有理数域$\mathbb{Q}$上的代数数和有理数域$\mathbb{Q}$上的代数整数。

所有的有理数$a/b(a,b\in\mathbb{Z})$都是代数数，因为它们都是$f(x)=bx-a\in\mathbb{Z}[x]$的根。

所有整数$a\in\mathbb{Z}$都是代数整数，因为它们都是$f(x)=x-a\in\mathbb{Z}_{(1)}[x]$的根。在$\mathbb{Q}$中，只有整数是代数整数，因为，如果$a\in\mathbb{Q}$，$a\notin\mathbb{Z}$，那么$a$在$\mathbb{Q}$上的极小多项式$x-a\notin\mathbb{Z}_{(1)}[x]$，即$a$不是代数整数。

所有的n次单位根都是代数整数，因为它们都是$f(x)=x^n-1\in\mathbb{Z}_{(1)}[x]$的根。

若用$\mathbb{Q}(\sqrt[3]{2},\sqrt{-2})$表示在$\mathbb{Q}$上添加$\sqrt[3]{2}$，然后再在$\mathbb{Q}(\sqrt[3]{2})$上添加$\sqrt{-2}$所得到的域，它也是$\mathbb{Q}$的有限次扩域，那么扩张次数应该为多少呢？

因为数域都是$\mathbb{Q}$的有限次扩张，所以，如果L,K均为数域，且$K\subseteq L$，那么L/K也一定是有限次扩张。

定理 6.1　单扩张定理　设L,K均为数域，且$K\subseteq L$，那么域扩张L/K均为**单扩张**，即存在$\gamma\in L$，使得$L=K(\gamma)$。

证明：我们只要证明$L=K(\alpha,\beta)$的情形即可，因为一般情形$L=K(\omega_1,\omega_2,\cdots,\omega_n)$可以通过对$n$用数学归纳法证得。

现设$L=K(\alpha,\beta)$，令$f(x),g(x)\in K[x]$分别为元素α,β在K上的极小多项式，且

$$f(x)=\prod_{i=1}^{n}(x-\alpha_i),\quad g(x)=\prod_{j=1}^{m}(x-\beta_j),\quad \alpha_i,\beta_j\in\mathbb{C}$$

其中，$n=\deg f$，$m=\deg g$，不妨设$\alpha=\alpha_1$，$\beta=\beta_1$。由于$f(x),g(x)$均是$K[x]$中不可约多项式，从而它们均无重根，即$\alpha_i(1\leqslant i\leqslant n)$两两互不相等，$\beta_j(1\leqslant j\leqslant m)$两两互不相等。现在于有限集合

$$\{(\alpha_i-\alpha_j)/(\beta_k-\beta_l)\mid 1\leqslant k\neq l\leqslant m,1\leqslant i\neq j\leqslant n\}$$

之外取一个非零有理数c，不难看出mn个复数$\alpha_i+c\beta_j$两两互异。令$\gamma=\alpha_1+c\beta_1=\alpha+c\beta$，则多项式$h(x)=f(\gamma-cx)\in K(\gamma)[x]$，$h(\beta)=0$，而$\beta_j(2\leqslant j\leqslant m)$均不是$h(x)$的根。于是，在$\mathbb{C}[x]$中，$\gcd(h(x),g(x))=x-\beta$，也就是在$K(\gamma)[x]$中一定有$\gcd(h(x),g(x))=x-\beta$，说明$x-\beta\in K(\gamma)[x]$，表明$\beta\in K(\gamma)$，于是$\alpha=\gamma-c\beta\in K(\gamma)$，从而$K(\alpha,\beta)\subseteq K(\gamma)$。

另一方面，由于$\gamma=\alpha+c\beta$，从而$K(\gamma)\subseteq K(\alpha,\beta)$，所以$K(\gamma)=K(\alpha,\beta)$。■

对于$\mathbb{Q}(\sqrt[3]{2},\sqrt{-2})$，我们取$c=1$，令$\gamma=\sqrt[3]{2}+\sqrt{-2}$，则

$$(\gamma-\sqrt[3]{2})^2=-2,\gamma^2-2\sqrt[3]{2}\gamma+\sqrt[3]{4}=-2$$

两边同时乘以$\sqrt[3]{2}$，有

$$\sqrt[3]{2}\gamma^2-2\sqrt[3]{4}\gamma+2=-2\sqrt[3]{2}$$

由此，

$$\sqrt[3]{2}\gamma^2-2(-2+2\sqrt[3]{2}\gamma-\gamma^2)\gamma+2+2\sqrt[3]{2}=0$$

即

$$\sqrt[3]{2}(-3\gamma^2+2)=-2\gamma^3-4\gamma-2$$

于是

$$\sqrt[3]{2}=\frac{2\gamma^3+4\gamma+2}{3\gamma^2-2}$$

再将$\sqrt[3]{2}$代入 $\gamma^2-2\sqrt[3]{2}\gamma+\sqrt[3]{4}=-2$，得到

$$\gamma^2-\frac{2(2\gamma^3+4\gamma+2)}{3\gamma^2-2}\gamma+\left(\frac{2\gamma^3+4\gamma+2}{3\gamma^2-2}\right)^2=-2$$

整理后有

$$\gamma^6+6\gamma^4-4\gamma^3+12\gamma^2+24\gamma+12=0$$

因为多项式 $f(x)=x^6+6x^4-4x^3+12x^2+24x+12$ 是$\mathbb{Q}$上的不可约多项式，因此其为 γ 的极小多项式，$\mathbb{Q}(\sqrt[3]{2},\sqrt{-2})=\mathbb{Q}(\sqrt[3]{2}+\sqrt{-2})$。

设 L/K 是数域的扩张，每个域的单同态 $\delta:L\to\mathbb{C}$ 均称作 L 到$\mathbb{C}$ 中的一个**嵌入**。如果 δ 在 K 上的限制 $\delta|_K(\delta:K\to\delta(K))$ 是域 K 上的恒等自同构，则称 δ 为 **K-嵌入**。利用上面的单扩张定理，我们可以证明，L 恰好有$[L:K]$个 K-嵌入。

定理 6.2 设 L/K 是数域的扩张，$[L:K]=n$，则每个嵌入 $\delta:K\to\mathbb{C}$ 均可以 n 种不同的方法扩充到 L 上。换句话说，恰好存在 n 个不同的嵌入 $\delta_i:L\to\mathbb{C}\ (1\leqslant i\leqslant n)$，使得 $\delta_i|_K=\delta$。

证明:由单扩张定理，我们可以令 $L=K(\gamma)$。设 γ 在 K 上的极小多项式为

$$f(x)=c_0+c_1x+\cdots+c_{n-1}x^{n-1}+x^n\in K[x],\quad \deg f=n$$

L 中任意元素 α 可唯一地表示为

$$\alpha=k_0+k_1\gamma+\cdots+k_{n-1}\gamma^{n-1},\quad k_i\in K, 0\leqslant i\leqslant n-1$$

设 $\tau:L\to\mathbb{C}$ 是一个嵌入，并且 $\tau|_K=\delta$，则

$$\tau(\alpha)=\delta(k_0)+\delta(k_1)\tau(\gamma)+\cdots+\delta(k_{n-1})\tau(\gamma)^{n-1}$$

说明 τ 由它在 γ 上的值 $\tau(\gamma)$完全确定。

考虑多项式 $g(x)=\delta(c_0)+\delta(c_1)x+\cdots+\delta(c_{n-1})x^{n-1}+x^n\in\delta(K)[x]$，由于 δ 是 K 到$\delta(K)$的域同构，因此 g 是$\delta(K)[x]$中的 n 次不可约多项式，从而它有 n 个不同的复根 $\rho_1,\rho_2,\cdots,\rho_n$，由于

$$g(\tau(\gamma))=\delta(c_0)+\delta(c_1)\tau(\gamma)+\cdots+\delta(c_{n-1})\tau(\gamma)^{n-1}+\tau(\gamma)^n=\tau(f(\gamma))=0$$

这就表明 $\tau(\gamma)$必为某个 ρ_i，从而 δ 到 L 上的扩充最多有 n 个。

现在对每个 $i(1\leqslant i\leqslant n)$作映射：

$$\begin{aligned}\delta_i:L\to\mathbb{C},\ \delta_i(\alpha)&=\delta_i(k_0+k_1\gamma+\cdots+k_{n-1}\gamma^{n-1})\\&=\delta(k_0)+\delta(k_1)\rho_i+\cdots+\delta(k_{n-1})\rho_i^{n-1}\end{aligned}$$

易知，每个 δ_i 均为域同态。

若 $\alpha=k_0+k_1\gamma+\cdots+k_{n-1}\gamma^{n-1}\in\ker(\delta_i)$，那么 $\delta(k_0)+\delta(k_1)\rho_i+\cdots+\delta(k_{n-1})\rho_i^{n-1}=0$，从而 $g(x)\mid\delta(k_0)+\delta(k_1)x+\cdots+\delta(k_{n-1})x^{n-1}$，于是 $f(x)\mid k_0+k_1x+\cdots+k_{n-1}x^{n-1}$。但是，$f(x)$是 $K[x]$中的 n 次不可约多项式，所以只能是 $k_0=k_1=\cdots=k_{n-1}=0$，说明 $\ker(\delta_i)=\{0\}$，即 δ_i 是嵌入。又显然有 $\delta_i|_K=\delta$，并且 $\delta_i(\gamma)=\rho_i$，ρ_i 两两互异，从而 δ_i 是 δ 到 L 上的 n 个不同的扩充。■

设 $L=K(\gamma)$，$f(x)\in K[x]$是 γ 在 K 上的极小多项式，$\deg f=n$，那么，$f(x)$在$\mathbb{C}$中有 n 个不同的复根，它们称作 γ 的 **K-共轭元素**。每个 K-嵌入 δ_i，将 γ 映射为它的 K-

共轭元素。

6.2 代数整数环

接下来我们说明对于任意的数域 K，K 中的代数整数集合 O_K 是 K 的子环。

当 $\alpha\in\mathbb{C}$ 时，定义 $\mathbb{Z}[\alpha]=\left\{\sum_{i=0}^{m}a_i\alpha^i \mid a_i\in\mathbb{Z},m\geqslant 0\right\}$，易于验证 $\mathbb{Z}[\alpha]$ 按照 $\mathbb{C}$ 上的加法和乘法形成 $\mathbb{Z}$ 的扩环，可以看作是在 $\mathbb{Z}$ 上添加元素 α 形成的。同样，若 $\beta\in\mathbb{C}$，在 $\mathbb{Z}[\alpha]$ 上添加 β 形成 $\mathbb{Z}[\alpha,\beta]=\left\{\sum_{j=0}^{n}\sum_{i=0}^{m}a_i\alpha^i\beta^j \mid a_i\in\mathbb{Z},m,n\geqslant 0\right\}$，按照 $\mathbb{C}$ 上的加法和乘法形成 $\mathbb{Z}[\alpha]$ 的扩环。

定理 6.3 对于 $\alpha\in\mathbb{C}$，下面几个条件彼此等价：

(1) α 为代数整数；

(2) 环 $\mathbb{Z}[\alpha]$ 的加法群是有限生成的；

(3) α 是 $\mathbb{C}$ 的某个非零子环 R 中的元素，并且 R 的加法群是有限生成的；

(4) 存在有限生成非零加法子群 $A\subseteq\mathbb{C}$，使得 $\alpha A\subseteq A$。

证明：(1) ⇒ (2)：如果 α 为代数整数，那么它的极小多项式 $f(x)\in\mathbb{Z}_{(1)}[x]$，即 $f(x)=x^n+c_{n-1}x^{n-1}+\cdots+c_1x+c_1$，$c_i\in\mathbb{Z}$。于是 $\alpha^n=-c_{n-1}\alpha^{n-1}-\cdots-c_1\alpha-c_1$，利用数学归纳法，每个元素 $\alpha^m(m\geqslant 0)$ 均可唯一表示成 $1,\alpha,\cdots,\alpha^{n-1}$ 的 $\mathbb{Z}$-线性组合，于是，环 $\mathbb{Z}[\alpha]$ 中的每个元素也是如此。这表明环 $\mathbb{Z}[\alpha]$ 的加法群是由有限个元素 $1,\alpha,\cdots,\alpha^{n-1}$ 生成的。

(2) ⇒ (3)：取 $R=\mathbb{Z}[\alpha]$。

(3) ⇒ (4)：取 $A=R$，A 是有限生成的。因为 A 为非零子环，所以对于任意 $\beta\in A$，$\alpha\beta\in A$。

(4) ⇒ (1)：设 $\alpha_1,\alpha_2,\cdots,\alpha_n$ 生成 A，由于 $\alpha A\subseteq A$，因此 $\alpha\alpha_1,\alpha\alpha_2,\cdots,\alpha\alpha_n$ 均可表示为 $\alpha_1,\alpha_2,\cdots,\alpha_n$ 的 $\mathbb{Z}$-线性组合，我们将其写成矩阵形式为

$$\begin{pmatrix}\alpha\alpha_1\\ \cdots\\ \alpha\alpha_n\end{pmatrix}=\boldsymbol{M}\begin{pmatrix}\alpha_1\\ \cdots\\ \alpha_n\end{pmatrix}$$

其中，$\boldsymbol{M}$ 是元素属于 $\mathbb{Z}$ 的 n 阶方阵，此等式也可以写成

$$(\alpha\boldsymbol{I}_n-\boldsymbol{M})\begin{pmatrix}\alpha_1\\ \cdots\\ \alpha_n\end{pmatrix}=\begin{pmatrix}0\\ \cdots\\ 0\end{pmatrix}$$

由于 $A\neq\{0\}$，从而 $\alpha_1,\alpha_2,\cdots,\alpha_n$ 不全为零。由线性代数的知识可知 $|\alpha\boldsymbol{I}_n-\boldsymbol{M}|=0$。但是 $f(x)=|x\boldsymbol{I}_n-\boldsymbol{M}|\in\mathbb{Z}_{(1)}[x]$，并且 $f(\alpha)=0$，所以 α 为代数整数。■

定理 6.3 说明，若 α 为代数整数，α 在 $\mathbb{Q}$ 上的极小多项式次数为 n，那么 $\mathbb{Z}[\alpha]=\left\{\sum_{i=0}^{n-1}a_i\alpha^i \mid a_i\in\mathbb{Z}\right\}$，$\mathbb{Z}[\alpha]$ 的加法群可以看成是由 $1,\alpha,\cdots,\alpha^{n-1}$ 有限生成的。

定理 6.4 若 α,β 为代数整数，那么 $\alpha+\beta,\alpha\beta$ 也是代数整数，进而，数域 K 的全部代

数整数组成的集合 O_K 是 K 的子环。

证明: 根据定理 6.3,环 $\mathbb{Z}[\alpha]$,$\mathbb{Z}[\beta]$ 的加法群都是有限生成的。设它们分别由 $\{\alpha_1,\alpha_2,\cdots,\alpha_n\}$ 和 $\{\beta_1,\beta_2,\cdots,\beta_m\}$ 生成,则每个 $\alpha^u(u\geqslant 0)$ 均可表示为 $\alpha_1,\alpha_2,\cdots,\alpha_n$ 的 $\mathbb{Z}$-线性组合,而每个 $\beta^v(v\geqslant 0)$ 均可表示为 $\beta_1,\beta_2,\cdots,\beta_m$ 的 $\mathbb{Z}$-线性组合。于是,$\alpha^u\beta^v$ 均可表示为 $\{\alpha_i\beta_j \mid 1\leqslant i\leqslant n,1\leqslant j\leqslant m\}$ 的 $\mathbb{Z}$-线性组合,从而,环 $\mathbb{Z}[\alpha,\beta]$ 中的每个元素均是如此,这就表明环 $\mathbb{Z}[\alpha,\beta]$ 的加法群是有限生成的。因为 $\alpha+\beta$,$\alpha\beta$ 均是 $\mathbb{Z}[\alpha,\beta]$ 中的元素,根据定理 6.3 之(3),可知它们均是代数整数。■

今后,我们将 O_K 称作数域 K 的**代数整数环**。

引理 6.1 设 L/K 是数域的扩张,$[L:K]=n$,$\delta_i:L\to\mathbb{C}\ (1\leqslant i\leqslant n)$ 是 n 个 K-嵌入。那么 $\alpha_1,\alpha_2,\cdots,\alpha_n\in L$ 的**判别式**为

$$d_{L/K}(\alpha_1,\alpha_2,\cdots,\alpha_n)=\det\begin{pmatrix}\delta_1(\alpha_1) & \cdots & \delta_1(\alpha_n)\\ \vdots & \ddots & \vdots\\ \delta_n(\alpha_1) & \cdots & \delta_n(\alpha_n)\end{pmatrix}^2\in K$$

证明: $\det\begin{pmatrix}\delta_1(\alpha_1) & \cdots & \delta_1(\alpha_n)\\ \vdots & \ddots & \vdots\\ \delta_n(\alpha_1) & \cdots & \delta_n(\alpha_n)\end{pmatrix}^2$

$$=\det\begin{pmatrix}\delta_1(\alpha_1) & \cdots & \delta_n(\alpha_1)\\ \vdots & \ddots & \vdots\\ \delta_1(\alpha_n) & \cdots & \delta_n(\alpha_n)\end{pmatrix}\det\begin{pmatrix}\delta_1(\alpha_1) & \cdots & \delta_1(\alpha_n)\\ \vdots & \ddots & \vdots\\ \delta_n(\alpha_1) & \cdots & \delta_n(\alpha_n)\end{pmatrix}$$

$$=\det\begin{pmatrix}\sum_{i=1}^{n}\delta_i(\alpha_1\alpha_1) & \cdots & \sum_{i=1}^{n}\delta_i(\alpha_1\alpha_n)\\ \vdots & \ddots & \vdots\\ \sum_{i=1}^{n}\delta_i(\alpha_n\alpha_1) & \cdots & \sum_{i=1}^{n}\delta_i(\alpha_n\alpha_n)\end{pmatrix}$$

对于 $1\leqslant i\leqslant n$,$\delta_i(\alpha_s\alpha_t)$ 正好是 $\alpha_s\alpha_t$ 的 n 个 K-共轭元素,设 $\alpha_s\alpha_t$ 在 K 上的极小多项式为

$$f(x)=c_0+c_1x+\cdots+c_{n-1}x^{n-1}+x^n\in K[x]$$

$\delta_i(\alpha_s\alpha_t)$ 是多项式 $f(x)$ 的 n 个根,所以 $\sum_{i=1}^{n}\delta_i(\alpha_s\alpha_t)=-c_{n-1}\in K$,于是 $d_{L/K}(\alpha_1,\alpha_2,\cdots,\alpha_n)\in K$。■

当 $K=\mathbb{Q}$ 时,$d_{L/K}(\alpha_1,\alpha_2,\cdots,\alpha_n)$ 也记作 $d_L(\alpha_1,\alpha_2,\cdots,\alpha_n)$。

引理 6.2 设 L/K 是数域的扩张,$[L:K]=n$,那么 $\alpha_1,\alpha_2,\cdots,\alpha_n$ 是 K-线性无关的当且仅当 $d_{L/K}(\alpha_1,\alpha_2,\cdots,\alpha_n)\neq 0$。(练习题第 4 题)

定理 6.5 数域 K 的代数整数环 O_K 是秩为 $n=[K:\mathbb{Q}]$ 的自由 Abel 群。换句话说,存在 $\alpha_1,\alpha_2,\cdots,\alpha_n\in O_K$,使得 $O_K=\mathbb{Z}\alpha_1\oplus\cdots\oplus\mathbb{Z}\alpha_n$。

证明: 设数域 $K=\mathbb{Q}[\alpha]$,$\alpha^i\ (0\leqslant i\leqslant n-1)$ 是 K 的一组 $\mathbb{Q}$-基,α 是 n 次整系数多项式 $f(x)=\sum_{i=0}^{n}c_ix^i\in\mathbb{Z}[x]$ 的根,其中,$c_n\neq 0$。

因为 $f(\alpha)=0, c_n^{n-1}f(\alpha)=0$，所以 $c_n\alpha$ 是多项式 $\sum_{i=0}^{n} c_n^{n-1-i}c_ix^i \in \mathbb{Z}_{(1)}[x]$ 的根，于是 $c_n\alpha \in O_K$，进一步，$c_n^n\alpha^i = c_n^{n-i}(c_n\alpha)^i \in O_K(0 \leqslant i \leqslant n-1)$，而且 $c_n^n\alpha^i(0 \leqslant i \leqslant n-1)$ 也是 K 的一组$\mathbb{Q}$-基，记作 $\alpha_1, \alpha_2, \cdots, \alpha_n$。

设数域 K 到复数域$\mathbb{C}$ 的 n 个$\mathbb{Q}$-嵌入为$\delta_i: K\to\mathbb{C}\ (1\leqslant i\leqslant n)$。对于任意 $x\in O_K$，设 $x=\sum_{i=1}^{n} x_i\alpha_i, x_i \in \mathbb{Q}$，那么 $\delta_i(x)=\sum_{i=1}^{n} x_i\delta_i(\alpha_i)$。因为 $\alpha_1, \alpha_2, \cdots, \alpha_n$ 是$\mathbb{Q}$-线性无关的代数整数，所以 $d_K(\alpha_1, \alpha_2, \cdots, \alpha_n) \neq 0$，而每个$\mathbb{Q}$-嵌入 δ_i 将代数整数映射为代数整数，所以 $d_K(\alpha_1, \alpha_2, \cdots, \alpha_n) \in \mathbb{Q} \cap O_K = \mathbb{Z}$，于是，$d=\sqrt{d_K(\alpha_1, \alpha_2, \cdots, \alpha_n)} \in O_K$。

我们通过 $\delta_i(x)=\sum_{i=1}^{n} x_i\delta_i(\alpha_i)$ 联立方程组，根据线性方程组求解知识，每个 x_i 可以表示为 $x_i=\dfrac{y_i}{d}, y_i \in O_K$，所以 $x_id^2=y_id \in \mathbb{Q} \cap O_K=\mathbb{Z}$。

令 $t=d_K(\alpha_1, \alpha_2, \cdots, \alpha_n)=d^2$，那么 $x\in\mathbb{Z}\dfrac{\alpha_1}{t}\oplus\cdots\oplus\mathbb{Z}\dfrac{\alpha_n}{t}$，即 O_K 是秩为 n 的自由Abel群$\mathbb{Z}\dfrac{\alpha_1}{t}\oplus\cdots\oplus\mathbb{Z}\dfrac{\alpha_n}{t}$的子群。又因为 O_K 存在 n 个$\mathbb{Z}$-线性无关的代数整数 $\alpha_1, \alpha_2, \cdots, \alpha_n$，所以 O_K 也是秩为 n 的自由 Abel 群，$O_K=\mathbb{Z}\alpha_1\oplus\cdots\oplus\mathbb{Z}\alpha_n$。■

定理 6.6 数域 K 的代数整数环O_K的每个非零理想(不计顺序)均可唯一地表示成有限个素理想的乘积。

证明: O_K 显然是整环，根据定理 5.28，我们只需要证明 O_K 是 Dedekind 整环即可证明定理结论，下面根据定义 5.20 依次验证 Dedekind 整环的三个条件。

(1) 由定理 6.5，O_K 是有限生成自由 Abel 群，由此 O_K 的每个理想 I 的加法群也是有限生成 Abel 群，设加法群 $I=\mathbb{Z}a_1+\cdots+\mathbb{Z}a_n$，那么理想 $I=a_1O_K+\cdots+a_nO_K$，从而作为理想，I 也是有限生成的，故而 O_K 是诺特整环。

(2) 设 p 是 O_K 的一个非零素理想，$0\neq\alpha\in p$，α 在$\mathbb{Q}$ 上的极小多项式为 $f(x)=x^m+c_{m-1}x^{m-1}+\cdots+c_1x+c_0\in\mathbb{Z}[x]$，$f(\alpha)=0$，那么 $0\neq c_0=-\alpha^m-c_{m-1}\alpha^{m-1}-\cdots-c_1\alpha\in p$，由此，主理想$(c_0)=c_0O_K$ 也是 p 的理想，于是 $O_K/p\cong(O_K/c_0O_K)/(p/c_0O_K)$。

设 $O_K=\mathbb{Z}\omega_1\oplus\cdots\oplus\mathbb{Z}\omega_n$，那么 $O_K/c_0O_K\cong\mathbb{Z}/c_0\mathbb{Z}\oplus\cdots\oplus\mathbb{Z}/c_0\mathbb{Z}$，所以 $|O_K/p|\leqslant|O_K/c_0O_K|=|c_0^n|$，即 O_K/p 元素有限。根据定理 5.11，O_K/p 是有限整环，再由定理 5.3，O_K/p 是域，根据定理 5.10 之推论，p 是 O_K 的极大理想。

(3) 设 $\alpha\in K$，$f(x)=x^m+c_{m-1}x^{m-1}+\cdots+c_1x+c_0\in O_K[x]$，$f(\alpha)=0$，因为 $c_0, c_1, \cdots, c_{m-1}\in O_K$，所以 $D=\mathbb{Z}[c_0, c_1, \cdots, c_{m-1}]$是 O_K 的子环。D 的加法群是有限生成的，设加法群 $D=\mathbb{Z}b_1+\cdots+\mathbb{Z}b_s, b_i\in O_K$，那么

$$\begin{aligned}\mathbb{Z}[c_0, c_1, \cdots, c_{m-1}, \alpha]&=D[\alpha]=D+D\alpha+\cdots+D\alpha^{m-1}\\&=\mathbb{Z}b_1+\cdots+\mathbb{Z}b_s+\mathbb{Z}b_1\alpha+\cdots+\mathbb{Z}b_s\alpha+\cdots+\mathbb{Z}b_1\alpha^{m-1}+\cdots+\mathbb{Z}b_s\alpha^{m-1}\end{aligned}$$

即环$\mathbb{Z}[c_0, c_1, \cdots, c_{m-1}, \alpha]$的加法群也是有限生成的，$\alpha\in O_K$，所以 O_K 整闭。■

考虑 $K=\mathbb{Q}(\sqrt{-5})$，$O_K=\mathbb{Z}[\sqrt{-5}]$，在 O_K 中，主理想(2)和(3)都不是素理想，这是因为

$$(2,1+\sqrt{-5})^2=(2\cdot 2,2\cdot(1+\sqrt{-5}),(1+\sqrt{-5})^2)$$
$$=(4,2(1+\sqrt{-5}),-4+2\sqrt{-5})=(2)$$
$$(3,1+\sqrt{-5})(3,1-\sqrt{-5})=(9,3+3\sqrt{-5},3-3\sqrt{-5},6)=(3)$$

理想$(2,1+\sqrt{-5})$是$\mathbb{Z}[\sqrt{-5}]$的素理想，这是由于商环$\mathbb{Z}[\sqrt{-5}]/(2,1+\sqrt{-5})$是由两个元素构成的整环。同样，$(3,1+\sqrt{-5})$，$(3,1-\sqrt{-5})$也是$\mathbb{Z}[\sqrt{-5}]$的素理想。

6.3 范数与迹

设L/K是数域的扩张，$[L:K]=n$，L的n个不同的K-嵌入为$\delta_i:L\to\mathbb{C}\ (1\leqslant i\leqslant n)$。

定义 6.4 对于任意$\alpha\in L$，定义

$$N_{L/K}(\alpha)=\prod_{i=1}^{n}\delta_i(\alpha),\quad T_{L/K}(\alpha)=\sum_{i=1}^{n}\delta_i(\alpha)$$

分别为元素$\alpha\in L$对于扩张L/K的**范数**和**迹**，当$K=\mathbb{Q}$时，范数和迹简记作$N_L(\alpha)$和$T_L(\alpha)$。

不难证明$N_{L/K}$和$T_{L/K}$具有下面的性质：

(1) 对于任意$\alpha,\beta\in L$，$N_{L/K}(\alpha\beta)=N_{L/K}(\alpha)N_{L/K}(\beta)$，$T_{L/K}(\alpha+\beta)=T_{L/K}(\alpha)+T_{L/K}(\beta)$；

(2) 对于$\alpha\in K$，$N_{L/K}(\alpha)=\alpha^n$，$T_{L/K}(\alpha)=n\alpha$，其中，$n=[L:K]$。

定理 6.7 传递公式 设L/M，M/K均是数域扩张，$\alpha\in L$，那么(练习题第5题)

$$N_{L/K}(\alpha)=N_{M/K}(N_{L/M}(\alpha)),\quad T_{L/K}(\alpha)=T_{M/K}(T_{L/M}(\alpha))$$

定理 6.8 设L/K是数域的扩张，$[L:K]=n$，$f(x)=x^m-c_1x^{m-1}+\cdots+(-1)^mc_m\in K[x]$是$\alpha\in L$在$K$上的极小多项式，则

$$N_{L/K}(\alpha)=c_m^{n/m},\quad T_{L/K}(\alpha)=c_1n/m$$

证明：设$\alpha_1=\alpha,\alpha_2,\cdots,\alpha_m$是$f(x)$的$m$个根，根据定理6.2及其证明过程，$K(\alpha)$的$m$个$K$-嵌入为$\tau_i:K(\alpha)\to\mathbb{C}\ (\tau_i(\alpha)=\alpha_i)$，再由多项式根与系数的关系，有

$$T_{K(\alpha)/K}(\alpha)=c_1,\quad N_{K(\alpha)/K}(\alpha)=c_m$$

设$L=K(\alpha)(\gamma)$，γ的$[L:K(\alpha)]=n/m$个$K(\alpha)$-共轭为$\gamma_1,\gamma_2,\cdots,\gamma_{n/m}$，每个$K$-嵌入$\tau_i:K(\alpha)\to\mathbb{C}$可扩充成$n/m$个$K$-嵌入$\delta_{ij}:L\to\mathbb{C}\ \left(1\leqslant j\leqslant\frac{n}{m}\right)$，$\delta_{ij}(\gamma)=\gamma_j$，$\delta_{ij}(\alpha)=\tau_i(\alpha)=\alpha_i$，不难看出，$\{\delta_{ij}\mid 1\leqslant i\leqslant m,1\leqslant j\leqslant n/m\}$是彼此不同的，从而构成从$L$到$\mathbb{C}$的全部$K$-嵌入，于是

$$N_{L/K}(\alpha)=\prod_{i=1}^{m}\prod_{j=1}^{n/m}\delta_{ij}(\alpha)=\prod_{i=1}^{m}\prod_{j=1}^{n/m}\tau_i(\alpha)=\prod_{i=1}^{m}\prod_{j=1}^{n/m}\alpha_i=(\alpha_1\alpha_2\cdots\alpha_m)^{n/m}=c_m^{n/m}$$
$$T_{L/K}(\alpha)=\sum_{i=1}^{m}\sum_{j=1}^{n/m}\delta_{ij}(\alpha)=\sum_{i=1}^{m}\sum_{j=1}^{n/m}\tau_i(\alpha)=\sum_{i=1}^{m}\sum_{j=1}^{n/m}\alpha_i$$
$$=n/m(\alpha_1+\alpha_2+\cdots+\alpha_m)=n/mc_1$$ ∎

定义 6.5 设$\mathbb{Q}(\alpha)/\mathbb{Q}$是数域的扩张，$[\mathbb{Q}(\alpha):\mathbb{Q}]=n$，$f(x)=x^n-c_1x^{n-1}+\cdots+$

$(-1)^n c_n \in \mathbb{Q}[x]$是$\alpha$在$\mathbb{Q}$上的极小多项式，定义

$$N(\alpha)=N_{\mathbb{Q}(\alpha)/\mathbb{Q}}(\alpha)=c_n,\quad T(\alpha)=T_{\mathbb{Q}(\alpha)/\mathbb{Q}}(\alpha)=c_1$$

$N(\alpha)$，$T(\alpha)$分别称为α **在$\mathbb{Q}$上的范数**和**迹**，也称为α的**绝对范数**和**绝对迹**，$f(x)$的n个根称为α在$\mathbb{Q}$上的**共轭数**，也称为α的**绝对共轭数**。如无特别说明，一般我们也简称$N(\alpha)$和$T(\alpha)$为α的**范数**和**迹**。

由定义，代数整数的范数和迹都是整数。

$$N(c)=T(c)=c,\quad c\in\mathbb{Q}$$

$$N(\sqrt{-1})=1,\quad T(\sqrt{-1})=0$$

$$N(\pm\sqrt{2})=-2,\quad T(\pm\sqrt{2})=0$$

$$N(\pm 1/\sqrt{2})=-1/2,\quad T(\pm 1/\sqrt{2})=0$$

定义 6.6 设L/K是数域的扩张，$[L:K]=n$，$\delta_i:L\to\mathbb{C}$ $(1\leqslant i\leqslant n)$是$n$个$K$-嵌入，$d_{L/K}(\alpha)=d_{L/K}(1,\alpha,\cdots,\alpha^{n-1})$为**元素$\alpha$对于扩张$L/K$的判别式**，若$K=\mathbb{Q}$，$d_{L/K}(\alpha)$也记作$d_L(\alpha)$，简称为**元素$\alpha$的判别式**。

定理 6.9 $d_{L/K}(\alpha_1,\alpha_2,\cdots,\alpha_n)=|(T_{L/K}(\alpha_i\alpha_j))|$。（练习题第 8 题）

定理 6.10 设$\alpha_1=\alpha,\alpha_2,\cdots,\alpha_n$是$\alpha$的$K$-共轭元素，则（练习题第 9 题）

$$d_{L/K}(\alpha)=\prod_{1\leqslant r<s\leqslant n}(\alpha_r-\alpha_s)^2=(-1)^{\frac{n(n-1)}{2}}N_{L/K}(f'(\alpha))$$

根据定理 6.5 及引理 6.2，$d_{L/K}(\alpha)\neq 0$当且仅当$L=K(\alpha)$。

定理 6.11 若A为O_K中非零理想，则A的加法群也是秩为n的自由 Abel 群。

证明：由自由 Abel 群的性质（5.6 扩展阅读与实践之定理 5），若A为O_K中非零理想，那么A是秩$\leqslant n$的自由 Abel 群。我们只需要再证A的秩为n，即要找出A中$\mathbb{Z}$-线性无关的n个元素。为此，设$\alpha_1,\alpha_2,\cdots,\alpha_n$是$O_K$的一组$\mathbb{Z}$-基。任取$0\neq\alpha\in A$，令$t=N_{K/\mathbb{Q}}(\alpha)$，则$0\neq t\in\mathbb{Z}$。于是$t/\alpha\in K$，但$t/\alpha$是$\alpha$的一些共轭元素之积，从而$t/\alpha$是整数，于是$t/\alpha\in O_K$，且$t=\alpha\cdot t/\alpha\in A$，所以$t\alpha_1,t\alpha_2,\cdots,t\alpha_n$均属于$A$，这$n$个元素是$\mathbb{Z}$-线性无关的。■

下面我们引入一个数量，它粗略地衡量O_K中理想A的大小。

O_K的理想A都是O_K加法子群，设$\{\omega_1,\omega_2,\cdots,\omega_n\}\in O_K$是$O_K$的一组$\mathbb{Z}$-基，由定理 6.5，$A$也是秩$n=[K:\mathbb{Q}]$的自由 Abel 群，设$A$的一组$\mathbb{Z}$-基为$\{\alpha_1,\alpha_2,\cdots,\alpha_n\}$，$\alpha_i\in O_K$，那么，每个$\alpha_i$均是$\omega_1,\omega_2,\cdots,\omega_n$的$\mathbb{Z}$-线性组合，我们用矩阵表示为

$$\begin{pmatrix}\alpha_1\\ \cdots\\ \alpha_n\end{pmatrix}=\boldsymbol{M}\begin{pmatrix}\omega_1\\ \cdots\\ \omega_n\end{pmatrix}$$

由于$\{\alpha_1,\alpha_2,\cdots,\alpha_n\}$和$\{\omega_1,\omega_2,\cdots,\omega_n\}$都是$K$的$\mathbb{Q}$-基，所以$0\neq\det\boldsymbol{M}\in\mathbb{Z}$。

如果$\{\omega'_1,\omega'_2,\cdots,\omega'_n\}$和$\{\alpha'_1,\alpha'_2,\cdots,\alpha'_n\}$分别是$O_K$和$A$的另外一组$\mathbb{Z}$-基，且

$$\begin{pmatrix}\alpha'_1\\ \cdots\\ \alpha'_n\end{pmatrix}=\boldsymbol{M}_1\begin{pmatrix}\alpha_1\\ \cdots\\ \alpha_n\end{pmatrix},\quad \begin{pmatrix}\omega_1\\ \cdots\\ \omega_n\end{pmatrix}=\boldsymbol{M}_2\begin{pmatrix}\omega'_1\\ \cdots\\ \omega'_n\end{pmatrix}$$

其中，$\det\boldsymbol{M}_1=\pm 1$，$\det\boldsymbol{M}_2=\pm 1$，而

$$\begin{pmatrix}\alpha'_1\\ \cdots \\ \alpha'_n\end{pmatrix}=\boldsymbol{M}_1\boldsymbol{M}\boldsymbol{M}_2\begin{pmatrix}\omega'_1\\ \cdots \\ \omega'_n\end{pmatrix}$$

由于$|\det(\boldsymbol{M}_1\boldsymbol{M}\boldsymbol{M}_2)|=|\det(\boldsymbol{M})|$，这就表明$|\det(\boldsymbol{M})|$与$O_K$和$A$的$\mathbb{Z}$-基选取是无关的，它是理想$A$的不变量，我们称它为理想$A$的**范数**，表示为$N_K(A)=N_{K/\mathbb{Q}}(A)$。

定理 6.12 设A为O_K的非零理想，那么$N_K(A)=|O_K/A|$。

证明：设$\{\omega_1,\omega_2,\cdots,\omega_n\}\in O_K$是$O_K$的一组$\mathbb{Z}$-基，由引理 6.1，可设$A=\mathbb{Z}a_1\omega_1\oplus\mathbb{Z}a_2\omega_2\oplus\cdots\oplus\mathbb{Z}a_n\omega_n$，$a_i\in\mathbb{Z}$。这时

$$\begin{pmatrix}a_1\omega_1\\ \cdots \\ a_n\omega_n\end{pmatrix}=\begin{pmatrix}a_1 & & \\ & \cdots & \\ & & a_n\end{pmatrix}\begin{pmatrix}\omega_1\\ \cdots \\ \omega_n\end{pmatrix}$$

所以，$N_K(A)=|a_1\cdots a_n|$。

另一方面，有

$$\begin{aligned}O_K/A&=(\mathbb{Z}\,\omega_1\oplus\mathbb{Z}\,\omega_2\oplus\cdots\oplus\mathbb{Z}\,\omega_n)/(\mathbb{Z}\,a_1\omega_1\oplus\mathbb{Z}\,a_2\omega_2\oplus\cdots\oplus\mathbb{Z}\,a_n\omega_n)\\&\cong(\mathbb{Z}\omega_1/\mathbb{Z}a_1\omega_1)\oplus(\mathbb{Z}\omega_2/\mathbb{Z}a_2\omega_2)\oplus\cdots\oplus(\mathbb{Z}\omega_n/\mathbb{Z}a_n\omega_n)\\&\cong(\mathbb{Z}/\mathbb{Z}a_1)\oplus(\mathbb{Z}/\mathbb{Z}a_2)\oplus\cdots\oplus(\mathbb{Z}/\mathbb{Z}a_n)\end{aligned}$$

所以，$|O_K/A|=|a_1\cdots a_n|=N_K(A)$。■

特别地，如果A是O_K的素理想，那么O_K/A是有限域，因此必然有$a_1,a_2,\cdots,a_n$均为素数，且$a_1=a_2=\cdots=a_n=p$，此时$N_K(A)=p^n$，我们称A是O_K的n**次素理想**。

关于理想的范数，有下面的性质。

定理 6.13 设A和B是O_K的理想，$A=\prod_{i=1}^{r}p_i^{e_i}$，其中，$p_i(1\leqslant i\leqslant r)$是$O_K$中不同的素理想，$e_i\geqslant 1(1\leqslant i\leqslant r)$，那么

(1) $N_K(A)=\prod_{i=1}^{r}N_K(p_i)^{e_i}$；

(2) $N_K(AB)=N_K(A)N_K(B)$；

(3) 设$\{\omega_1,\omega_2,\cdots,\omega_n\}\in O_K$是$O_K$的一组$\mathbb{Z}$-基，$\{\alpha_1,\alpha_2,\cdots,\alpha_n\}$是$A$的一组$\mathbb{Z}$-基，那么$d_K(\alpha_1,\alpha_2,\cdots,\alpha_n)=N_K(A)^2d_K(\omega_1,\omega_2,\cdots,\omega_n)$；

(4) 若$A=(\alpha)(\alpha\in O_K)$是主理想，那么$N_K(A)=N_{K/\mathbb{Q}}(\alpha)$。

证明：

(1) 由于理想$p_1^{e_1},\cdots,p_r^{e_r}$是彼此互素的，根据中国剩余定理(定理 5.9)，有$O_K/A\cong O_K/p_1^{e_1}\oplus\cdots\oplus O_K/p_i^{e_i}$，于是，根据定理 6.11，有

$$N_K(A)=|O_K/A|=\prod_{i=1}^{r}|O_K/p_i^{e_i}|=\prod_{i=1}^{r}N_K(p_i^{e_i})$$

我们只需要再证$N_K(p_i^{e_i})=N_K(p_i)^{e_i}$即可。为此，对$O_K$中每个素理想$p$和$k\geqslant 1$，由于$p^k\supseteq p^{k+1}$，因此取$\alpha\in p^k\setminus p^{k+1}$。作映射$\varphi:O_K\to(\alpha O_K+p^{k+1})$，$\varphi(x)=\alpha x+p^{k+1}$ $(x\in O_K)$，这显然是环的满同态，由α的取法可知$(\alpha)=p^kA'$，$(A',p)=1$。从而$\alpha O_K+p^{k+1}=(p^kA',p^{k+1})=p^k$，即$\varphi$的象为$p^k/p^{k+1}$。另一方面，对于每个$x\in O_K$，则

$$x \in \ker(\varphi) \Leftrightarrow (\alpha x) \subseteq p^{k+1} \Leftrightarrow p^{k+1} \mid (\alpha x) = p^k \cdot A' \cdot (x) \Leftrightarrow p \mid x \Leftrightarrow x \in p$$

这就表明 $\ker(\varphi)=p$。因此有环的同构 $O_K/p \cong p^k/p^{k+1}(k\geqslant 1)$。于是

$$N_K(p^r)=|O_K/p^r|=|O_K/p|\cdot|p/p^2|\cdots|p^{r-1}/p^r|=|O_K/p|^r=N_K(p)^r$$

这就完全证明了(1)。

(2) 由(1)和 A,B 的素理想分解式立即推得。

(3) 设$\{\omega_1,\cdots,\omega_n\}$是 O_K 的一组$\mathbb{Z}$-基,$\{\alpha_1,\cdots,\alpha_n\}$是 A 的一组$\mathbb{Z}$-基,则

$$\begin{pmatrix}\alpha_1\\ \vdots\\ \alpha_n\end{pmatrix}=\boldsymbol{M}\begin{pmatrix}\omega_1\\ \vdots\\ \omega_n\end{pmatrix}$$

由定义 $N_K(A)=|\det\boldsymbol{M}|$。设$\sigma_1,\cdots,\sigma_n$ 是数域 K 到$\mathbb{C}$ 中的 n 个嵌入,$n=[K:\mathbb{Q}]$。由于 $\boldsymbol{M}$ 是$\mathbb{Z}$-阵,从而有

$$\begin{pmatrix}\sigma_i(\alpha_1)\\ \vdots\\ \sigma_i(\alpha_n)\end{pmatrix}=\boldsymbol{M}\begin{pmatrix}\sigma_i(\omega_1)\\ \vdots\\ \sigma_i(\omega_n)\end{pmatrix}$$

从而有矩阵等式:$(\sigma_i(\alpha_j))=\boldsymbol{M}(\sigma_i(\omega_j))$,于是

$$\begin{aligned}d_K(\alpha_1,\cdots,\alpha_n)&=\det(\sigma_i(\alpha_j))^2=(\det\boldsymbol{M})^2(\det(\sigma_i(\omega_j))^2)\\&=N_K(A)^2 d_K(\omega_1,\omega_2,\cdots,\omega_n)=N_K(A)^2 d(K)\end{aligned}$$

(4) 若 $A=(\alpha)$是主理想,$\alpha\in O_K\setminus\{0\}$,那么$\{\alpha\omega_1,\alpha\omega_2,\cdots,\alpha\omega_n\}$是 A 的一组$\mathbb{Z}$-基。从而由(3)即知 $d_K(\alpha\omega_1,\alpha\omega_2,\cdots,\alpha\omega_n)=N_K(A)^2d(K)$。但是,

$$\begin{aligned}d_K(\alpha\omega_1,\alpha\omega_2,\cdots,\alpha\omega_n)&=\det(\sigma_i(\alpha\omega_j))^2=\det(\sigma_i(\alpha)\sigma_i(\omega_j))^2\\&=\left(\prod_{i=1}^{n}\sigma_i(\alpha)\right)^2\cdot\det(\sigma_i(\omega_j))^2\\&=(N_{K/\mathbb{Q}}(\alpha))^2\cdot d(K)\end{aligned}$$

于是,$N_K(A)=N_K(A)=N_{K/\mathbb{Q}}(\alpha)$。■

再来考虑 $K=\mathbb{Q}(\sqrt{-5})$的整环 $O_K=(\mathbb{Z}[\sqrt{-5}]$。考虑 6 在 O_K 中的两个分解式:

$$6=2*3=(1+\sqrt{-5})(1-\sqrt{-5}) \tag{6.1}$$

我们先证 $2,3,1\pm\sqrt{-5}$都是 O_K 中的不可约元素。首先注意:对于 $\alpha\in O_K$,α 为 O_K 中单位当且仅当 $N_K(\alpha)=\pm1$(练习题第 7 题)。如果 2 可约,则 $2=\alpha\beta$,其中,α 和 β 为 O_K 中的非单位。于是 $4=N_K(2)=N_K(\alpha)N_K(\beta)$。于是 α 和 β 的范数必为±2。O_K 中元素表为 $a+b\sqrt{-5}$,其中 $a,b\in\mathbb{Z}$,而 $N_K(a+b\sqrt{-5})=a^2+5b^2$。易知 $x^2+5y^2=\pm2$ 没有有理整数解。所以 O_K 中没有范数为±2 的元素。这就表明 2 在 O_K 中是不可约的。用此法也可证明 3 和 $1\pm\sqrt{-5}$也都是 O_K 中的不可约元素。所以式(7.1)给出了 6 分解成不可约元素乘积的两种方式。进而,2 与 $1\pm\sqrt{-5}$不相伴,因为$\frac{1\pm\sqrt{-5}}{2}$不属于 O_K,所以式(7.1)给出的两个分解式本质上是不同的。这表明 $O_K=\mathbb{Z}[\sqrt{-5}]$不是唯一分解整环。

但是,O_K 是 Dedekind 整环,所以 O_K 中的理想$(6)=6O_K$ 应当唯一地表示成素理

想的乘积。考虑由 2 和 $1\pm\sqrt{-5}$生成的理想

$$P_1=(2,1+\sqrt{-5})=2O_K+(1+\sqrt{-5})O_K$$

可以验证 2 和 $1+\sqrt{-5}$也是加法群 P_1 的一组$\mathbb{Z}$-基，即 $P_1=2\mathbb{Z}\oplus(1+\sqrt{-5})\mathbb{Z}$（这只需要证明：对 O_K 中的元素 α，2α 和 $(1+\sqrt{-5})\alpha$ 均可表示成 2 和 $1+\sqrt{-5}$的$\mathbb{Z}$-线性组合）。由于$\{1,\sqrt{-5}\}$是 O_K 的一组整基，而

$$\begin{bmatrix}2\\1+\sqrt{-5}\end{bmatrix}=\begin{pmatrix}2&0\\1&1\end{pmatrix}\begin{bmatrix}1\\\sqrt{-5}\end{bmatrix},\quad \det\begin{pmatrix}2&0\\1&1\end{pmatrix}=2$$

可知，$N_K(P_1)=2$。由练习题第 10 题可知，P_1 是 O_K 的素理想。类似地可知 $P_2=(3,1+\sqrt{-5})$和 $P_3=(3,1-\sqrt{-5})$也是素理想，并且 $N_K(P_2)=N_K(P_3)=3$。

$$(2)=P_1^2,\quad (3)=P_2P_3,\quad (1+\sqrt{-5})=P_1P_2,\quad (1-\sqrt{-5})=P_1P_3$$

于是将式(6.1)中对于元素 6 给出的两种不同的分解式，改成理想之后，可得到唯一的素理想的分解式：$(2)=P_1^2P_2P_3$。

6.4 练习题

1. 求$\sqrt{2}+\sqrt{3}+\sqrt{5}$，$\sqrt{2+\sqrt{2}}$，$\sqrt[3]{2}+\omega$（其中，$\omega=e^{2\pi i/3}$）的次数和在$\mathbb{Q}$上的极小多项式。

2. 设数域 $L=\mathbb{Q}(\sqrt{1+\sqrt{2}},\sqrt{1-\sqrt{2}})$，求单扩张元素 γ，使得 $L=\mathbb{Q}(\gamma)$。

3. 用 O_K 表示二次域 $K=\mathbb{Q}(\sqrt{d})$（d 是无平方因子的有理整数）中的代数整数所组成的集合，证明：当 $d\equiv2,3\pmod 4$时，$O_K=\{a+b\sqrt{d}\mid a,b\in\mathbb{Z}\}$；当 $d\equiv1\pmod 4$时，$O_K=\{a+b\omega\mid a,b\in\mathbb{Z}\}$（其中，$\omega=(1+\sqrt{d})/2$）。

4. （引理 6.2）设 L/K 是数域的扩张，$[L:K]=n$，试证明：$\alpha_1,\alpha_2,\cdots,\alpha_n$ 是 K 线性无关的当且仅当 $d_{L/K}(\alpha_1,\alpha_2,\cdots,\alpha_n)\neq0$。

5. （定理 6.7）设 L/M，M/K 均是数域扩张，$\alpha\in L$，证明

$$N_{L/K}(\alpha)=N_{M/K}(N_{L/M}(\alpha)),\quad T_{L/K}(\alpha)=T_{M/K}(T_{L/M}(\alpha))$$

6. 试证明 $f(x)=x^5-x+1$ 是$\mathbb{Q}$上的不可约多项式，θ 是 $f(x)$的一个根，$K=\mathbb{Q}(\theta)$，计算 $d_K(\theta)=d_K(1,\theta,\theta^2,\theta^3,\theta^4)$和 $d(K)$，并求出 $K=\mathbb{Q}(\theta)$的一组$\mathbb{Z}$-基。

7. 试证明：对于 $\alpha\in O_K$，α 为 O_K 中单位当且仅当 $N_K(\alpha)=\pm1$。

8. 定理 6.9 试证明 $d_{L/K}(\alpha_1,\alpha_2,\cdots,\alpha_n)=|(T_{L/K}(\alpha_i\alpha_j))|$。

9. 定理 6.10 设 $\alpha_1=\alpha,\alpha_2,\cdots,\alpha_n$是 α 的 K-共轭元素，试证明

$$d_{L/K}(\alpha)=\prod_{1\leqslant r<s\leqslant n}(\alpha_r-\alpha_s)^2=(-1)^{\frac{n(n-1)}{2}}N_{L/K}(f'(\alpha))$$

10. 设 K 为数域，A 和 B 是 O_K 的非零理想，试证明：

(1) $N_K(A)=1\Leftrightarrow A=O_K$；

(2) 若 $A\mid B$，则 $N_K(A)\mid N_K(B)$；

(3) 若 $N_K(A)$为素数，则 A 为素理想；

(4) 若 $N_K(A)=g$，则 $g\in A$；

(5) 对于每个正整数 g，O_K 中满足 $N_K(A)=g$ 的理想 A 只有有限多个。

11. 试证明：如果代数数 $\alpha^{(i)}$，$\beta^{(i)}$ 分别是 α，β 的对于扩张 $K/\mathbb{Q}$ 的共轭数，那么 $\alpha^{(i)}+\beta^{(i)}$，$\alpha^{(i)}\beta^{(i)}$ 分别是 $\alpha+\beta$ 和 $\alpha\beta$ 对于扩张 $K/\mathbb{Q}$ 的共轭数。

12. 试证明：如果代数数 $\alpha^{(i)}$ 是 α 对于扩张 $K/\mathbb{Q}$ 的共轭数，L/K 为代数扩张，$[L:K]=m$，那么 α 对于扩张 $L/\mathbb{Q}$ 的共轭数为 $\alpha^{(i)}$，且每个 $\alpha^{(i)}$ 重复 m 次。

13. 设 $\alpha=\sqrt{2}+\sqrt{5}$，$K=\mathbb{Q}(\alpha)$。

(1) 求 α 在 $\mathbb{Q}$ 上的极小多项式；

(2) 求 α 对于扩张 $K/\mathbb{Q}$ 的共轭数；

(3) 求 $\sqrt{10}$ 对于扩域 $K/\mathbb{Q}$ 的共轭数；

(4) 求 $N(\alpha)$，$N_K(\alpha)$，$T(\alpha)$，$T_K(\alpha)$；

(5) 求 $N(2\sqrt{10})$，$N_K(2\sqrt{10})$，$T(2\sqrt{10})$，$T_K(2\sqrt{10})$；

14. $K=\mathbb{Q}(\alpha)$ 的代数整数环 O_K 是秩为 $[K:\mathbb{Q}]$ 的自由 Abel 群，α 是代数整数，$\mathbb{Z}[\alpha]=\left\{\sum_{i=0}^{m}a_i\alpha^i \mid a_i\in\mathbb{Z},m\geqslant 0\right\}$，试举例说明存在 $\mathbb{Z}[\alpha]\neq O_K$ 的情况。

6.5 扩展阅读与实践

本节介绍如何用数域筛法分解大整数。

一般来说，将整数 n 进行分解，可尝试找到两个整数 x 和 y，满足 $x^2\equiv y^2 \pmod n$。然后计算 $\gcd(x-y,n)$，如果 $\gcd(x-y,n)=1$，表示分解失败，否则即为找到了 n 的两个真因子。

数域筛法的思想如下。

(1) 通过多项式选择、构造代数数域。找到一个次数为 $d(d>1)$ 的首 1 不可约多项式 f 和整数 m，使得 $f(m)\equiv 0 \pmod n$。设 α 是 f 的一个根，于是可得到扩域 $K=\mathbb{Q}(\alpha)$，作映射 $\phi:\mathbb{Z}[\alpha]\to\mathbb{Z}/n\mathbb{Z}$，由 $\alpha\to m \pmod n$ 诱导。

(2) 找一个数对 (a,b) 的非空集合 S，满足以下条件：

① 对所有 $(a,b)\in S$，$\gcd(a,b)=1$；

② $\prod_{(a,b)\in S}(a+bm)$ 是 $\mathbb{Z}$ 中的平方数；

③ $\prod_{(a,b)\in S}(a+b\alpha)$ 是 $\mathbb{Z}[\alpha]$ 中的平方数。

(3) 令 $x\in\mathbb{Z}$ 是②中数的平方根，$\beta\in\mathbb{Z}[\alpha]$ 是③中数的平方根，令 $y\in\mathbb{Z}$ 适用于 $y \pmod n=\phi(\beta)$，那么可以得到

$$y^2\equiv x^2 \pmod n$$

于是，可算出 n 的因子 $\gcd(x-y,n)$。

6.5.1 数域的构造

数域的构造实际上是不可约多项式 $f\in\mathbb{Z}[x]$ 的构造。在实践中，对于十进制字节在 110～160 之间的数 n，可取 $d=5$。以下为构造 f 的一种方法。

以基 m^n 的方法构造 f。取 r 为较小正整数，$m=[(rn)^{\frac{1}{d}}]$，然后将 rn 表示为 m 进制：

$$rn=c_d m^d+c_{d-1}m^{d-1}+\cdots+c_0,\quad 0\leqslant c_i\leqslant m$$

于是得到 $f=c_d x^d+\cdots+c_0$，并且 $f(m)\equiv 0(\bmod\ n)$。选取 $\sum_{i=0}^{d}c_i^2$ 较小的 c_i 作为 f。

6.5.2 $a+bm$

定义 1 如果整数 x 的任何素因数 $p\leqslant y$，则称 x 是 y-光滑的。

选定正数 B_1 作为上界，集合

$$P=\{p\leqslant B_1 : p\ \text{是素数}\}=\{p_1,p_2,\cdots,p_{\pi(B_1)}\}$$

作为素数基。筛集合 $T=\{(a,b):a+bm\ \text{是}\ B_1\text{-光滑的}\}$。作映射

$$e:T\to\mathbb{Z}_2^{1+\pi(B_1)}$$

如果 $a+bm>0$，则 $e(a,b)$ 的第一个坐标为 0，否则为 1；$e(a,b)$ 的第 $i+1$ 个坐标为 $\text{ord}_{p_i}(a+bm)$，指 $a+bm$ 的标准分解中 p_i 的次数。

如果 $\# T>1+\pi(B_1)$，则可以找出相关组，即 T 的一个非空子集 T_1，使得

$$\sum_{(a,b)\in T_1}e(a,b)\equiv 0(\bmod\ 2)$$

于是，$\prod_{(a,b)\in T_1}(a+bm)$ 是 $\mathbb{Z}$ 中的平方数。此处需要运用高斯消去律。

6.5.3 $a+b\alpha$

假设 β 是 $\mathbb{Z}[\alpha]$ 的理想，β 的范数 $N(\beta)=|\mathbb{Z}[\alpha]/\beta|$，当 β 是素理想时，$\mathbb{Z}[\alpha]/\beta$ 是有限域，$N(\beta)=p^t$，p 为某素数。$t=1$ 时，β 称为 $\mathbb{Z}[\alpha]$ 的一次素理想。$\mathbb{Z}[\alpha]/\beta[\alpha]$ 的任意一个一次素理想 β 都一一对应着一个数对 (p,r)，p,r 满足 $f(r)\equiv 0(\bmod\ p)$，$p=N(\beta)$。在 $\mathbb{Z}[\alpha]/\beta[\alpha]$ 上，$a+b\alpha(a,b\in\mathbb{Z}[\alpha]/\beta,b\neq 0)$ 具有以下性质：

(1) $a+b\alpha$ 的范数 $N(a+b\alpha)=(-b)^d f\left(-\dfrac{a}{b}\right)$；

(2) 若 β 是 $\mathbb{Z}[\alpha]$ 的素理想，且 $(a+b\alpha)\in\beta$，那么 β 是 $\mathbb{Z}[\alpha]$ 的一次素理想；

(3) 若 $p|N(a+b\alpha)$，则存在 $\mathbb{Z}[\alpha]$ 的素理想 β 使得 $N(\beta)=p$，且 $a+b\alpha\in\beta$；

(4) 记 $R(p)=\{r\in\{0,1,\cdots,p-1\}:f(r)\equiv 0(\bmod\ p)\}$。对任意 (p,r)，$r\in R(p)$，定义

$$e_{(p,r)}(a+b\alpha)=\begin{cases}\text{ord}_p N(a+b\alpha), & a+br\equiv 0(\bmod\ p)\\ 0, & a+br\not\equiv 0(\bmod\ p)\end{cases}$$

可得到性质。

$$\prod_{p,r}p^{e_{(p,r)}(a+b\alpha)}=|N(a+b\alpha)|$$

此处 p 遍历所有素数，r 遍历 $R(p)$。

若 $K=\mathbb{Q}(\alpha)$ 的整数环 O_K 是唯一分解环，且 $O_K=\mathbb{Z}[\alpha]$ 时，由以上 4 个性质，$a+b\alpha\in\mathbb{Z}[\alpha]$ 在 $\mathbb{Z}[\alpha]$ 上的数分解可按如下步骤进行：

(1) 分解 $N(a+b\alpha)=(-b)^d f\left(-\dfrac{a}{b}\right)=p_1^{e_1}\cdots p_k^{e_k}$；

(2) 对于每个 i,求 r_i,满足 $a+br_i\equiv 0(\bmod\ p_i)$;

(3) 作 $a+b\alpha$ 的素理想分解 $(a+b\alpha)=(p_1,r_1)^{e_1}\cdots(p_k,r_k)^{e_k}$;

(4) 由于 O_K 是唯一分解环,因而每个理想 (p_i,r_i) 都是主理想,即由生成元 π_{p_i},使得素理想 $(p_i,r_i)=(\pi_{p_i})$;

(5) 于是 $a+b\alpha$ 在 $\mathbb{Z}[\alpha]$ 中可分解为 $a+b\alpha=u\cdot\pi_{p_1}^{e_1}\cdots\pi_{p_k}^{e_k}$,其中,$u$ 是 $\mathbb{Z}[\alpha]$ 中的某个单位。

定义 2 数域 K 的代数整数环 O_K 的元素 β 称作 y-光滑的,是指其范数 $N(\beta)$ 是 y-光滑的。

令 U 是 $\mathbb{Z}[\alpha]$ 的单位群的生成元集合,B_2 是一个正数,$B'=\{(p,r):p\leqslant B_2,r\in R(p)\}$,将 U 和 B' 中元素排序后作为代数因子基,则可实现 T_2。

但是,O_K 是唯一分解环的假设往往是不成立的。现给出如下两个命题。

命题 1 如果 $\prod\limits_{(a,b)\in T_2}(a+b\alpha)$ 是 O_K 中的平方数,则对任意的 $(p,r)\in B'$,都有

$$\sum_{(a,b)\in T_2} e_{p,r}(a+b\alpha)\equiv 0(\bmod 2)$$

命题 2 如果 $\prod\limits_{(a,b)\in T_2}(a+b\alpha)$ 是 O_K 中的平方数,令 q 是奇素数,对任意的 $s\in R(q)$,满足 $a+bs\not\equiv 0(\bmod q)$,$f'(s)\not\equiv 0(\bmod q)$,那么

$$\prod_{(a,b)\in T_2}\left(\frac{a+bs}{q}\right)=1$$

此处 $\left(\frac{a+bs}{q}\right)$ 为勒让德符号。

此外,如果 $\prod\limits_{(a,b)\in T_2}(a+b\alpha)=r^2$,且 $r\in O_K$,那么 $rf'(\alpha)\in\mathbb{Z}[\alpha]$,所以 $f'(\alpha)^2\prod\limits_{(a,b)\in T_2}(a+b\alpha)$ 是 $\mathbb{Z}[\alpha]$ 中的平方数。

上述两个命题及其他陈述相结合可作为寻找 T_2 的必要条件。由此,T_2 的实现方法可描述如下:

(1) 找到集合 T,以及集合 B' 并排序。

(2) 找到集合 B'' 并排序:

$$B''=\{(q,s):q\text{ 为素数},q>B_2,s\in R(q),f'(s)\not\equiv 0(\bmod q)\}$$

(3) 作映射 $e:T\to F_2^{\#B'+\#B''}$,$e(a,b)$ 的前 $\#B'$ 个坐标对应 $e_{p,r}(a+b\alpha)(\bmod 2)$,$(p,r)\in B'$;后 B'' 个坐标为 0 $\left(\text{当}\left(\frac{a+bs}{q}\right)=1\right)$ 或 1 $\left(\text{当}\left(\frac{a+bs}{q}\right)=-1\right)$,其中,$(q,s)\in B''$。

(4) 运用高斯消去律找线性相关组,即 T 的子集 T_2。

由此获得的 T_2 虽不能确保 $\prod\limits_{(a,b)\in T_2}(a+b\alpha)$ 是 $\mathbb{Z}[\alpha]$ 中的平方数,但实践证明该方法可行。最终可得到集合 $S=T_1\cap T_2$。

6.5.4 平方根计算

令

$$c = f'(m)^2 \prod_{(a,b)\in S}(a+bm),\quad \gamma = f'(m)^2 \prod_{(a,b)\in S}(a+b\alpha)$$

假定 S 是数对(a,b)的集合，满足

(1) $\gcd(a,b)=1$，对任意的$(a,b)\in S$；

(2) c 是$\mathbb{Z}$ 中的平方数；

(3) γ 是$\mathbb{Z}[\alpha]$中的平方数。

欲计算 c 和 γ 的平方根。

假定 $c=x^2,\gamma=\beta^2,x\in\mathbb{Z},\beta\in\mathbb{Z}[\alpha]$，则有

$$c = f'(m)^2 \prod_{p\leqslant B_1} p^{2e_p} = x^2,\quad x = f'(m)\prod_{p\leqslant B_1} p^{e_p}$$

$$N(\gamma) = N(f'(\alpha))^2 \prod_{p\leqslant B_2} p^{2f_p},\quad N(\beta) = \pm N(f'(\alpha))\prod_{p\leqslant B_2} p^{f_p}$$

7

格

本章将讲述格的基本定义、格的计算性难题(如最短向量问题)等,同时介绍格密码及相关的误差还原问题。

7.1 格的定义

本章我们用$\mathbb{R}^m$表示 m 维欧氏空间,其中的每一个元素 $\boldsymbol{v}=(v_1,v_2,\cdots,v_m)$称为向量,向量的长度即向量的范数。最常用的有下面几种:

(1) 欧氏范数,即 2-范数:$\|\boldsymbol{v}\|_2=\sqrt{\sum_{i=1}^{m}v_i^2}$,不作特别说明,$\|\boldsymbol{v}\|$ 一般是指 $\|\boldsymbol{v}\|_2$;

(2) ∞-范数:$\|\boldsymbol{v}\|_\infty=\max_{1\leqslant i\leqslant m}|v_i|$;

(3) 1-范数:$\|\boldsymbol{v}\|_1=\sum_{1\leqslant i\leqslant m}|v_i|$;

(4) p-范数:$\|\boldsymbol{v}\|_p=\left(\sum_{i=1}^{m}|v_i|^p\right)^{\frac{1}{p}}$,其中,$p\in\mathbb{R}$,$p\geqslant 1$。

定义 7.1 若$\mathbb{R}^m$的一个子集 V 满足:对于任意 $\boldsymbol{v}_1,\boldsymbol{v}_2\in V$,$a_1,a_2\in\mathbb{R}$,$a_1\boldsymbol{v}_1+a_2\boldsymbol{v}_2\in V$(对于加法和数乘封闭),则称 V 是一个定义在$\mathbb{R}^m$上的**向量空间**。

关于向量空间的基、维数、线性相关、线性无关、内积、正交等概念已经在线性代数中有所介绍,在此不再赘述。

定义 7.2 设 $\boldsymbol{v}_1,\boldsymbol{v}_2,\cdots,\boldsymbol{v}_n\in\mathbb{R}^m(n\leqslant m)$是一组线性无关的向量,由 $\boldsymbol{v}_1,\boldsymbol{v}_2,\cdots,\boldsymbol{v}_n$ 生成的**格**是指:

$$L(\boldsymbol{v}_1,\boldsymbol{v}_2,\cdots,\boldsymbol{v}_n)=\left\{\sum_{i=1}^{n}a_i\boldsymbol{v}_i \mid a_i\in\mathbb{Z}\right\}$$

任意一组可以生成 L 的线性无关向量都称为格 L 的**基**或者**格基**,格 L 的任意一组基中的线性无关向量的数量都是相等的,称为格 L 的**维数**或者**秩**,记作 $\dim(L)$。格 L 中所有向量的分量如果均为整数,那么格 L 称为**整数格**。

例 7.1 试证明 $L=\{(x,y)\in\mathbb{Z}^2 \mid 3x-4y\equiv 0 \pmod{13}\}$是一个格,并求出 L 的一组基。

解:考虑同余式 $3x-4y\equiv 0 \pmod{13}$,对于任意给定的 y,对应的 $x\equiv 10y \pmod{13}$,即其一般解可以表示为 $(10y+13k, y)$,其中,$k, y\in\mathbb{Z}$。$(10y+13k,y)=(10y,y)+(13k,0)=y(10,1)+k(13,0)$,令 $\boldsymbol{v}_1=(10,1)$,$\boldsymbol{v}_2=(13,0)$,$\boldsymbol{v}_1,\boldsymbol{v}_2$ 线性无关,由 k,y 的任意性,L 即是由 $\boldsymbol{v}_1,\boldsymbol{v}_2$ 生成的整数格。■

一般地,假设 $L(\boldsymbol{v}_1,\boldsymbol{v}_2,\cdots,\boldsymbol{v}_n)$ 是一个 n 维格,它是由 $\boldsymbol{v}_1,\boldsymbol{v}_2,\cdots,\boldsymbol{v}_n$ 生成的向量空间 V 的子集,V 中的任意 n 个线性无关向量都可以作为 V 的基,但是 L 中的 n 个线性无关向量不一定能形成 L 的基。

假设 $L(\boldsymbol{v}_1,\boldsymbol{v}_2,\cdots,\boldsymbol{v}_n)$ 的另外一组基为 $\boldsymbol{u}_1,\boldsymbol{u}_2,\cdots,\boldsymbol{u}_n$,那么存在 $\mathbb{Z}$ 上的 n 阶方阵 $\boldsymbol{M}$ 和 $\boldsymbol{N}$ 使得:

$$\begin{pmatrix}\boldsymbol{v}_1\\\boldsymbol{v}_2\\\vdots\\\boldsymbol{v}_n\end{pmatrix}=\boldsymbol{M}\begin{pmatrix}\boldsymbol{u}_1\\\boldsymbol{u}_2\\\vdots\\\boldsymbol{u}_n\end{pmatrix},\quad \begin{pmatrix}\boldsymbol{u}_1\\\boldsymbol{u}_2\\\vdots\\\boldsymbol{u}_n\end{pmatrix}=\boldsymbol{N}\begin{pmatrix}\boldsymbol{v}_1\\\boldsymbol{v}_2\\\vdots\\\boldsymbol{v}_n\end{pmatrix},\quad \text{即}\quad \begin{pmatrix}\boldsymbol{v}_1\\\boldsymbol{v}_2\\\vdots\\\boldsymbol{v}_n\end{pmatrix}=\boldsymbol{MN}\begin{pmatrix}\boldsymbol{v}_1\\\boldsymbol{v}_2\\\vdots\\\boldsymbol{v}_n\end{pmatrix}$$

因为 $\boldsymbol{v}_1,\boldsymbol{v}_2,\cdots,\boldsymbol{v}_n$ 线性无关,所以 $\boldsymbol{MN}=\boldsymbol{I}_n$,于是行列式 $\det(\boldsymbol{MN})=1$,所以 $\det(\boldsymbol{M})$,$\det(\boldsymbol{N})$ 都只能取值 ± 1。

反之,如果 $\boldsymbol{N}$ 是 $\mathbb{Z}$ 上的 n 阶方阵,$\det(\boldsymbol{N})=\pm 1$,那么 $\boldsymbol{N}(\boldsymbol{v}_1,\boldsymbol{v}_2,\cdots,\boldsymbol{v}_n)^{\mathrm{T}}$ 也一定是 $L(\boldsymbol{v}_1,\boldsymbol{v}_2,\cdots,\boldsymbol{v}_n)$ 的一组基。

在例 7.1 中,若取 $\boldsymbol{N}=\begin{pmatrix}2&1\\1&1\end{pmatrix}$,$\boldsymbol{N}\begin{pmatrix}\boldsymbol{v}_1\\\boldsymbol{v}_2\end{pmatrix}=\boldsymbol{N}\begin{pmatrix}10&1\\13&0\end{pmatrix}=\begin{pmatrix}33&2\\23&1\end{pmatrix}$,那么,$(33,2)$,$(23,1)$ 也是 L 的一组基;若取 $\boldsymbol{N}=\begin{pmatrix}2&1\\0&1\end{pmatrix}$,$\boldsymbol{N}\begin{pmatrix}\boldsymbol{v}_1\\\boldsymbol{v}_2\end{pmatrix}=\boldsymbol{N}\begin{pmatrix}10&1\\13&0\end{pmatrix}=\begin{pmatrix}33&2\\13&0\end{pmatrix}$,那么,$(33,2)$,$(13,0)$ 不是 L 的一组基。

在坐标轴内描出例 7.1 中的格 L。

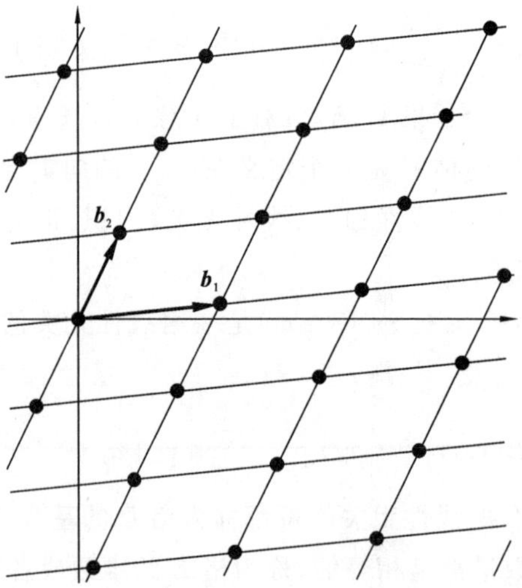

图 7.1 二维格的图像

图 7.1 中,每个小平行四边形的顶点表示的向量即为格 L 的元素。

定义 7.3 格 $L(\boldsymbol{v}_1, \boldsymbol{v}_2, \cdots, \boldsymbol{v}_n)$的一个**基础区域**是指向量集合

$$B(\boldsymbol{v}_1, \boldsymbol{v}_2, \cdots, \boldsymbol{v}_n) = \left\{ \sum_{i=1}^{n} a_i \boldsymbol{v}_i \mid a_i \in \mathbb{R}, \quad 0 \leqslant a_i < 1 \right\}$$

以原点为圆心,包含 i 个线性无关格向量的最小球半径称为第 i 个**逐次最小长度**,记作 $\lambda_i(L)$,$1 \leqslant i \leqslant n$。对于任意的 $\boldsymbol{w} \in \mathbb{R}^m$,$\boldsymbol{w}$ 和格的**距离**是指 $\mathrm{dist}(\boldsymbol{w}, L) = \min_{\boldsymbol{v} \in L} \| \boldsymbol{v} - \boldsymbol{w} \|$。

因为格 L 可以有很多不同的基,因此 L 的基础区域也有多个。

当 $i=1$ 时,$\lambda_1(L)$即指格 L 的最短非零向量的长度。

当 $\boldsymbol{w} \in L$ 时,$\mathrm{dist}(\boldsymbol{w}, L) = 0$。

定理 7.1 设 $L(\boldsymbol{v}_1, \boldsymbol{v}_2, \cdots, \boldsymbol{v}_n)$是$\mathbb{R}^n$中的一个格,$B(\boldsymbol{v}_1, \boldsymbol{v}_2, \cdots, \boldsymbol{v}_n)$为其一个基础区域,对于任意 $\boldsymbol{w} \in \mathbb{R}^n$,存在唯一的 $\boldsymbol{b} \in B$ 和唯一的 $\boldsymbol{v} \in L$,使得 $\boldsymbol{w} = \boldsymbol{b} + \boldsymbol{v}$。

证明:存在性。因为 $\boldsymbol{v}_1, \boldsymbol{v}_2, \cdots, \boldsymbol{v}_n$ 线性无关,所以 $\boldsymbol{v}_1, \boldsymbol{v}_2, \cdots, \boldsymbol{v}_n$ 也是$\mathbb{R}^n$的一组基,令 $\boldsymbol{w} = \sum_{i=1}^{n} b_i \boldsymbol{v}_i, b_i \in \mathbb{R}$,应用高斯函数符号,有

$$\boldsymbol{w} = \sum_{i=1}^{n} ([b_i] + \{b_i\}) \boldsymbol{v}_i = \sum_{i=1}^{n} [b_i] \boldsymbol{v}_i + \sum_{i=1}^{n} \{b_i\} \boldsymbol{v}_i, \quad 0 \leqslant \{a_i\} < 1$$

令 $\boldsymbol{b} = \sum_{i=1}^{n} \{b_i\} \boldsymbol{v}_i, \boldsymbol{v} = \sum_{i=1}^{n} [b_i] \boldsymbol{v}_i, \boldsymbol{w} = \boldsymbol{b} + \boldsymbol{v}$,即得存在性。

唯一性。假设 $\boldsymbol{w} = \boldsymbol{b} + \boldsymbol{v} = \boldsymbol{b}' + \boldsymbol{v}'$,其中,$\boldsymbol{b}, \boldsymbol{b}' \in B, \boldsymbol{v}, \boldsymbol{v}' \in L$,有

$$\boldsymbol{b} - \boldsymbol{b}' = \boldsymbol{v}' - \boldsymbol{v}$$

设 $\boldsymbol{b} - \boldsymbol{b}' = \sum_{i=1}^{n} c_i \boldsymbol{v}_i, c_i \in \mathbb{Z}, \boldsymbol{v}' - \boldsymbol{v} = \sum_{i=1}^{n} d_i \boldsymbol{v}_i, -1 < d_i < 1$,得到 $c_i = 0$,即 $\boldsymbol{b} = \boldsymbol{b}'$,进而 $\boldsymbol{v} = \boldsymbol{v}'$。■

定理 7.1 说明,$\mathbb{R}^n$可以由$\{\boldsymbol{b} + \boldsymbol{v} \mid \boldsymbol{b} \in B, \boldsymbol{v} \in L\}$完全覆盖。

定义 7.4 设 $L(\boldsymbol{v}_1, \boldsymbol{v}_2, \cdots, \boldsymbol{v}_n)$是$\mathbb{R}^m$中的一个格,$B(\boldsymbol{v}_1, \boldsymbol{v}_2, \cdots, \boldsymbol{v}_n)$为其一个基础区域,$B$ 的 n 维体积 $\mathrm{vol}(B)$称为 L 的**行列式**,记为 $\det(L)$。

如果 $\boldsymbol{v}_1, \boldsymbol{v}_2, \cdots, \boldsymbol{v}_n$ 长度固定,那么,当 $\boldsymbol{v}_1, \boldsymbol{v}_2, \cdots, \boldsymbol{v}_n$ 两两正交的时候,$B(\boldsymbol{v}_1, \boldsymbol{v}_2, \cdots, \boldsymbol{v}_n)$的体积达到最大,因此,有

$$\det(L) = \mathrm{vol}(B) \leqslant \| \boldsymbol{v}_1 \| \| \boldsymbol{v}_2 \| \cdots \| \boldsymbol{v}_n \|$$

如果 $m=n$,可以通过下面的方法来计算 $\det(L)$。

定理 7.2 设 $L(\boldsymbol{v}_1, \boldsymbol{v}_2, \cdots, \boldsymbol{v}_n)$是$\mathbb{R}^n$中的一个格,$B(\boldsymbol{v}_1, \boldsymbol{v}_2, \cdots, \boldsymbol{v}_n)$为其一个基础区域,那么

$$\det(L) = \mathrm{vol}(B) = |\det(\boldsymbol{v}_1, \boldsymbol{v}_2, \cdots, \boldsymbol{v}_n)^{\mathrm{T}}|$$

证明:因为 $F(\boldsymbol{v}_1, \boldsymbol{v}_2, \cdots, \boldsymbol{v}_n) = \left\{ \sum_{i=1}^{n} a_i \boldsymbol{v}_i \mid a_i \in \mathbb{R}, 0 \leqslant a_i < 1 \right\}$,设

$$(x_1, x_2, \cdots, x_n) = \sum_{i=1}^{n} a_i \boldsymbol{v}_i = (a_1, a_2, \cdots, a_n)(\boldsymbol{v}_1, \boldsymbol{v}_2, \cdots, \boldsymbol{v}_n)^{\mathrm{T}}$$

记 $C_n = [0,1)^n = \{(a_1, a_2, \cdots, a_n) \mid a_i \in \mathbb{R}, 0 \leqslant a_i < 1\}$为 n 维单位立方体,那么

$$\mathrm{vol}(B) = \int_B \mathrm{d}x_1 \mathrm{d}x_2 \cdots \mathrm{d}x_n = \int_{C_n} |\det(\boldsymbol{v}_1, \boldsymbol{v}_2, \cdots, \boldsymbol{v}_n)^{\mathrm{T}}| \mathrm{d}a_1 \mathrm{d}a_2 \cdots \mathrm{d}a_n$$

$$= |\det(\boldsymbol{v}_1,\boldsymbol{v}_2,\cdots,\boldsymbol{v}_n)^{\mathrm{T}}|\int_{C_n}\mathrm{d}a_1\mathrm{d}a_2\cdots\mathrm{d}a_n = |\det(\boldsymbol{v}_1,\boldsymbol{v}_2,\cdots,\boldsymbol{v}_n)^{\mathrm{T}}| \blacksquare$$

因为格的基之间仅相差一个行列式为±1 的矩阵，所以根据定理 7.2，容易得到下面的结论。

推论 设 $L(\boldsymbol{v}_1,\boldsymbol{v}_2,\cdots,\boldsymbol{v}_n)$是$\mathbb{R}^n$中的一个格，它的所有基础区域具有相同的体积。格 L 的行列式 $\det(L)$的大小与基的选择无关。

7.2 最短向量问题

在格中有很多重要的计算难题，其中最经典的是寻找最短的非零向量和在格中寻找与指定非格中向量最近的向量的问题。

定义 7.5 **最短向量问题**(Shortest Vector Problem，SVP)是指寻找一个非零向量 $\boldsymbol{v}\in L$，使得对于任意非零向量 $\boldsymbol{u}\in L$，$\|\boldsymbol{v}\|\leqslant\|\boldsymbol{u}\|$；**最近向量问题**(Closest Vector Problem，CVP)是指对于指定目标向量 $\boldsymbol{w}\in\mathbb{R}^m\backslash L$，寻找一个非零向量 $\boldsymbol{v}\in L$，使得对于任意非零向量 $\boldsymbol{u}\in L$，$\|\boldsymbol{w}-\boldsymbol{v}\|\leqslant\|\boldsymbol{w}-\boldsymbol{u}\|$。

SVP 和 CVP 都是目前计算水平下难解的问题，在很多实际应用中，我们还会用到这两类问题的一些变形。

定义 7.6 **γ-近似最短向量问题**(SVP-γ)是指寻找一个非零向量 $\boldsymbol{v}\in L$，使得对于任意非零向量 $\boldsymbol{u}\in L$，$\|v\|\leqslant\gamma\|u\|$；**逐次最小长度问题**(Successive Minima Problem，SMP)是指给定维数为 n 的格 L，寻找 n 个线性无关的向量 $\boldsymbol{s}_i\in L(1\leqslant i\leqslant n)$，满足 $\|\boldsymbol{s}_i\|=\lambda_i(L)$；**最短线性无关向量问题**(Shortest Independent Vector Problem，SIVP)是指给定维数为 n 的格 L，寻找 n 个线性无关的向量 $\boldsymbol{s}_i\in L(1\leqslant i\leqslant n)$，满足 $\|\boldsymbol{s}_i\|\leqslant\lambda_i(L)$；**有界距离解码问题**(Bounded Distance Decoding，BDD-γ)是指对于指定目标向量 $\boldsymbol{w}\in\mathbb{R}^m\backslash L$，满足 $\mathrm{dist}(\boldsymbol{w},L)<\gamma\lambda_1(L)$，寻找一个非零向量 $\boldsymbol{v}\in L$，使得对于任意非零向量 $\boldsymbol{u}\in L$，$\|\boldsymbol{w}-\boldsymbol{v}\|\leqslant\|\boldsymbol{w}-\boldsymbol{u}\|$。

下面，我们首先来研究格 L 中非零最短向量的长度上界。

引理 7.1 Blichfeldt **引理** 设 L 是$\mathbb{R}^n$中的一个 n 维格，D 是$\mathbb{R}^n$中的一个区域，如果 $\mathrm{vol}(D)>\det(L)$，那么 D 中存在两个不同的向量 $\boldsymbol{d}_1\neq\boldsymbol{d}_2$，使得 $\boldsymbol{d}_1-\boldsymbol{d}_2\in L$。

证明：记 B 为 L 的基础区域，根据定理 7.1，有

$$\mathbb{R}^n=\bigcup_{\boldsymbol{v}\in L}(B+\boldsymbol{v}),\quad D=\bigcup_{\boldsymbol{v}\in L}((B+\boldsymbol{v})\cap D)=\bigcup_{\boldsymbol{v}\in L}((B\cap(D-\boldsymbol{v}))+\boldsymbol{v})$$

如果 $D-\boldsymbol{v}$ 两两互不相交，那么

$$\mathrm{vol}\Big(\bigcup_{\boldsymbol{v}\in L}(B\cap(D-\boldsymbol{v}))\Big)=\sum_{\boldsymbol{v}\in L}\mathrm{vol}(B\cap(D-\boldsymbol{v}))\leqslant\mathrm{vol}(B)=\det(L)$$

因为

$$\mathrm{vol}((B\cap(D-\boldsymbol{v}))+\boldsymbol{v})=\mathrm{vol}((B\cap(D-\boldsymbol{v})))$$

则

$$\mathrm{vol}(D)=\mathrm{vol}\Big(\bigcup_{\boldsymbol{v}\in L}((B\cap(D-\boldsymbol{v}))+\boldsymbol{v})\Big)\leqslant\sum_{\boldsymbol{v}\in L}\mathrm{vol}(B\cap(D-\boldsymbol{v}))\leqslant\det(L)，矛盾。$$

不妨设 $D-\boldsymbol{v}_1,D-\boldsymbol{v}_1,\boldsymbol{v}_1,\boldsymbol{v}_2\in L,\boldsymbol{v}_1\neq\boldsymbol{v}_2$ 相交不为空，那么存在 $\boldsymbol{d}_1,\boldsymbol{d}_2\in D$，使得 $\boldsymbol{d}_1-$

$v_1 = d_2 - v_2$，于是 $d_1 - d_2 = v_1 - v_2 \in L$，且 $d_1 \neq d_2$。■

引理 7.2 Minkowski 定理 设 L 是 $\mathbb{R}^n$ 中的一个 n 维格，D 是 $\mathbb{R}^n$ 中的一个关于原点中心对称的凸区域，如果 $\mathrm{vol}(D) > 2^n \det(L)$，那么存在非零格向量 $v \in L \cap D$。

证明：设 $C = \frac{1}{2}D$，表示将区域 D 中所有向量的坐标都压缩为原来的 $\frac{1}{2}$，那么 $\mathrm{vol}(C) = \frac{1}{2^n}D > \det(L)$。根据引理 7.1，在 C 中存在两个向量 $d_1 \neq d_2$，且 $d_1 - d_2 \in L$。因为 $2d_1 \in D$，$2d_2 \in D$，又 D 关于原点中心对称，所以 $-2d_2 \in D$，再因为 D 是凸区域，所以向量 $2d_1$ 和 $-2d_2$ 的中点 $d_1 - d_2 \in D$。令 $v = d_1 - d_2$，$v \in L \cap D$。■

定理 7.3 Hermite 定理 设 L 是 $\mathbb{R}^n$ 中的一个 n 维格，那么 $\lambda_1(L) \leqslant \sqrt{n} \det(L)^{1/n}$。

证明：由引理 7.2，假设 $D_k(k \in \mathbb{Z}, k \geqslant 1)$ 是如下关于原点中心对称的凸区域：

$$D_k = \{(x_1, x_2, \cdots, x_n) \mid -B - 1/k \leqslant x_i \leqslant B + 1/k, 1 \leqslant i \leqslant n\}$$

那么，$\mathrm{vol}(D_k) = (2B + 2/k)^n$，令 $B = \det(L)^{1/n}$，有 $\mathrm{vol}(D_k) > 2^n \det(L)$。

根据引理 7.2，存在 $v_k \in L \cap D_k$。

考虑区间 $D = \bigcap_{k=1}^{\infty} D_k = \{(x_1, x_2, \cdots, x_n) \mid -B \leqslant x_i \leqslant B, 1 \leqslant i \leqslant n\}$，因为 D_k 均为有界区间，其中的格向量有有限多个，且是离散的，因此必然存在 $v \in L \cap D$，此时

$$\lambda_1(L) \leqslant \| v \| \leqslant \sqrt{\sum_{i=1}^{n} B^2} = \sqrt{n} \det(L)^{1/n}。■$$

格基在格的表示和计算上有重要的作用，为了方便计算，直观上讲，我们希望所选择的基越短越好，并且希望所选择的基具有或者接近具有两两正交的性质。

定义 7.7 设 L 是 $\mathbb{R}^n$ 中的一个 n 维格，$v_1, v_2, \cdots, v_n$ 是 L 的一组基，其 **Hadamard 比率**定义为

$$H(v_1, v_2, \cdots, v_n) = \sqrt[n]{\frac{\det(L)}{\prod_{i=1}^{n} \| v_i \|}}$$

因为 $\det(L) \leqslant \prod_{i=1}^{n} \| v_i \|$，所以对于 L 的任意一组基，$0 < H \leqslant 1$。Hadamard 比率越大，说明 $\prod_{i=1}^{n} \| v_i \|$ 越小；Hadamard 比率越接近 1，说明基越接近两两正交。

LLL(Lenstra, Lenstra, Lovasz)是一种在多项式时间内求解格 L 的近似正交基和近似最短向量的算法，在密码学中有广泛的应用。

为了方便讨论，我们回顾一下向量空间 Gram-Schmidt 正交基的求解过程。设 $v_1, v_2, \cdots, v_n$ 是向量空间 V 的一组基，依次计算

$$v_1^* = v_1$$

$$v_2^* = v_2 - u_{2,1} v_1^*$$

$$v_3^* = v_3 - u_{3,2} v_2^* - u_{3,1} v_1^*$$

$$\cdots$$

$$v_n^* = v_n - \sum_{i=1}^{n-1} u_{n,i} v_i^*$$

其中，$u_{2,1}=\frac{\langle \boldsymbol{v}_2, \boldsymbol{v}_1^* \rangle}{\langle \boldsymbol{v}_1^*, \boldsymbol{v}_1^* \rangle}$，$\langle x, y\rangle$ 表示向量 x, y 的内积，$u_{i,j}=\frac{\langle \boldsymbol{v}_i, \boldsymbol{v}_j^* \rangle}{\langle \boldsymbol{v}_j^*, \boldsymbol{v}_j^* \rangle}$，这样得到的 $\boldsymbol{v}_1^*$，$\boldsymbol{v}_2^*, \cdots, \boldsymbol{v}_n^*$ 即为一组正交基，对于任意 $\boldsymbol{x} \in V$，$\boldsymbol{x}=\sum_{j=1}^{n} \frac{\langle \boldsymbol{x}, \boldsymbol{v}_j^* \rangle}{\langle \boldsymbol{v}_j^*, \boldsymbol{v}_j^* \rangle}\boldsymbol{v}_j^*$，其中，$\frac{\langle \boldsymbol{x}, \boldsymbol{v}_j^* \rangle}{\langle \boldsymbol{v}_j^*, \boldsymbol{v}_j^* \rangle}\boldsymbol{v}_j^*$ 称为 $\boldsymbol{x}$ 在 $\boldsymbol{v}_j^*$ 上的投影。

定义映射

$$\pi_i(x)=\sum_{j=i}^{n} \frac{\langle \boldsymbol{x}, \boldsymbol{v}_j^* \rangle}{\langle \boldsymbol{v}_j^*, \boldsymbol{v}_j^* \rangle}\boldsymbol{v}_j^*, \quad 1 \leqslant i \leqslant n$$

那么，Gram-Schmidt 正交基可以表示为 $\boldsymbol{v}_i^*=\pi_i(\boldsymbol{v}_i)$。

我们将 Gram-Schmidt 正交基的求解过程表示为

$$(\boldsymbol{v}_1^*, \boldsymbol{v}_2^*, \cdots, \boldsymbol{v}_n^*)=\text{Gram-Schmidt}(\boldsymbol{v}_1, \boldsymbol{v}_2, \cdots, \boldsymbol{v}_n)$$

定义 7.8 设 L 是 $\mathbb{R}^n$ 中的一个 n 维格，L 的一组基 $\boldsymbol{v}_1, \boldsymbol{v}_2, \cdots, \boldsymbol{v}_n$ 称为是 **δ-LLL 约减的**是指它们满足：

(1) 对于所有 $1 \leqslant j < i \leqslant n$，$|u_{i,j}| \leqslant \frac{1}{2}$；

(2) 对于 $1 \leqslant i \leqslant n-1$，$\delta \| \pi_i(\boldsymbol{v}_i) \|^2 \leqslant \| \pi_i(\boldsymbol{v}_{i+1}) \|^2$。

定义 7.8 的第一个条件也称为“Size 条件”，我们考虑向量 $\boldsymbol{v}_i-u_{i,j}\boldsymbol{v}_j^*$，一方面，有

$$\langle \boldsymbol{v}_i-u_{i,j}\boldsymbol{v}_j^*, \boldsymbol{v}_j^* \rangle=\langle \boldsymbol{v}_i, \boldsymbol{v}_j^* \rangle-u_{i,j}\langle \boldsymbol{v}_j^*, \boldsymbol{v}_j^* \rangle=0$$

说明 $\boldsymbol{v}_i-u_{i,j}\boldsymbol{v}_j^*$ 与 $\boldsymbol{v}_j^*$ 正交，另一方面，有

$$\begin{aligned}\| \boldsymbol{v}_i-u_{i,j}\boldsymbol{v}_j^* \|^2 &= \| \boldsymbol{v}_i \|^2+u_{i,j}^2 \| \boldsymbol{v}_j^* \|^2-2u_{i,j}\langle \boldsymbol{v}_i, \boldsymbol{v}_j^* \rangle=\| \boldsymbol{v}_i \|^2-u_{i,j}\langle \boldsymbol{v}_i, \boldsymbol{v}_j^* \rangle \\ &= \| \boldsymbol{v}_i \|^2-u_{i,j}^2 \| \boldsymbol{v}_j^* \|^2\end{aligned}$$

所以，当 $u_{i,j} \neq 0$ 的时候，$\| \boldsymbol{v}_i-u_{i,j}\boldsymbol{v}_j^* \| < \| \boldsymbol{v}_i \|$。

因为格 L 的坐标均为整数，$\boldsymbol{v}_j^*$ 也不是格中的向量，在实际操作时，$\boldsymbol{v}_i-u_{i,j}\boldsymbol{v}_j^*$ 一般用初等变换 $\boldsymbol{v}_i-c\boldsymbol{v}_j$ 代替，其中，$c=\text{round}(u_{i,j})$（对 $u_{i,j}$ 进行四舍五入）。

定义 7.9 设 L 是一个维度为 n 的格，那么最短长度的高斯期望为

$$\sigma(L)=\sqrt{\frac{n}{2\pi e}}(\det(L))^{1/n}$$

该式也称为高斯启发式，在一个“随机选择的格”中，最短的非零向量的长度满足

$$\| \boldsymbol{v}_{\text{最短}} \| \approx \sigma(L)$$

如果 $\varepsilon(\varepsilon>0)$ 是一个常量的话，那么对于所有足够大的 n，一个 n 维的随机选择的格满足

$$(1-\varepsilon)\sigma(L) \leqslant \| \boldsymbol{v}_{\text{最短}} \| \leqslant (1+\varepsilon)\sigma(L)$$

若 n 很小，最短长度的高斯期望为 $\sigma(L)=\frac{(\Gamma(1+n/2)\det(L))^{1/n}}{\sqrt{\pi}}$，其中，对于 $s>0$，有 $\Gamma(s)=\int_0^{\infty} t^s \mathrm{e}^{-t} \frac{\mathrm{d}t}{t}$。

高斯启发式可以用于量化寻找格中最短向量问题的难度，当格中实际的最短向量远小于 $\sigma(L)$ 时，诸如 LLL 的格基约减算法可以很容易找出最短向量。

设 L 是 $\mathbb{R}^m$ 中的一个 n 维格，则有如下算法。

1. Nearest Plane Algorithm 算法

输入:L 的一组基 $\boldsymbol{v}_1,\boldsymbol{v}_2,\cdots,\boldsymbol{v}_n$,目标向量 $\boldsymbol{w}\in\mathbb{R}^m$。

输出:格向量 $\boldsymbol{v}\in L$,使得 $-\frac{1}{2}\leqslant\frac{\langle \boldsymbol{w}-\boldsymbol{v},\boldsymbol{v}_j^*\rangle}{\langle \boldsymbol{v}_j^*,\boldsymbol{v}_j^*\rangle}<\frac{1}{2}$,对于所有 $j=1,2,\cdots,n$。

NearestPlane($\boldsymbol{v}_1,\boldsymbol{v}_2,\cdots,\boldsymbol{v}_n,\boldsymbol{w}$):

(1) $(\boldsymbol{v}_1^*,\boldsymbol{v}_2^*,\cdots,\boldsymbol{v}_n^*)=$Gram-Schmidt$(\boldsymbol{v}_1,\boldsymbol{v}_2,\cdots,\boldsymbol{v}_n)$

(2) $\boldsymbol{v}=\boldsymbol{0}$

(3) for $j=n$downto1

(4) $\quad c=\text{round}\left(\frac{\langle \boldsymbol{w}-\boldsymbol{v},\boldsymbol{v}_j^*\rangle}{\langle \boldsymbol{v}_j^*,\boldsymbol{v}_j^*\rangle}\right)$

(5) $\quad \boldsymbol{v}=\boldsymbol{v}+c\boldsymbol{v}_j$

(6) return $\boldsymbol{v}$

接下来求与 $\boldsymbol{v}_1^*,\boldsymbol{v}_2^*,\cdots,\boldsymbol{v}_n^*$ 最接近的格基。

设 L 是$\mathbb{R}^m$中的一个 n 维格,则有如下算法。

2. Size Reduce 算法

输入:L 的一组基 $\boldsymbol{v}_1,\boldsymbol{v}_2,\cdots,\boldsymbol{v}_n$。

输出:L 的一组基 $\boldsymbol{v}_1,\boldsymbol{v}_2,\cdots,\boldsymbol{v}_n$,满足 $1\leqslant j<i\leqslant n,|u_{i,j}|\leqslant\frac{1}{2}$。

SizeReduce($\boldsymbol{v}_1,\boldsymbol{v}_2,\cdots,\boldsymbol{v}_n$):

(1) for $i=2$ to n

(2) $\quad x=\text{NearestPlane}(\boldsymbol{v}_1,\boldsymbol{v}_2,\cdots,\boldsymbol{v}_n,\boldsymbol{v}_i-\boldsymbol{v}_i^*)$

(3) $\quad \boldsymbol{v}_i=\boldsymbol{v}_i-\boldsymbol{x}$

(4) return$(\boldsymbol{v}_1,\boldsymbol{v}_2,\cdots,\boldsymbol{v}_n)$

第(2)个条件是要求这组基的向量以一种"递增"的方式排列。

设 L 是$\mathbb{R}^m$中的一个 n 维格,则有如下算法。

3. LLL Reduce 算法

输入:L 的一组基 $\boldsymbol{v}_1,\boldsymbol{v}_2,\cdots,\boldsymbol{v}_n,\delta$。

输出:L 的一组 δ—LLL 约减基 $\boldsymbol{v}_1,\boldsymbol{v}_2,\cdots,\boldsymbol{v}_n$。

LLL($\boldsymbol{v}_1,\boldsymbol{v}_2,\cdots,\boldsymbol{v}_n,\delta$):

(1) $(\boldsymbol{v}_1,\boldsymbol{v}_2,\cdots,\boldsymbol{v}_n)=\text{SizeReduce}(\boldsymbol{v}_1,\boldsymbol{v}_2,\cdots,\boldsymbol{v}_n)$

(2) for $i=1$ to $n-1$

(3) $\quad$ if $\delta\|\pi_i(\boldsymbol{v}_i)\|^2>\|\pi_i(\boldsymbol{v}_{i+1})\|^2$ then

(4) $\quad\quad$ swap$(\boldsymbol{v}_i,\boldsymbol{v}_{i+1})$

(5) $\quad\quad (\boldsymbol{v}_1,\boldsymbol{v}_2,\cdots,\boldsymbol{v}_n)=\text{LLL}(\boldsymbol{v}_1,\boldsymbol{v}_2,\cdots,\boldsymbol{v}_n,\delta)$

(6) $\quad\quad$ break

(7) return$(\boldsymbol{v}_1,\boldsymbol{v}_2,\cdots,\boldsymbol{v}_n)$

7.3 格密码

NTRU 密码首先选择 6 个整数参数(N,p,q,d_f,d_g,d_r),其中,N 为素数,$q\geqslant p$ 且

$\gcd(p,q)=1$（p,q 不要求为素数）。设 (x^N-1) 是 $\mathbb{Z}[x]$ 的主理想，令剩余类环 $R=\mathbb{Z}[x]/(x^N-1)$ 由次数不超过 N 的整系数多项式组成（通常称为多项式截断环）。将多项式加法和乘法分别定义为模 p 和模 q 的加法和乘法，得到剩余类环 $R_p=\mathbb{Z}_p[x]/(x^N-1)$ 和 $R_q=\mathbb{Z}_q[x]/(x^N-1)$，NTRU 中的多项式一般在 R_p 或者 R_q 上运算，为简便起见，采用整数的表示方法，用(mod p)和(mod q)进行表示。

定义 7.10 设 d_1 和 d_2 是正整数，定义

$\mathcal{L}(d_1,d_2)=\{F\in R: F$ 中存在 d_1 个系数 1，d_2 个系数 -1，其他系数都为 0$\}$

给定整数参数 d_f,d_g,d_r，定义为

$$\mathcal{L}_f=\mathcal{L}(d_f,d_f-1)$$

$$\mathcal{L}_g=\mathcal{L}(d_g,d_g)$$

$$\mathcal{L}_r=\mathcal{L}(d_r,d_r)$$

$$\mathcal{L}_m=\left\{m\in R: m\text{ 的系数位于区间}\left[-\frac{p-1}{2},\frac{p-1}{2}\right]\right\}$$

表 7.1 给出了一些可用的参数。

表 7.1 NTRU 参数选择

安全等级	N	p	q	d_f	d_g	d_r
中等安全性	107	3	64	15	12	5
高安全性	167	3	128	61	20	18
最高安全性	503	3	256	216	72	55

下面介绍 NTRU 密码系统。

(1) 密钥生成。

随机选取两个多项式 $f(x)\in\mathcal{L}_f$，$g(x)\in\mathcal{L}_g$，分别用模 q 和模 p 计算 $f(x)$ 的逆元 $F_q(x)$，$F_p(x)\in R$，即

$$F_q(x)f(x)=1(\bmod q),\quad F_p(x)f(x)=1(\bmod p)$$

公钥 $\mathrm{pk}=h(x)=F_q(x)g(x)(\bmod q)$，对应的私钥为 $\mathrm{sk}=(f(x),F_p(x))$。

(2) 加密算法。

将加密消息编码为多项式 $m(x)\in\mathcal{L}_m$，随机选取多项式 $r(x)\in\mathcal{L}_r$，并利用公钥 pk 计算密文。

$$c=e(x)=ph(x)r(x)+m(x)(\bmod p)$$

(3) 解密算法。

收到密文后开始解密，首先需要计算 $\alpha(x)=f(x)\cdot e(x)(\bmod p)$，将 $\alpha(x)$ 看作 R 中元素，然后进行解密操作得到明文 m。

$$m=b(x)=F_q(x)\cdot\alpha(x)(\bmod p)$$

基于格的 NTRU 的主要思想是将公钥 pk 构造成一个格，通过解决格问题得出私钥 $f(x)$，$g(x)$。对于公共参数和公钥 $\mathrm{pk}=h(x)=h_0+h_1x+\cdots+h_{N-1}x^{N-1}$，以如下的行向量作为基生成格 L：

$$
\boldsymbol{M}=\begin{bmatrix}
1 & & & h_0 & h_1 & \cdots & h_{N-1} \\
 & 1 & & h_{N-1} & h_0 & \cdots & h_{N-2} \\
 & & \cdots & \cdots & \cdots & & \cdots \\
 & & 1 & h_1 & h_2 & \cdots & h_0 \\
 & & & q & & & \\
 & & & & q & & \\
 & & & & & \cdots & \\
 & & & & & & q
\end{bmatrix}
$$

格 L 的维度为 $2N$，格向量可以看成两个多项式向量连接在一起而构成的向量，由此存在问题：若将私钥 $f(x)$ 和 $g(x)$ 连在一起，所得结果能否是格 L 中的向量。

因为

$$h(x)=F_q(x)\cdot g(x)(\bmod q)$$

所以存在多项式 $u(x)$，使

$$f(x)\cdot h(x)=g(x)+qu(x)$$

于是有

$$(f,-u)\cdot M=(f,g)$$

向量 (f,g) 可以用基 M 来表示，因此向量 (f,g) 是格 L 中的向量。

当 N 很大时，向量 (f,g) 的长度会远小于期待值，此时格 L 的最短向量很大概率是向量 (f,g) 或它的分量循环的形式，而找到了格 L 的最短向量，也就找到了私钥。

7.4 误差还原问题

定义 7.11 高斯消除问题：给定一个矩阵 $\boldsymbol{A}$ 和一个向量 $\boldsymbol{b}$，能否找到一个向量 $\boldsymbol{x}$，使得 $\boldsymbol{Ax}=\boldsymbol{b}$ 关系得到满足。

在高斯消除问题的基础上增加一个向量 $\hat{\boldsymbol{b}}=\boldsymbol{Ax}+\boldsymbol{e}$。$\boldsymbol{e}$ 是在一个固定数值范围内随机采集的一个随机噪音向量。

在加入噪音之后，问题变为已知矩阵 $\boldsymbol{A}$ 和其与向量 $\boldsymbol{x}$ 的乘积加上一定误差 $\boldsymbol{e}$（即 $\boldsymbol{Ax}+\boldsymbol{e}$），此时，有效还原未知向量的一类问题称为误差还原（Learning With Error，LWE）问题。LWE 问题有两个主要版本：搜索 LWE（Search-LWE，SLWE）和决策 LWE（Decisional LWE，DLWE）。

为了方便计算，借助素数有限域 $\mathbb{Z}_q$ 进行计算。

定义 $\|\boldsymbol{e}\in\mathbb{Z}_q^m\|_\infty$ 为维度为 m 时向量 $\boldsymbol{e}$ 的 ∞-范数，$\|\boldsymbol{e}\|_\infty=\max_i^m|e_i|$。

定义 $\boldsymbol{x}_B$ 为一个最大值上界为 B 的随机分布。$\forall\, \boldsymbol{x}\leftarrow\boldsymbol{x}_B^m$：$\|\boldsymbol{x}\|_\infty\leqslant B$。

定义 7.12 搜索 LWE：随机选择 $\boldsymbol{A}\in\mathbb{Z}_q^{m\times n}$，$\boldsymbol{s}\in\mathbb{Z}_q$，$\boldsymbol{e}\in\boldsymbol{x}_B$，给定 $(\boldsymbol{A},\boldsymbol{As}+\boldsymbol{e})$，求出 $\boldsymbol{s}'\in\mathbb{Z}_q^n$ 满足 $\|\boldsymbol{As}'-(\boldsymbol{As}+\boldsymbol{e})\|_\infty\leqslant B$。

在密码学中一般需要证明一个困难问题的安全性时，更多的时候会使用决策 LWE，其设定与搜索 LWE 的基本相同。

定义 7.13 决策 LWE：随机选择 $\boldsymbol{A}\in\mathbb{Z}_q^{m\times n}$，$\boldsymbol{s}\in\mathbb{Z}_q$，$\boldsymbol{e}\in\boldsymbol{x}_B$，$\boldsymbol{v}\in\mathbb{Z}_q^m$，判定 $(\boldsymbol{A},\hat{\boldsymbol{b}})$ 是一

个 LWE 问题实例还是随机变量 $\boldsymbol{v}$。

由于 LWE 问题本身就是困难的，所以从 $\boldsymbol{As}+\boldsymbol{e}$ 中提取出未知变量 $\boldsymbol{x}$ 也是很困难的，也就是说，在我们的视角中，$\boldsymbol{As}+\boldsymbol{e}$ 和一个随机变量没有区别，无法从中获取有价值的信息。

7.5 练习题

1. 设 L 是一个由如下基生成的格：

$$B=\{(5,13,-13),(0,-4,2),(4,2,1)\}$$

以下哪一组向量的集合也同样是格 L 的基？请用 B' 来表示这个新基，即找出两个基之间的转换矩阵。

(1) $B_1=\{(5,13,-13),(0,-4,2),(-7,-13,18)\}$；

(2) $B_2=\{(4,-2,3),(6,6,-6),(-2,-4,7)\}$。

2. 设 L 是一个由 $\{(1,3,-1),(2,1,0),(-1,2,5)\}$ 生成的格，画出 L 的一个基础区域示意图。

3. 设格 L 的两个基向量为 $\boldsymbol{v}_1=(161,120)$，$\boldsymbol{v}_2=(104,77)$，试找到一组 LLL 约减基。

4. 利用 LLL 算法，计算如下基向量的约减基，写出算法的每一个执行步骤。

$$\boldsymbol{v}_1=(20,16,3),\quad \boldsymbol{v}_2=(15,0,10),\quad \boldsymbol{v}_3=(0,18,9)$$

5. Alice 和 Bob 使用公共参数为 $(N,p,q)=(7,2,29)$ 的 NTRU 密码系统进行通信，Alice 的公钥为 $\mathrm{pk}=h(x)=23+23x+23x^2+24x^3+23x^4+24x^5+23x^6$，Bob 希望发送明文消息 $m(x)=1+x^5$，采用的临时密钥 $\phi(x)=1+x+x^3+x^6$。试求 Bob 发送的密文。

6. 设第 5 题中 Alice 的私钥为 $f(x)=1+x+x^2+x^4+x^5$ 和 $f_2(x)=1+x^5+x^6$。用这对私钥解密第 5 题中所得的密文，并验证其是否等于明文。

7.6 扩展阅读与实践

7.6.1 循环码

令 $\mathbb{F}_q$ 为有 q 个元素的有限域，其中，q 是一个素数的幂，$\mathbb{F}_q[x]$ 是变量 x 在 $\mathbb{F}_q$ 上的多项式环。$\mathbb{F}_q^n$ 是 $\mathbb{F}_q$ 上的 n 维线性空间，$\boldsymbol{a}=(a_0,a_1,\cdots,a_{n-1})$ 是 $\mathbb{F}_q^n$ 中的一个固定向量($a_0\neq 0$)，给定相关多项式 $\varphi(x)=\varphi_a(x)=x^n-a_{n-1}x^{n-1}-\cdots-a_1x-a_0\in\mathbb{F}_q[x]$，$a_0\neq 0$。

设 $(\phi(x))$ 为 $\phi(x)$ 在 $\mathbb{F}_q[x]$ 中生成的主理想。$\mathbb{F}_q^n$ 与商环 $R=\mathbb{F}_q[x]/(\varphi(x))$ 之间存在一一对应关系，即

$$\boldsymbol{c}=(c_0,c_1,\cdots,c_{n-1})\in\mathbb{F}_q^n\leftrightarrows c(x)=c_0+c_1x+\cdots+c_{n-1}x^{n-1}\in R$$

可以将这种对应关系扩展到 $\mathbb{F}_q^n$ 和 R 的子集，即

$$C\subset\mathbb{F}_q^n\leftrightarrows C(x)=\{c(x)\mid c\in C\}\subset R$$

如果 $C\subset\mathbb{F}_q^n$ 是 $\mathbb{F}_q^n$ 的一个维数为 k 的线性子空间，那么 C 在编码理论中被称为线性编码，通常用 $C=[n,k]$ 表示。每一个向量 $\boldsymbol{c}=(c_0,c_1,\cdots,c_{n-1})\in C$ 称为长度为 n 的码字。显然 $C=[n,0]$ 和 $C=[n,n]$ 是两个平凡的编码。另一种特殊的编码为常数码，它一般是不纳入考量的：

$$C=\{(b,b,\cdots,b)\mid b\in\mathbb{F}_q\},\quad 且\ C=[n,1]$$

根据给定的多项式 $\varphi(x)=\varphi_a(x)$，我们可以在 $\mathbb{F}_q^n$ 中定义线性变换 τ_φ：

$$\tau_\varphi(c)=\tau_\varphi(c_0,c_1,\cdots,c_{n-1})=(a_0c_{n-1},c_0+a_1c_{n-1},\cdots,c_{n-2}+a_{n-1}c_{n-1})$$

显然 $\tau_\varphi:\mathbb{F}_q^n\to\mathbb{F}_q^n$ 是一个线性变换。

定义 1 令 $C\subset\mathbb{F}_q^n$ 是一个线性编码（即线性码）。它被称为 φ 循环编码（即循环码），如果

$$\forall\,\boldsymbol{c}\in C\Rightarrow\tau_\varphi(\boldsymbol{c})\in C$$

换句话说，线性码 C 是一个 φ 循环码，当且仅当 C 在线性变换 τ_φ 下是封闭的。显然，如果 $\boldsymbol{a}=(1,0,\cdots,0)$，$\varphi_a(x)=x^n-1$，那么 φ 循环码就是普通的循环编码。

定理 1 设 $C\subset\mathbb{F}_q^n$ 是一个子集，则 C 是一个 φ 循环码当且仅当 $C(x)$ 是 R 的理想。

根据定理 1，要找到一个 φ 循环码，只需要找到 R 的理想。存在两个平凡理想 $C(x)=0$ 和 $C(x)=R$，对应的 φ 循环码分别为 $C=[n,0]$ 和 $C=\mathbb{F}_q^n$，称为平凡 φ 循环码。为了找到非平凡的 φ 循环码，使用同态定理，设 π 是 $\mathbb{F}_q[x]$ 与其商环 $R=\mathbb{F}_q[x]/(\varphi(x))$ 的自然同态，$\ker(\pi)=(\varphi(x))$

$$(\varphi(x))\subset N\subset\mathbb{F}_q[x]\xrightarrow{\pi}R=\mathbb{F}_q[x]/(\varphi(x))$$

其中，N 是 $\mathbb{F}_q[x]$ 的理想，$\ker(\pi)=(\varphi(x))$。由于 $\mathbb{F}_q[x]$ 是主理想域，则 $N=(g(x))$ 是由多项式 $g(x)\in\mathbb{F}_q[x]$ 生成。显然有

$$(\varphi(x))\subset(g(x))\Leftrightarrow g(x)\mid\varphi(x)$$

由此可知，N 的所有满足上文的理想均满足

$$\{(g(x))\mid g(x)\in\mathbb{F}_q[x],\quad 首项系数为\ 1\ 且\ g(x)\mid\varphi(x)\}$$

我们写作 $(g(x))\bmod\varphi(x)$，$(g(x))$ 在 π 下的像很容易检验：

$$(g(x))\bmod\varphi(x)=\{h(x)g(x)\mid h(x)\in\mathbb{F}_q[x]\ 且\ \deg[h(x)]+\deg[g(x)]<n\}$$

更准确地说，是 $(g(x))\bmod\varphi(x)$ 的一个代表元素集，根据环论中的同态定理，R 的所有理想均有

$$\{(g(x))\bmod\varphi(x)\mid g(x)\in\mathbb{F}_q[x],\quad 首项系数为\ 1\ 且\ g(x)\mid\varphi(x)\}$$

推论 设 d 为 $\mathbb{F}_q[x]$ 中 $\varphi(x)$ 的一元因子的个数，$\mathbb{F}_q^n$ 中 φ 循环码数为 d。

定义 2 设 C 为一个 φ 循环码，$C(x)=g(x)\bmod\varphi(x)$，称 $g(x)$ 为 C 的生成多项式，其中，$g(x)\mid\varphi(x)$。

引理 1 令 $g(x)=g_0+g_1x+\cdots+g_{n-k-1}x^{n-k-1}+x^{n-k}$ 为 φ 循环码 C 的生成多项式，其中，$1\leqslant k\leqslant n-1$，且 $g(x)\mid\varphi(x)$，则 $\boldsymbol{C}=[n,k]$ 生成的矩阵为如下的分块矩阵：

$$\boldsymbol{C}=\begin{pmatrix}g\\ \tau_\varphi(g)\\ \tau_\varphi^2(g)\\ \cdots\\ \tau_\varphi^{k-1}(g)\end{pmatrix}_{k\times n}$$

其中，$g=(g_0,g_1,\cdots,g_{n-k-1},1,0,\cdots)\in C$ 是 $g(x)$ 和 $\tau_\varphi^i(g)=\tau_\varphi^{i-1}(\tau_\varphi(g))$ 对应的码字（$1\leqslant i\leqslant n-1$）。

为了描述 φ 循环码的奇偶校验矩阵，对于任意 $\boldsymbol{c}=(c_0,c_1,\cdots,c_{n-1})\in\mathbb{F}_q^n$，有

$$\bar{\boldsymbol{c}}=(c_{n-1},c_{n-2},\cdots,c_1,c_0)\in\mathbb{F}_q^n$$

引理 2 假设 C 是生成多项式 $g(x)$ 的 φ 循环码，其中，$g(x)\mid\varphi(x)$ 且 $\deg[g(x)]=n-k$。令 $h(x)g(x)=\varphi(x)$，其中 $h(x)=h_0+h_1x+\cdots+h_{k-1}x^{k-1}+x^k$。那么 C 的奇偶校验矩阵为

$$\boldsymbol{H}=\begin{pmatrix}\bar{h}\\ \tau_\varphi(\bar{h})\\ \cdots\\ \tau_\varphi^{n-k-1}(\bar{h})\end{pmatrix}_{(n-k)\times n}$$

引理 3 假设 $\varphi(x)$ 是 $\mathbb{F}_q$ 的可分离多项式，$C(x)=g(x)\bmod\varphi(x)$ 是 R 的理想，$\deg[g(x)]\leqslant n-1$，则存在一个元素 $d(x)\in C(x)$，对于所有的 $c(x)\in C(x)$，都有 $c(x)d(x)=c(x)$。

引理 4 设 C 为生成多项式 $g(x)$ 的最大 φ 循环码，β 是 $g(x)$ 在 $\mathbb{F}_q$ 的某些扩张中的根，那么

$$C(x)=\{a(x)\mid a(x)\in R,a(\beta)=0\}$$

最大 φ 循环码的一个重要应用是构造纠错码，从而得到一个改进的 McEliece-Niederreiter 密码系统。为此，设 $1\leqslant m<\sqrt{n}$，且 $\mathbb{F}_q^m$ 为 $\mathbb{F}_q$ 的 m 次扩域。假设 $\mathbb{F}_q^m=\mathbb{F}_q(\theta)$，其中，$\theta$ 是 $\mathbb{F}_q^m$ 的一个本原元，$\mathbb{F}_q(\theta)$ 是包含 $\mathbb{F}_q$ 和 θ 的单扩张。令 $g(x)\in\mathbb{F}_q[x]$ 是 θ 的极小多项式，则 $g(x)$ 是 $\mathbb{F}_q[x]$ 上的 m 次不可约多项式，$g(x)$ 的所有根都在 $\mathbb{F}_q^m$ 中。设 $\boldsymbol{\beta}_1,\boldsymbol{\beta}_2,\cdots,\boldsymbol{\beta}_m$ 是 $g(x)$ 的所有根，Vandermonde 矩阵 $\mathbf{V}(\boldsymbol{\beta}_1,\boldsymbol{\beta}_2,\cdots,\boldsymbol{\beta}_m)$ 定义为

$$\boldsymbol{H}=\mathbf{V}(\boldsymbol{\beta}_1,\boldsymbol{\beta}_2,\cdots,\boldsymbol{\beta}_m)=\begin{pmatrix}1 & \beta_1 & \beta_1^2 & \cdots & \beta_1^{n-1}\\ 1 & \beta_2 & \beta_2^2 & \cdots & \beta_2^{n-1}\\ \cdots & \cdots & \cdots & \cdots & \cdots\\ 1 & \beta_m & \beta_m^2 & \cdots & \beta_m^{n-1}\end{pmatrix}_{m\times n}$$

其中，$\beta_1=\theta$，每个 $\boldsymbol{\beta}_i$ 是 $(\mathbb{F}_q)^m$ 的向量。对于任意一元多项式 $h(x)\in\mathbb{F}_q[x]$，$\deg[h(x)]=n-m$，设 $\varphi(x)=h(x)g(x)$ 且 C 是由 $g(x)$ 生成的最大 φ 循环码。容易验证

$$\boldsymbol{c}\in C\Leftrightarrow\boldsymbol{c}\boldsymbol{H}'=0$$

因此，$\boldsymbol{H}$ 是 C 的奇偶校验矩阵。如果我们选择基元 θ，使得 $\boldsymbol{H}$ 中的任何 $d-1$ 列都是线性无关的，则 C 的最小距离大于 d，并且 C 是一个 t 纠错码，其中，$t=\left[\dfrac{d}{2}\right]$。

对于基于代数编码理论的公钥密码系统，合适的 t 纠错码在其构造过程中起着关键作用。纠错码 C 应满足以下要求：

(1) 具有较强大的纠错能力，以便用于一定数量的消息向量；

(2) 具有一种高效的解码算法，以便在短时间内完成解密。

现另有一种选择纠错码的方法，其选择任意不可约多项式 $g(x)\in\mathbb{F}_q[x]$ 和根 $g(x)$，而不是一个不可约因子 x^n-1 和单位的根。对于任何正整数 m，至少存在一个

不可约多项式 $g(x)\in\mathbb{F}_q[x]$。设$N_q(m)$为$\mathbb{F}_q[x]$中 m 次不可约多项式的个数，有

$$N_q(m)=\frac{1}{m}\sum_{d|m}u\left(\frac{m}{d}\right)q^d=\frac{1}{m}\sum_{d|m}u(d)q^{\frac{m}{d}}$$

式中，u 为莫比乌斯函数。

假设选取了两个不可约多项式 $g(x)$和 $h(x)$，$\deg[g(x)]=m$ 且 $\deg[h(x)]=n-m$，令 $\varphi(x)=g(x)h(x)$，则可以得到由 $g(x)$或 $h(x)$生成的 φ 循环码 C，这比一般的方法更方便、更灵活。

7.6.2 NTRUEncrypt 的泛化

由 Hoffstein，piphher 和 Silverman 于 1996 年提出的公钥密码系统 NTRU，是已知最快的基于格的加密方案，尽管它的描述依赖于多项式商环$\mathbb{Z}[x]/(x^n-1)$，但可以将$\mathbb{Z}[x]/(x^n-1)$替换为更一般的多项式环$\mathbb{Z}[x]/(\varphi(x))$，并得到 NTRUE 密码的泛化，其中，$\varphi(x)$是一个整数系数的 n 次一元多项式。

用 $\varphi(x)=x^n-a_{n-1}x^{n-1}-\cdots-a_1x-a_0\in\mathbb{Z}[x]$，$R=\mathbb{Z}[x]/(\varphi(x))$，$a_0\neq 0$ 表示 $\varphi(x)$和 R。设 $\boldsymbol{H}_\varphi\in Z^{n\times n}$是一个方阵，有

$$\boldsymbol{H}=\boldsymbol{H}_\varphi=\begin{pmatrix}0 & \cdots & 0 & a_0\\ & & & a_1\\ & \boldsymbol{I}_{n-1} & & \cdots\\ & & & a_{n-1}\end{pmatrix}_{n\times n}$$

其中，$\boldsymbol{I}_{n-1}$为一个$(n-1)\times(n-1)$的单位矩阵。显然，$\varphi(x)$为 $\boldsymbol{H}$ 的特征多项式，$\boldsymbol{H}$ 定义了$\mathbb{R}^n\to\mathbb{R}^n$通过 $\boldsymbol{x}\to\boldsymbol{Hx}$ 的线性变换，其中，$\mathbb{R}$ 为实数域，$\boldsymbol{x}$ 为$\mathbb{R}^n$的列向量。我们可以将这个变换扩展到$\mathbb{R}^{2n}$，定义 σ 为

$$\sigma\begin{pmatrix}\alpha\\ \beta\end{pmatrix}=\begin{pmatrix}H\alpha\\ H\beta\end{pmatrix},\quad \begin{pmatrix}\alpha\\ \beta\end{pmatrix}\in\mathbb{R}^{2n}$$

σ 是一个$\mathbb{R}^{2n}\to\mathbb{R}^{2n}$的线性变换。

定义 3 一个 q 元格 L，如果 L 在偶维数 $2n$ 上满足 $\forall\begin{pmatrix}\alpha\\ \beta\end{pmatrix}\in L\Rightarrow\sigma\begin{pmatrix}\alpha\\ \beta\end{pmatrix}=\begin{pmatrix}H\alpha\\ H\beta\end{pmatrix}\in L$，则称其为卷积模格。

也就是说，卷积模格是偶数维的 q 元格，在线性变换 σ 下是封闭的。考虑到 NTRU 的密钥$\begin{pmatrix}\boldsymbol{f}\\ \boldsymbol{g}\end{pmatrix}$是一个阶为 $n-1$ 的多项式对，我们可以把 $\boldsymbol{f}$ 和 $\boldsymbol{g}$ 看成$\mathbb{Z}^n$的列向量。为了得到包含$\begin{pmatrix}\boldsymbol{f}\\ \boldsymbol{g}\end{pmatrix}$的卷积模格，需要一些理想矩阵的帮助。由向量 $\boldsymbol{f}$ 生成的理想矩阵为

$$\boldsymbol{H}^*(\boldsymbol{f})=\boldsymbol{H}_\varphi^*(\boldsymbol{f})=[f,Hf,H^2f,\cdots,H^{n-1}f]_{n\times n}$$

它是每个列的分块矩阵 $\boldsymbol{H}^k\boldsymbol{f}(0\leqslant k\leqslant n-1)$。可以看出，$\boldsymbol{H}^*(\boldsymbol{f})$是经典循环矩阵的推广，令 $\varphi(x)=x^n-1$，且 $f(x)=f_0+f_1x+\cdots+f_{n-1}x^{n-1}\in\mathbb{Z}[x]$，理想矩阵 $\boldsymbol{H}_\varphi^*(\boldsymbol{f})$由 $\boldsymbol{f}$ 生成，被称为循环矩阵。

$$\boldsymbol{H}^*(\boldsymbol{f})=\boldsymbol{H}_\varphi^*(\boldsymbol{f})=\begin{pmatrix} f_0 & f_{n-1} & \cdots & f_1 \\ f_1 & f_0 & \cdots & f_2 \\ \cdots & \cdots & & \cdots \\ f_{n-1} & f_{n-2} & \cdots & f_0 \end{pmatrix}, \quad \varphi(x)=x^n-1$$

当 $\boldsymbol{H}^*(\boldsymbol{f})$是一个循环矩阵时,建立的理想矩阵 $\boldsymbol{H}^*(\boldsymbol{f})$的大多数基本性质都是已知的。

引理 5 假设 $\boldsymbol{H}$ 和 $\boldsymbol{H}^*(\boldsymbol{f})$分别由上文给出,那么对于任意 $\boldsymbol{f}\in\mathbb{R}^n$,有

$$\boldsymbol{H}\cdot\boldsymbol{H}^*(\boldsymbol{f})=\boldsymbol{H}^*(\boldsymbol{f})\cdot\boldsymbol{H}, \quad \forall \boldsymbol{f}\in\mathbb{R}^n$$

引理 6 对于任意的 $\boldsymbol{f}=\begin{pmatrix} f_0 \\ f_1 \\ \cdots \\ f_{n-1} \end{pmatrix}\in\mathbb{R}^n$,有

$$\boldsymbol{H}^*(\boldsymbol{f})=f_0\boldsymbol{I}_n+f_1\boldsymbol{H}+\cdots+f_{n-1}\boldsymbol{H}^{n-1}$$

假设 $\varphi(x)\in\mathbb{Z}[x]$是可分离多项式,且 $\omega_1,\omega_2,\cdots,\omega_n$是 $\varphi(x)$的两两不同的复数根。由$\{\omega_1,\omega_2,\cdots,\omega_n\}$生成的 Vandermonde 矩阵 $\boldsymbol{V}_\varphi$ 为

$$\boldsymbol{V}_\varphi=\begin{pmatrix} 1 & 1 & \cdots & 1 \\ \omega_1 & \omega_2 & \cdots & \omega_n \\ \cdots & \cdots & & \cdots \\ \omega_1^{n-1} & \omega_2^{n-1} & \cdots & \omega_n^{n-1} \end{pmatrix}, \quad \det(\boldsymbol{V}_\varphi)=0$$

引理 7 令 $f(x)=f_0+f_1x+\cdots+f_{n-1}x^{n-1}\in\mathbb{R}[x]$,那么

$$\boldsymbol{H}^*(\boldsymbol{f})=\boldsymbol{V}_\varphi^{-1}\operatorname{diag}\{\boldsymbol{f}(\omega_1),\boldsymbol{f}(\omega_2),\cdots,\boldsymbol{f}(\omega_n)\}\boldsymbol{V}_\varphi$$

其中,$\operatorname{diag}\{\boldsymbol{f}(\omega_1),\boldsymbol{f}(\omega_2),\cdots,\boldsymbol{f}(\omega_n)\}$是对角矩阵。

理想矩阵的一些基本性质如下。

定理 2 设 $\boldsymbol{f}\in\mathbb{R}^n,\boldsymbol{g}\in\mathbb{R}^n$是两个列向量,$\boldsymbol{H}^*(\boldsymbol{f})$是由 $\boldsymbol{f}$ 生成的理想矩阵,则有

(1) $\boldsymbol{H}^*(\boldsymbol{f})\boldsymbol{H}^*(\boldsymbol{g})=\boldsymbol{H}^*(\boldsymbol{g})\boldsymbol{H}^*(\boldsymbol{f})$;

(2) $\boldsymbol{H}^*(\boldsymbol{f})\boldsymbol{H}^*(\boldsymbol{g})=\boldsymbol{H}^*(\boldsymbol{H}^*(\boldsymbol{f})\boldsymbol{g})$;

(3) $\det(\boldsymbol{H}^*(\boldsymbol{f}))=\prod_{i=1}^{n}\boldsymbol{f}(\omega_i)$;

(4) $\boldsymbol{H}^*(\boldsymbol{f})$为可逆矩阵当且仅当 $\varphi(x)$与 $f(x)$互素,即 $\gcd(\varphi(x),f(x))=1$。

将 $\boldsymbol{A}$ 和 $\boldsymbol{A}'$视为$\mathbb{Z}_q$上的矩阵,即 $\boldsymbol{A}\in\mathbb{Z}_q^{n\times 2n},\boldsymbol{A}'\in\mathbb{Z}_q^{2n\times n}$,$q$ 必要格 $\Lambda_q(\boldsymbol{A})$可定义如下:

$$\Lambda_q(\boldsymbol{A})=\{y\in\mathbb{Z}^{2n}\mid \text{存在 } \boldsymbol{x}\in\mathbb{Z}^n \Rightarrow y\equiv\boldsymbol{A}'\boldsymbol{x}\pmod q\}$$

定理 3 对于任意列向量 $\boldsymbol{f}\in\mathbb{Z}^n$和 $\boldsymbol{g}\in\mathbb{Z}^n$,则 $\Lambda_q(\boldsymbol{A})$是卷积模格,$\begin{pmatrix}\boldsymbol{f}\\ \boldsymbol{g}\end{pmatrix}\in\Lambda_q(\boldsymbol{A})$。

由于 $\Lambda_q(\boldsymbol{A})\subset\mathbb{Z}^{2n}$,则存在一个唯一的 N 的 Hermite 标准形式,其是一个确定的上三角矩阵:

$$\boldsymbol{N}=\begin{pmatrix}\boldsymbol{I}_n & \boldsymbol{H}^*(h) \\ 0 & q\boldsymbol{I}_n\end{pmatrix}, \quad \boldsymbol{h}\equiv(\boldsymbol{H}^*(\boldsymbol{f}))^{-1}\boldsymbol{g}\pmod q$$

其次,我们考虑 NTRU 的参数系统。为了选择 NTRU 的参数,设 d_f 为正整数,$\{p,0,$

$-p\}$是$\mathbb{Z}^n$的子集，其中恰好有 d_f+1 个正项和 d_f 个负项，其余 $n-2d_f-1$ 项均为零。参数选择的一些假设条件如下：

(1) $\varphi(x)=x^n-a_{n-1}x^{n-1}-\cdots-a_1x-a_0\in\mathbb{Z}[x](a_0\neq 0)$，且 $\varphi(x)$ 为可分离多项式，n,p,q,d 为正整数，其中，n 为素数，$1<p<q$，$\gcd(p,q)=1$；

(2) $f(x)$ 和 $g(x)$ 是$\mathbb{Z}[x]$中阶为 $n-1$ 的两个多项式，$f(x)$ 的常数项为 1，且 $f(x)-1\in\{p,0,-p\}^n$，$g\in\{p,0,-p\}^n$；

(3) $\boldsymbol{H}^*(\boldsymbol{f})$对 q 求模是可逆的；

(4) $d_f<\left(\frac{q}{2}-1\right)\Big/\left(4p-\frac{1}{2}\right)$。

在上述条件下，由引理 6 可得 $\boldsymbol{H}^*(\boldsymbol{f})\equiv\boldsymbol{I}_n(\bmod p)$，$\boldsymbol{H}^*(\boldsymbol{g})\equiv 0(\bmod p)$。

NTRU 加密、解密相关概念概括如下。

(1) **私钥**：广义 NTRU 中的私钥是一个短向量 $\begin{pmatrix}\boldsymbol{f}\\ \boldsymbol{g}\end{pmatrix}\in\mathbb{Z}^{2n}$。与私钥相关联的格是 $\boldsymbol{\Lambda}_q(\boldsymbol{A})$，这是一个包含私钥的卷积模格。

(2) **公钥**：广义 NTRU 的公钥为 $\Lambda_q(\boldsymbol{A})$的 HNF 基 N。

(3) **加密**：输入消息被编码为向量 $\boldsymbol{m}\in\{1,0,-1\}^n$，其中，恰好有 d_f+1 个正项和 d_f 个负项。这里限制向量 $\boldsymbol{m}$ 的正负项个数是为了提高加密、解密的效率，并不是必要的。向量 $\boldsymbol{m}$ 与随机选择的向量 $\boldsymbol{r}\in\{1,0,-1\}^n$ 连接，同样有恰好 d_f+1 个正项和 d_f 个负项，得到短误差向量 $\begin{pmatrix}\boldsymbol{m}\\ \boldsymbol{r}\end{pmatrix}\in\{1,0,-1\}^{2n}$。令 $\begin{pmatrix}c\\ 0\end{pmatrix}=N\begin{pmatrix}\boldsymbol{m}\\ \boldsymbol{r}\end{pmatrix}\equiv\begin{pmatrix}\boldsymbol{m}+\boldsymbol{H}^*(\boldsymbol{h})\boldsymbol{r}\\ 0\end{pmatrix}(\bmod q)$，则 n 维向量 $\boldsymbol{c}\equiv\boldsymbol{m}+\boldsymbol{H}^*(\boldsymbol{h})\boldsymbol{r}(\bmod q)$为密文。

(4) 解密：假设 n 维空间向量 $\boldsymbol{c}$ 的项都属于区间$\left[-\frac{q}{2},\frac{q}{2}\right]$，然后将 $\boldsymbol{c}$ 乘以解密矩阵 $\boldsymbol{H}^*(\boldsymbol{f})\bmod q$ 来解密 $\boldsymbol{c}$，遵循 $\boldsymbol{H}^*(\boldsymbol{f})\boldsymbol{c}\equiv\boldsymbol{H}^*(\boldsymbol{f})\boldsymbol{m}+\boldsymbol{H}^*(\boldsymbol{f})\boldsymbol{H}^*(\boldsymbol{h})\boldsymbol{r}\equiv\boldsymbol{H}^*(\boldsymbol{f})\boldsymbol{m}+\boldsymbol{H}^*(\boldsymbol{g})\boldsymbol{r}(\bmod q)$，应用定理 2 的内容，即 $\boldsymbol{H}^*(\boldsymbol{f})\boldsymbol{H}^*(\boldsymbol{g})=\boldsymbol{H}^*(\boldsymbol{H}^*(\boldsymbol{f})\boldsymbol{g})$，如果满足上面的条件，可以看出向量 $\boldsymbol{H}^*(\boldsymbol{f})\boldsymbol{m}+\boldsymbol{H}^*(\boldsymbol{g})\boldsymbol{r}$ 的坐标在绝对值上都以$\frac{q}{2}$为界，或者大概率满足该上界，即 d_f 值很大。解密过程也可以通过对 p 进行模的约简来完成，得到 $\boldsymbol{H}^*(\boldsymbol{f})\boldsymbol{m}+\boldsymbol{H}^*(\boldsymbol{g})\boldsymbol{r}\equiv\boldsymbol{m}\boldsymbol{I}_n(\bmod q)$，这样就可以从密文 $\boldsymbol{c}$ 得到明文 $\boldsymbol{m}$。

8

布尔函数

本章将给出布尔变量与布尔函数的概念，介绍两种用于表示布尔函数的 Walsh 谱，并介绍布尔函数的非线性度和 Bent 函数，最后讨论了常见的布尔函数的安全性指标。

8.1 布尔变量与布尔函数

布尔变量是指取值为“0”或“1”的变量，有时候也用“假”和“真”或者程序设计语言中的“FALSE”和“TRUE”来表示“0”和“1”。基本的布尔变量运算一般有“与”、“或”、“非”三种，一般用符号“$\wedge$”、“$\vee$”和“$\overline{\ }$”来表示，其中，“$\wedge$”和“$\vee$”均是可交换、可结合的二元运算，“$\overline{\ }$”是一元运算，其运算规则为

$$\overline{1}=0,\quad \overline{0}=1$$

对于任意布尔变量 x，$0\wedge x=0$，$1\wedge x=x$，$1\vee x=1$，$0\vee x=x$。

一个 n 元布尔函数是定义在 n 个布尔变量上，取值为“0”或“1”的函数。可以用真值表来刻画任意一个 n 元布尔函数。表 8.1 表示一个三元布尔函数 $f(x_1,x_2,x_3)$。

表 8.1　$f(x_1,x_2,x_3)$ 函数的真值表

x_1	x_2	x_3	$f(x_1,x_2,x_3)$
0	0	0	1
0	0	1	0
0	1	0	1
0	1	1	0
1	0	0	1
1	0	1	0
1	1	0	1
1	1	1	1

如果假设“$\wedge$”、“$\vee$”和“$\overline{\ }$”的运算级别按照“$\vee$”、“$\wedge$”和“$\overline{\ }$”依次升高，我们按照

上述真值表,可以将这个 3 元布尔函数表示为 $f(x_1,x_2,x_3)=\overline{x_1}\wedge\overline{x_2}\wedge\overline{x_3}\vee\overline{x_1}\wedge x_2\wedge\overline{x_3}\vee x_1\wedge\overline{x_2}\wedge\overline{x_3}\vee x_1\wedge x_2\wedge\overline{x_3}\vee x_1\wedge x_2\wedge x_3=(x_1\vee x_2\vee\overline{x_3})\wedge(x_1\vee\overline{x_2}\vee\overline{x_3})\wedge(\overline{x_1}\vee x_2\vee\overline{x_3})=x_1\wedge x_2\wedge x_3\vee\overline{x_3}$。

定义 8.1 多个布尔变量或者它们的"非"之间的"与"运算称为**简单合取式**,多个布尔变量或者它们的"非"之间的"或"运算称为**简单析取式**,将一个 n 元布尔函数表示为多个简单合取式之间的"或"运算所得到的式子称为该 n 元布尔函数的**析取范式**(Disjunction Normal Form,DNF),将一个 n 元布尔函数表示为多个简单析取式之间的"与"运算所得到的式子称为该 n 元布尔函数的**合取范式**(Conjunction Normal Form,CNF)。

任何一个 n 元布尔函数都可以表示为析取范式,也可以表示为合取范式。

如果我们将"0"和"1"看作有限域$\mathbb{Z}_2$上面的元素,布尔变量也可以用$\mathbb{Z}_2$上面的变量来表示。设 x_1,x_2 是两个布尔变量,如果我们同时将它们看作$\mathbb{Z}_2$上的变量,那么

$$x_1\wedge x_2=x_1x_2,\quad x_1\vee x_2=x_1+x_2+x_1x_2,\quad \overline{x_1}=x_1+1$$

我们用$\mathbb{Z}_2^n$表示$\mathbb{Z}_2$上的一个 n 维向量,任何一个 n 元布尔函数可以看成是$\mathbb{Z}_2^n\to\mathbb{Z}_2$的 n 元函数,对应的式子称为该函数的**代数范式**(Algbraic Normal Form,ANF)。

反之,因为

$$x_1x_2=x_1\wedge x_2,\quad x_1+x_2=(x_1\vee x_2)\wedge(\overline{x_1}\vee\overline{x_2})=\overline{x_1}\wedge x_2\vee x_1\wedge\overline{x_2}$$

因此,任何一个$\mathbb{Z}_2^n\to\mathbb{Z}_2$的 n 元函数也可以看成是一个 n 元布尔函数,$\mathbb{Z}_2$上的运算"+"通常也称为"异或"。

今后,我们将 n 元布尔函数和$\mathbb{Z}_2^n\to\mathbb{Z}_2$的 n 元函数同等对待。

例 8.1 试将布尔函数 $f(x_1,x_2,x_3)=x_1\wedge x_2\wedge x_3\vee\overline{x_3}$写成 ANF 的形式。

解:因为 $x_1\wedge x_2\wedge x_3=x_1x_2x_3,\overline{x_3}=x_3+1$

所以

$$\begin{aligned}f(x_1,x_2,x_3)&=x_1x_2x_3+x_3+1+x_1x_2x_3(x_3+1)\\&=x_1x_2x_3+x_3+1+x_1x_2\,x_3{}^2+x_1x_2x_3\\&=x_1x_2x_3+x_3+1\end{aligned}$$

其中,我们用到了 $x_3^2=x_3$。■

例 8.2 试将布尔函数 $f(x_1,x_2,x_3,x_4)=x_1+x_2+x_3+x_4$ 写成 CNF 的形式。

解:根据真值表,易得

$f(x_1,x_2,x_3,x_4)=(\overline{x_1}\vee x_2\vee x_3\vee x_4)\wedge(x_1\vee\overline{x_2}\vee x_3\vee x_4)\wedge(x_1\vee x_2\vee\overline{x_3}\vee x_4)\wedge(x_1\vee x_2\vee x_3\vee\overline{x_4})\wedge(\overline{x_1}\vee\overline{x_2}\vee\overline{x_3}\vee x_4)\wedge(\overline{x_1}\vee\overline{x_2}\vee x_3\vee\overline{x_4})\wedge(\overline{x_1}\vee x_2\vee\overline{x_3}\vee\overline{x_4})\wedge(x_1\vee\overline{x_2}\vee\overline{x_3}\vee\overline{x_4})$。■

定义 8.2 一个 n 元布尔函数 f 的真值表中 f 所在的列可以看成一个长度为 2^n 的向量,其中,等于"1"的分量的个数称为 f 的**重量**,记为 $\omega(f)$,如果 $\omega(f)=2^{n-1}$,则称 f 是**平衡**的。当 f 可用 ANF 表示为一次多项式或者常数时,称 f 为**线性**的,否则称为**非线性**的。

例 8.1 中的函数是 3 次非线性函数,例 8.2 中的函数是线性函数。

8.2 Walsh 变换

真值表、CNF 和 ANF 都能唯一地表示一个布尔函数，本节研究的 Walsh 谱也是布尔函数的一种重要表示方法。

定义 8.3 设 $\boldsymbol{x}=(x_1,x_2,\cdots,x_n)$，$\boldsymbol{\omega}=(\omega_1,\omega_2,\cdots,\omega_n)$ 均为 $\mathbb{Z}_2^n$ 中的向量，$\boldsymbol{x}$ 和 $\boldsymbol{w}$ 的**点积**是指

$$\boldsymbol{x}\cdot\boldsymbol{\omega}=x_1\omega_1+x_2\omega_2+\cdots+x_n\omega_n\in\mathbb{Z}_2$$

Walsh **谱**一般分为两种，**循环** Walsh **谱**和**线性** Walsh **谱**。

一个 n 元布尔函数 $f(x)$ 的循环 Walsh 谱是指

$$W_f(\omega)=\sum_{x=0}^{2^n-1}(-1)^{x\cdot\omega+f(x)}$$

其中，整数 ω 可看作是用 n 位二进制数表示各数位形成的 n 维向量。

布尔函数 $f(x)$ 的线性 Walsh 谱是指

$$S_f(\omega)=\sum_{x=0}^{2^n-1}(-1)^{x\cdot\omega}f(x)$$

循环 Walsh 谱与线性 Walsh 谱之间存在如下的转换关系：

$$W_f(\omega)=\begin{cases}-2S_f(\omega), & \omega\neq 0\\ 2^n-2S_f(\omega), & \omega=0\end{cases}$$

由此可知，布尔函数的两种 Walsh 谱可以相互唯一确定。只要利用其中一种 Walsh 谱的特征刻画布尔函数的密码学性质，就不难给出布尔函数密码学性质的另一种 Walsh 谱的特征。如果以后不另加说明，布尔函数的 Walsh 谱均是指循环 Walsh 谱，这也是大多数密码学著作中使用的 Walsh 谱的定义。

例 8.3 已知 $f(x_1,x_2,x_3)=x_1x_2+x_2x_3+x_1x_3$，试求其 $S_f(3)$。

解：
$$\begin{aligned}S_f(3)=&(-1)^{(0,0,0)\cdot(0,1,1)}f(0,0,0)+(-1)^{(0,0,1)\cdot(0,1,1)}f(0,0,1)\\&+(-1)^{(0,1,0)\cdot(0,1,1)}f(0,1,0)+(-1)^{(0,1,1)\cdot(0,1,1)}f(0,1,1)\\&+(-1)^{(1,0,0)\cdot(0,1,1)}f(1,0,0)+(-1)^{(1,0,1)\cdot(0,1,1)}f(1,0,1)\\&+(-1)^{(1,1,0)\cdot(0,1,1)}f(1,1,0)+(-1)^{(1,1,1)\cdot(0,1,1)}f(1,1,1)\\=&0-0-0+1+0-1-1+1\\=&0\end{aligned}$$
。■

8.3 Bent 函数

为了抵抗最佳仿射逼近攻击，流密码生成器中的非线性组合函数应当距离仿射函数足够远，这表明函数的非线性度是刻画密码算法安全性的一类重要指标。

定义 8.4 设 $f(x):\mathbb{Z}_2^n\to\mathbb{Z}_2$ 是一个 n 元布尔函数，A_n 表示所有 n 元仿射函数构成的集合。令

$$NL(f)=\min_{l(x)\in A_n}d_{\mathrm{H}}(f(x),l(x))$$

其中，

$$d_H(f(x),l(x))=|\{x\in\mathbb{Z}_2^n \mid f(x)\neq l(x)\}|$$

表示 $f(x)$和 $l(x)$的 Hamming 距离，称 $NL(f)$为函数 $f(x)$的**非线性度**。

因为布尔函数 $f(x)$与仿射函数 $l(x)=a\cdot x+b$ 的 Hamming 距离与 Walsh 变换具有如下关系：

$$d_H(f(x),l(x))=2^{n-1}\pm\frac{1}{2}W_f(a)$$

所以布尔函数 $f(x)$的非线性度与其 Walsh 变换之间具有如下关系：

$$NL(f)=2^{n-1}-\frac{1}{2}\max_{a\in\mathbb{Z}_2^n}|W_f(a)|$$

定义 8.5 设 $f(x)$是 n 元布尔函数，如果 $f(x)$的非线性度 $NL(f)=2^{n-1}-2^{n/2-1}$，那么称 $f(x)$为 Bent 函数。

定理 8.1 设 $f(x)$是 n 元布尔函数，则 $f(x)$是 Bent 函数当且仅当对任意 $a\in\mathbb{Z}_2^n$，$W_f(a)$的取值只能为$\pm 2^{n/2}$。

证明：注意到布尔函数的非线性度是一个正整数，如果 $f(x)$是一个 n 元 Bent 函数，那么 n 一定是正偶数。反过来，当 n 是正偶数时，$f(x)$是 Bent 函数当且仅当 $\max_{a\in\mathbb{Z}_2^n}|W_f(a)|=2^{n/2}$(参考练习题 6)。■

例 8.4 设 $n=2m$ 为任意正偶数，令

$$f(x_1,x_2,\cdots,x_n)=x_1x_{m+1}+x_2x_{m+2}+\cdots+x_mx_{2m}$$

则 $f(x)$是一个 n 元 Bent 函数。

解：令 $\boldsymbol{X}_1=(x_1,x_2,\cdots,x_m)$，$\boldsymbol{X}_2=(x_{m+1},x_{m+2},\cdots,x_{2m})$，则对任意 $\boldsymbol{a}=(\boldsymbol{W}_1,\boldsymbol{W}_2)\in\mathbb{Z}_2^m\times\mathbb{Z}_2^m=\mathbb{Z}_2^{2m}$有

$$\begin{aligned}W_f(\boldsymbol{a})&=\sum_{(\boldsymbol{X}_1,\boldsymbol{X}_2)\in\mathbb{Z}_2^m\times\mathbb{Z}_2^m}(-1)^{\boldsymbol{X}_1\cdot\boldsymbol{X}_2+\boldsymbol{W}_1\cdot\boldsymbol{X}_1+\boldsymbol{W}_2\cdot\boldsymbol{X}_2}\\&=\sum_{\boldsymbol{X}_1\in\mathbb{Z}_2^m}(-1)^{\boldsymbol{W}_1\cdot\boldsymbol{X}_1}\sum_{\boldsymbol{X}_2\in\mathbb{Z}_2^m}(-1)^{(\boldsymbol{X}_1+\boldsymbol{W}_2)\cdot\boldsymbol{X}_2}\\&=\pm 2^m\end{aligned}$$

于是，对任意 $\boldsymbol{a}=(\boldsymbol{W}_1,\boldsymbol{W}_2)\in\mathbb{Z}_2^m\times\mathbb{Z}_2^m$，均有 $|W_f(\boldsymbol{a})|=2^m=2^{n/2}$，故 $f(x)$是一个 n 元 Bent 函数。■

8.4 布尔函数的安全性指标

布尔函数作为设计序列密码、分组密码和 Hash 函数的重要组件，其密码学性质直接关系到密码体制的安全性。布尔函数的安全性指标是衡量布尔函数密码学性质的重要参数，这些安全性指标的提出与密码分析方法有着十分密切的联系。

8.4.1 平衡性

反馈移位寄存器序列中的反馈函数、滤波序列中的滤波函数、非线性组合序列中的非线性组合函数等均采用布尔函数作为基本组件。序列密码体制产生的密钥流是否具

有高的安全强度，取决于它们是否具有良好的伪随机特性。平衡性就是序列伪随机特性的一个重要方面。一条序列称为平衡的是指该序列中不同元素出现的次数至多相差一个，比如周期为偶数的二元序列是平衡的，是指其中 0 和 1 出现的次数相同。一个 n 元布尔函数是平衡的，当且仅当其真值表中 0 和 1 的个数相同，也就是该布尔函数的 Hamming 重量为 2^{n-1}。布尔函数 $f(x)$是平衡函数当且仅当 $W_f(0)=0$。

8.4.2 代数次数

密码体制中使用的布尔函数通常具有高的代数次数，无论是序列密码体制还是分组密码体制，低代数次数的密码组件有可能遭到 Berlekamp-Massay 攻击、插值攻击、代数攻击和高阶差分攻击等密码攻击的威胁。

8.4.3 差分均匀度

设 $f(x_1,x_2,\cdots,x_n)$是一个 n 元布尔函数，其差分均匀度定义为

$$\delta_f=\max_{0\neq a\in\mathbb{Z}_2^n}\max_{\beta\in\mathbb{Z}_2}|\{x\in\mathbb{Z}_2^n\mid f(x+a)-f(x)=\beta\}|$$

根据上面的定义，可以看出布尔函数的差分均匀度满足 $2^{n-1}\leqslant\delta_f\leqslant 2^n$。特别地，当 $f(x_1,x_2,\cdots,x_n)$是仿射函数时，其差分均匀度达到最大值 2^n。差分密码攻击表明，布尔函数的差分均匀度越小，函数的差分分布就越均匀，密码体制抵抗差分密码攻击的能力就越强。如果 n 元布尔函数 f 的差分均匀度达到最小值 2^{n-1}，就称该函数为完全非线性函数。需要注意的是，对于布尔函数来说，完全非线性函数与 Bent 函数是一致的，但对于其他的密码函数来说，这两者之间是有区别的。

8.4.4 非线性度

为抵抗线性密码攻击，密码体制中所使用的布尔函数应该离所有仿射函数的距离尽可能大。

8.4.5 相关免疫阶性

为了抵抗相关攻击，序列密码中非线性组合生成器和滤波生成器所使用的布尔函数 $f(x)$通常满足相关免疫条件。设 $z=f(x_1,x_2,\cdots,x_n)$是一个 n 元布尔函数，其中，$x_1,x_2,\cdots,x_n$是$\mathbb{Z}_2$上独立且均匀分布的随机变量，如果 z 与$x_1,x_2,\cdots,x_n$中的任意 m 个变元$x_{i_1},x_{i_2},\cdots,x_{i_m}$统计独立，那么称 f 是m 阶相关免疫函数。特别地，当 $m=1$ 时，称 $f(x_1,x_2,\cdots,x_n)$是一阶相关免疫函数，简称相关免疫函数；当 $m\geqslant 2$ 时，称 $f(x_1,x_2,\cdots,x_n)$是高阶相关免疫函数。

8.5 练习题

1. 试将布尔函数 $f(x_1,x_2,x_3)=x_1\wedge x_2\wedge x_3$ 写成 DNF 的形式。
2. 试将布尔函数 $f(x_1,x_2,x_3)=x_1\wedge x_2\wedge x_3\vee\overline{x_1}\wedge\overline{x_2}\wedge\overline{x_3}$写成 ANF 的形式。
3. 试将布尔函数 $f(x_1,x_2,x_3)=x_1+x_2+x_3+1$ 写成 CNF 的形式。

4. 有布尔函数 $f(x_1,x_2,x_3)=x_1x_2+x_2x_3+1$，试求其 $S_f(3)$ 和 $W_f(3)$。

5. 证明：设 $f(\boldsymbol{x})$ 是一个 n 元 Bent 函数，$\boldsymbol{A}$ 是 $\mathbb{Z}_2$ 上 n 阶可逆方阵，$\boldsymbol{a}\in\mathbb{Z}_2^n$，$l(\boldsymbol{x})$ 是一个仿射函数，则 $f(\boldsymbol{Ax}+\boldsymbol{a})+l(\boldsymbol{x})$ 一定为 Bent 函数。

6. 试证明 Parseval 恒等式：对于任意 n 元布尔函数 $f(x)$，

$$\sum_{\omega\in\mathbb{Z}_2^n} W_f^2(\omega) = 2^{2n}$$

从而，$\max\limits_{\omega\in\mathbb{Z}_2^n}|W_f(\omega)|\geqslant 2^{n/2}$。

8.6　扩展阅读与实践

BM(Berlekamp-Massey)算法是一种序列密码学中用于求解线性反馈移位寄存器(Linear Feedback Shift Register，LFSR)序列的等效多项式的算法。

在序列密码学中，LFSR 是一种常见的生成密钥序列的方式。LFSR 是由一组寄存器及一组系数构成的，每个时刻，LFSR 的状态根据当前的系数及寄存器的值来更新，产生一个新的密钥比特。LFSR 的状态序列可以表示为一个二元数列，而这个数列的生成等效于一个特定的多项式。

在实际应用中，我们通常只知道 LFSR 的输出序列，但是不知道 LFSR 的系数及初始状态。而通过使用 BM 算法，我们可以推断出 LFSR 的系数及初始状态，从而还原出密钥序列，进而破解密码。

BM 算法的基本思想是，对于一个已知的密钥序列，我们可以通过观察序列的性质，推断出生成该序列的 LFSR 的等效多项式。具体来说，我们可以假设该序列可以用一个 n 次多项式生成，然后采用递归的方式，不断更新这个多项式，直到达到最小的多项式次数。在 BM 算法的实现中，我们可以使用一个数组来记录每个时刻的多项式，这个数组的长度等于 $n+1$。

BM 算法的步骤如下。

(1) 初始化：设 k 为当前已知的密钥流的长度，将当前已知的密钥流作为线性方程组的系数，构造一个 k 阶的线性方程组。

(2) 迭代计算：从第 $k+1$ 位开始，依次计算出每一位的值，同时更新线性方程组。具体的，假设当前已知的密钥流为 $s_0,s_1,\cdots,s_{k-1}$，当前正在计算的位为 s_k，当前已知的 LFSR 的系数为 $c_0,c_1,\cdots,c_{k-1}$，LFSR 的长度为 k。则 s_k 的计算方法为：$s_k=(c_0\cdot s_{k-1})\oplus(c_1\cdot s_{k-2})\oplus\cdots\oplus(c_{k-1}\cdot s_0)$。

(3) 判断多项式阶数：在每次更新线性方程组后，检查新的线性方程组的阶数是否小于等于 $k/2$。如果是，则说明 LFSR 的长度可以缩小，更新 k 和线性方程组，继续计算；否则，LFSR 的长度不变，继续计算下一位的值。

(4) 输出结果：计算完所有位的值后，得到的密钥流就是 LFSR 的输出。此时，可以通过密钥流的周期性来检查是否存在 LFSR 周期重复的情况。

现有未知的 LFSR，捕获了其部分序列为 10010000111101000011100000011，试使用 BM 算法求出其特征多项式。

附录 A　扩展阅读与实践提示

A.1　第 1 章扩展阅读与实践提示

1. 计算 10^{1024}！末尾有多少个连续的 0。

```
x=10**1024
count=0
while x>0:
    x//=5
    count+=x
count
Out:
249999999999999999999999999999999999999999999999999
999999999999999999999999999999999999999999999999999
999999999999999999999999999999999999999999999999999
999999999999999999999999999999999999999999999999999
999999999999999999999999999999999999999999999999999
999999999999999999999999999999999999999999999999999
999999999999999999999999999999999999999999999999999
999999999999999999999999999999999999999999999999999
999999999999999999999999999999999999999999999999999
999999999999999999999999999999999999999999999999999
999999999999999999999999999999999999999999999999999
999999999999999999999999999999999999999999999999999
999999999999999999999999999999999999999999999999999
999999999999999999999999999999999999999999999999999
999999999999999999999999999999999999999999999999999
999999999999999999999999999999999999999999999999999
999999999999999999999999999999999999999999999999999
999999999999999999999999999999999999999999999999999
999999999999999999999999999999999999999999999999999
999999999999999999999999999999999999999999999999999
9778
```

2. 试统计小于 1000000 的正整数中，形如 $6k+1$、$6k-1$ 的素数各有多少个。

```
x=1000000
len(list(primes(5,1000000)))
Out:
78496
```

3. 整数 $A=238493289435939871239874350$, $B=987348213742387438734873 5$，试求整数 s 和 t，使得 $sA+tB=\gcd(A,B)$，且 $t>0$。

```
A,B=238493289435939871239874350, 987348213742387438734873 5


g,s,t=xgcd(A,B)
delta_s,delta_t=B//g,A//g
t0=t //delta_t
s+=t0*delta_s
t-=t0*delta_t


print(s,t)
A*s+B*t,gcd(A,B)
Out:
-17964859789463836456318 15 43393996624604826883154233
(5,5)
```

4. 已知 $A=3878345784$, $B=43859435$，试求不能表示为 $sA+tB(s\geqslant0,t\geqslant0)$ 的最大整数。

```
A,B=3878345784,43859435


A*B-A-B
Out:
170102050898666821
```

5. 欧拉发现，多项式 x^2+x+41 在 $0\leqslant x\leqslant39$ 时可以连续生成 40 个素数，试求在所有多项式 $x^2+ax+b(|a|\leqslant10000,|b|\leqslant10000)$ 中，x 从 0 开始，能连续产生素数最多的多项式。

```
max_num=500000
max_b=10000

is_a_prime=[is_prime(i) for i in range(max_num)]
max_count=0

for b in primes(-max_b,max_b):
    for a in range(-9999,10001,2):
        count,sqr,fx=0,1,b
        while true:
            if not is_a_prime[fx]:
                break
            count+=1
```

```
        fx+=a+count+count-1
    if count>max_count:
        max_count,ans_a,ans_b=count,a,b

max_count,ans_a,ans_b
Out:
(80,-79,1601)
```

6. 试分解大整数 $A=115427437124437159616843439824943983493$。

```
A=115427437124437159616843439824943983493

factor(A)
Out:
3^2* 139710653* 91798803571579676506958547809
```

7. 画出高斯函数 $y=[3x]$在定义域$[-10,10]$上的图像，并计算定积分 $\int_{-10}^{10}[3x]$。

```
var('x')
f(x)=floor(3*x)

f(x).plot(-10,10).show()
integral(f,x,-10, 10)
Out:
(图略)
-10
```

8. 试求不定方程

$$3857843x+4359898347y+94389588439z=33333212312387483748348$$

的非负整数解的个数。

```
A,B,C,D=3857843,4359898347,94389588439,33333212312387483748348

var('x y z',domain='integer')
x_,y_,z_=solve([A*x+B*y+C*z==D],x,y,z)
x_,y_,z_
Out:
(t_0,-70424482053198435*t_0+94389588439*t_1+608494788040201991336781721315464,
3252939100274818*t_0-4359898347*t_1-28106653121483815685376385463940)
```

A.2 第2章扩展阅读与实践提示

1. 已知 $M=348295830193856920$，$N=999999996$，构造整数

$$A=12345678910111213\cdots M$$

试求 A 除以 N 的余数。

```
M=348295830193856920
N=999999996
#A==12345678910111213…M

res=123456789
for i in range(2,19):
    start=10^(i-1)
    if i<18:
        end=start*10-1
    else:
        end=M
    c=10^i-1
    #i<18: dlen==9..90..0
    dlen=end-start+1

    #A_i==STW
    S=c*start
    #T==999..999
    #i<18: W==99..99
    W=(end+(end-1)*10^i)*c*c% 10^(i+i)

    S_mod=S*power_mod(10,i*dlen,N*c*c)% (N*c*c)
    T_mod=(power_mod(10,i*(dlen-2),N*c*c)-1)*(power_mod(10,i+i,N*c*
c))% (N*c*c)
    W_mod=W

    tmp_res=(S_mod+T_mod+W_mod) // c // c % N
    res=(res*power_mod(10,dlen*i,N)+tmp_res) % N

res
Out:
866551744
```

2. 在 RSA 加密算法中，假设所有加密密钥都为 $e=3$，Alice 加密同一个明文 m 给三个不同的人，模分别为

$N_1=948843133611172326938441521731156720717124647235101722382390676341757995884707784983524920039035817$

$N_2=3919129436904401553951456402139495797621539842248851950236208776678298740879952896304348906109618437$

$N_3=1671953684607322068281672786088522625186831571573867487026491642097981441861050002859867293777436751$

三个密文分别为

$C_1 = 15234031115165116833684293673290302029499718283323748333907406131805843967936966977689880276620 7667$

$C_2 = 30327407066260321482914578217390388625100508379280279830533264583457492322594820523258172108627 15239$

$C_3 = 89275838721316936573888203868839651814546534926036432919488750643734468388975820527172841504024 9068$

试求出明文 m。

```
N1=
948843133611172326938441521731156720717124647235101722382390676341757995884707784983524920039035817
N2=
391912943690440155395145640213949579762153984224885195023620877667829874087995289630434890610961843 7
N3=
167195368460732206828167278608852262518683157157386748702649164209798144186105000285986729377743675 1
C1=
152340311151651168336842936732903020294997182833237483339074061318058439679369669776898802766207667
C2=
303274070662603214829145782173903886251005083792802798305332645834574923225948205232581721086271523 9
C3=
892758387213169365738882038688396518145465349260364329194887506437344683889758205271728415040249068
e= 3

#m<N_i=>m^3<N1*N2*N3
var('m')
m=crt([C1, C2, C3],[N1, N2, N3])^(1/3)
m
Out:
123456789012345678901234567890123456789012345678901234567890123456789012345678901234
567890987654321
```

3. 中国剩余定理可以用来提高 RSA 算法解密速度。设 RSA 的模为 n 比特时解密时间为 t，试思考，保存哪些私有参数，可以使得当模为 $2n$ 比特时，解密时间大约为 $2t$。请利用你所设计的算法求如下 RSA 的明文，并统计和分析解密时间。

$p = 36137475317844541972579714070048925057835031250793$

$q = 33545969395375786671592392196714224310866319684573$

$e = 65537$

C=349932498789132498719823498324981324982349843593285914398273873248
7143987

```
p= 36137475317844541972579714070048925057835031250793
q= 33545969395375786671592392196714224310866319684573
e= 65537
C= 349932498789132498719823498324981324982349843593285914398273873248714
3987

N=p*q
phi_N=(p-1)*(q-1)
d=inverse_mod(e, phi_N)

load("Decryptor.sage")

decryptor0=Decryptor0(d,N)
decryptor1=Decryptor1(d,p,q)

decryptor0.Decrypt(C),decryptor1.Decrypt(C), \
timeit('decryptor0.Decrypt_naive(C)'), \
timeit('decryptor0.Decrypt(C)'), \
timeit('decryptor1.Decrypt(C)')
#Decryptor.sage
def power_mod_1(a,e,m):
    result=1
    while e:
        if e & 1:
            result=(result*a) % m
        e>>=1
        a=a^2 % m
    return result

class Decryptor0:
    def __init__(self, d, N):
        self.d=d
        self.N=N

    def Decrypt_naive(self, c):
        return power_mod(c, self.d, self.N)

    def Decrypt(self, c):
```

```
        return power_mod_1(c, self.d, self.N)

class Decryptor1:
    def __init__(self, d, p, q):
        self.p=p
        self.q=q
        self.N=p*q
        self.d1=d % (p-1)
        self.d2=d % (q-1)
        self.k1=inverse_mod(q,p)*q
        self.k2=inverse_mod(p,q)*p

    def Decrypt(self,c):
        return (power_mod_1(c,self.d1,self.p)*self.k1+\
                power_mod_1(c,self.d2,self.q)*self.k2) % self.N
Out:
(874114029896752544857341373052645288866303384928612668453796684999677671 5
5887310108316668286949467,
874114029896752544857341373052645288866303384928612668453796684999677671 55
8873101083166682869494 67,
625 loops, best of 3: 709 µs per loop,
625 loops, best of 3: 445 µs per loop,
625 loops, best of 3: 225 µs per loop)
```

4. 试利用整数分解 Pollard p—1 方法寻找整数 329875983749832749823749823438783 73 的一个素因子。

```
n=32987598374983274982374982343878373

def factor_p_1(n,e=2,B=10e7):
    if (n % 2==0):
        return 2
    x=e
    for i in range(2,B):
        x=power_mod_1(x,i,n)
        d=gcd(x-1,n)
        if d>1:
            return d
    return 0

factor_p_1(n)
Out:
461668701317
```

5. 试用整数分解 Pollardρ 方法寻找整数 32987598374983274982374982343878373 的一个素因子。

```
n= 32987598374983274982374982343878373

def factor_rho(n,a=1):
    b=(a^2+1) % n
    d=gcd(a-b, n)
    while d==1:
        a=(a^2+1) % n
        b=(((b^2+1) % n)^2+1) % n
        d=gcd(a-b,n)
        if d==n:
            return 0
        if d>1:
            return d

factor_rho(n)
Out:
7948570753
```

6. 试用 Miller-Rabin 素性检测方法求十进制下最大的 100 位的概率素数。

```
def miller_rabbin(n,k=10):
    n=abs(n)
    if (n<3):
        return n==2
    a,b=n-1, 0
    while (a & 1==0):
        a>>=1
        b+=1
    for i in range(k):
        x=power_mod_1(randint(2,n-1),a,n)
        if x==1 or x==n-1:
            continue
        for _ in range(b-1):
            x=x^2 % n
            if x==n-1:
                break
        if x !=n-1:
            return false
    return true

n=10^100
```

```
while (miller_rabbin(n)==false):
    n=n-1

n, is_prime(n), len(str(n)),len(str(next_prime(n)))
Out:
(99999999999999999999999999999999999999999999999999999
99999999999999999999999999999999999999999999999203,
True,
100,
101)
```

A.3 第3章扩展阅读与实践提示

1. 有限域$\mathbb{F}_q$上不可约多项式的判别。

略。

2. 有限域$\mathbb{F}_q$上多项式的分解。

在$\mathbb{Z}_{39847593767}[x]$中分解多项式

$$f(x)=x^{60}+2x^{56}+2x^{55}+x^{52}+2x^{51}+x^{50}+3454325x^{11}+x^{10}+6908650x^{7}+6908652x^{6}+2x^{5}+3454325x^{3}+6908651x^{2}+3454327x+1$$

```
#利用 Counter 计算因式与重数

from collections import Counter
#分解无重因式的同次首一不可约多项式的乘积
def factor_poly_product(poly, degree):
    if poly.degree()==degree:
        return Counter({poly:1})
    R=poly.parent()
    F=R.base_ring()
    q=F.order()
    p=F.characteristic()
    i=0

    #特征为 2
    if p==2:
        while True:
            modulus=[F.random_element() for i in range(ZZ.random_element
(1, poly.degree()+1))]
            g=R(modulus)

            #利用迹多项式的性质分解多项式
            m=g
            h=0
            for i in range(log(q,2)*degree):
                h=(h+m) % poly
                m=(m*m) % poly
```

```
            if h==0 or h==1:
                continue
            gcd_=gcd(poly,h)#gcd(poly,h+1)也可以
            return factor_poly_product(gcd_,degree)+ factor_poly_product
(poly//gcd_,degree)

    #特征为奇素数
    while True:
        modulus=[F.random_element() for i in range(ZZ.random_element
        (1,poly.degree()+1))]
        g=R(modulus)
        h=power_mod(g,(q^degree-1)//2,poly) #power_mod
        if h==0 or h==1 or h==-1:
            continue
        for j in [-1, 1, 0]: #[-1, 1]也可以
            gcd_=gcd(poly,h+j)
            if gcd_ !=1:
                #poly/gcd_定义在分式环上,注意要用 poly//gcd_
                return factor_poly_product(gcd_,degree)+
factor_poly_product(poly//gcd_,degree)

#分解首一多项式
def factor_monic_poly(poly):
    R=poly.parent()
    x=R.gen()     #即多项式的文字
    F=R.base_ring()
    q=F.order()
    p=F.characteristic()
    dpoly=diff(poly,x)

    #处理导数为 0 的情况
    if dpoly==0:
        degree=poly.degree()
        modulus=[0]*(degree//p+1)
        for i in range(degree//p+1):
            modulus[i]=poly[i*p]^(q//p)
        cnt=factor_monic_poly(R(modulus))
        for k in cnt.keys():
            cnt[k]=cnt[k]*p
        return cnt

    #利用 gcd 分离出无重因式的部分
    gcd_= gcd(poly, dpoly)
```

```
    if gcd_ !=1:
        cnt=factor_monic_poly(gcd_)  #显然 deg gcd_<deg poly
        poly //=gcd_  #剩下的部分无重因式
    else:
        cnt=Counter()

    #处理无重因式的部分
    i=1
    while poly.degree():
        m=power_mod(x,q^i,poly)- x  #power_mod
        gcd_=gcd(poly,m)  #分离 i 次不可约多项式
        if gcd_ !=1:
            cnt+=factor_poly_product(gcd_,i)
            poly //=gcd_
        i+=1
    return cnt

#分解多项式
def factor_poly(poly):
    k=poly[poly.degree()]
    if k==1:
        return factor_monic_poly(poly)
    else:
        return factor_monic_poly(poly//k)+Counter({k:1})

R1.<x>=GF(39847593767)[]
f=x^60+2*x^56+2*x^55+x^52+2*x^51+x^50+3454325*x^11+x^10+6908650*x^7
f+=6908652*x^6+2*x^5+3454325*x^3+6908651*x^2+3454327*x+1

#R2.<y>=GF(2^2)[]
#g=(y+1)^2*(y^2+y+1)^3*(y^3+y+1)^4*(y^3+y^2+1)^3

#R3.<z>=GF(2^5)[]
#h=(z+1)^2*(z^3+z+1)^3*(z^3+z^2+1)^3

factor_poly(f), factor(f), \
#factor_poly(g), factor(g), \
#factor_poly(h), factor(h)
Out:
(Counter({x+34616799570: 2,x^2+x+1: 2, x^2+5230794196*x+1632466336: 2,
x+24284361718: 1,x^5+30755452722*x^4+30392770895*x^3+29186800476*x^2+
28356256736*x+24120016947: 1,x^18+24671977342*x^17+2914828723*x^16+
11377025852*x^15+25589404635*x^14+23932321389*x^13+16108864171*x^12
```

```
+34825642001*x^11+20520866709*x^10+35829419994*x^9+14087751192*x^8
+35295695285*x^7+22330467712*x^6+39146789285*x^5+10651834860*x^4
+7468075280*x^3+36814484724*x^2+28867082246*x+34996845418: 1, x^26
+39830989519*x^25+3006004484*x^24+37315983633*x^23+39819135493*x^22
+33251801236*x^21+3252349577*x^20+7323380782*x^19+21386633535*x^18
+21015298285*x^17+15296040723*x^16+35490738382*x^15+11785236298*x^14
+19769572912*x^13+38922144390*x^12+19400206448*x^11+20971262556*x^10
+18854056831*x^9+20002503396*x^8+12236126647*x^7+21307267160*x^6
+35966841679*x^5+34815453726*x^4+9044020006*x^3+8611168140*x^2
+14932792957*x+32228878093: 1}),
(x+24284361718)*(x+34616799570)^2*(x^2+x+1)^2*(x^2+5230794196*x
+1632466336)^2*(x^5+30755452722*x^4+30392770895*x^3+29186800476*x^2
+28356256736*x+24120016947)*(x^18+24671977342*x^17+2914828723*x^16
+11377025852*x^15+25589404635*x^14+23932321389*x^13+16108864171*x^12
+34825642001*x^11+20520866709*x^10+35829419994*x^9+14087751192*x^8
+35295695285*x^7+22330467712*x^6+39146789285*x^5+10651834860*x^4
+7468075280*x^3+36814484724*x^2+28867082246*x+34996845418)*(x^26
+39830989519*x^25+3006004484*x^24+37315983633*x^23+39819135493*x^22
+33251801236*x^21+3252349577*x^20+7323380782*x^19+21386633535*x^18
+21015298285*x^17+15296040723*x^16+35490738382*x^15+11785236298*x^14
+19769572912*x^13+38922144390*x^12+19400206448*x^11+20971262556*x^10
+18854056831*x^9+20002503396*x^8+12236126647*x^7+21307267160*x^6
+35966841679*x^5+34815453726*x^4+9044020006*x^3+8611168140*x^2
+14932792957*x+32228878093))
```

3. $\mathbb{Z}_n$上的多项式和多项式的根。

略。

4. $\mathbb{Z}[x]$和$\mathbb{Q}[x]$中多项式的分解。

在$\mathbb{Z}$上分解多项式

$$f(x)=900x^{12}+420x^{11}+1009x^{10}+1334x^9+31138730x^8+14532183x^7+34909817x^6+46154742x^5+18338274x^4+4256084x^3+519093x^2+34613x+1$$

```
  #1. 提取系数的最大公因数
  #2. 无重因式的多项式
  #3. 找到 p 使多项式在 Zmod(p)中没有重因式
  #4. Hensel 提升至 p^(2^k)大于系数最大值的两倍
  #5. 枚举 i 元组合找因子

from itertools import combinations
from collections import Counter
from copy import deepcopy
```

```
#在整数环上分解多项式
def factor_poly(poly):
    gcd_=gcd(list(poly))
    if gcd_==1:
        return factor_pPoly(poly//gcd_)
    else:
        return Counter({gcd_:1})+factor_pPoly(poly//gcd_)

#在整数环上分解本原多项式
def factor_pPoly(poly):
    gcd_=gcd(poly, diff(poly, poly.parent().gen()))
    if gcd_==1:
        return factor_poly_(poly//gcd_)
    else:
        return factor_poly_(poly//gcd_)+factor_pPoly(gcd_)

#在整数环上分解无重因式的本原多项式
def factor_poly_(poly):
    R=poly.parent()
    x=R.gen()
    max_c=max(max(poly),-min(poly))

    #枚举 p 使多项式在 Zp 上无重根
    p=2
    while True:
        p=next_prime(p)
        poly_Zp=poly.change_ring(Zmod(p))
        dpoly_Zp=diff(poly_Zp)
        if dpoly_Zp !=0 and gcd(poly_Zp, dpoly_Zp)==1:
            break
    q=p
    #准备 Hensel 提升
    g=[tup[0] for tup in factor(poly_Zp)]
    if len(g)==1:
        return Counter({poly:1})
    g[0]*=poly_Zp[poly_Zp.degree()]
    f=[g[-1]]
    for gi in g[-2:0:-1]:
        f.insert(0,gi*f[0])
        f.insert(0,poly)
    s,t=[],[]
    for i in range(len(f)-1):
        _, s_, t_=xgcd(g[i], f[i+1])
```

```
    s.append(s_)
    t.append(t_)

#对 g,h,s,t 进行 Hensel 提升
for i in range(ceil(log(log(2*max_c,p),2))):
    q=q^2
    for j in range(len(f)-1):
        fi=f[j].change_ring(Zmod(q))
        gi=g[j].change_ring(Zmod(q))
        hi=f[j+1].change_ring(Zmod(q))
        si=s[j].change_ring(Zmod(q))
        ti=t[j].change_ring(Zmod(q))

        # 单步的 Hensel 提升
        e=fi-gi*hi
        r=(si*e) % hi
        m=(si*e-r) // hi
        gi=ti*e+(m+1)*gi
        hi=hi+r
        b=si*gi+ti*hi-1
        d=(si*b) % hi
        c=(si*b-d) // hi
        si=si-d
        ti=ti*(1-b)-c*gi
        g[j],f[j+1],s[j],t[j]=gi, hi, si, ti
g[0] //=g[0][g[0].degree()]
factor_list=g[:-1]+f[-1:]

#创建因子集合
k=poly[poly.degree()]
k_factor=set([1, k])
for i in range(2, k):
    if (k % i==0):
        k_factor.add(i)

#通过试除找到因式
result=[]
i=1
while factor_list:
    comb=list(combinations(factor_list, i))

    #枚举所有的 i 元因式组合
    while comb:
```

```
            tup=comb.pop(0)
            f=tup[0]
            for j in range(1,i):
                f*=tup[j]

            #枚举所有因子
            for ki in deepcopy(k_factor):
                g=f*ki

                #处理系数大于 max 的情况
                #g=R([c-q if c >max_c else c for c in g.change_ring(ZZ)])

                list_=[c-q if c>max_c else c for c in g.change_ring(ZZ)]
                if min(list_)<-max_c:
                    continue
                g=R(list_)

                #找到因子
                if (poly % g==0):
                    poly //=g
                    result.append(g)
                    idx=factor_list.index(tup[0])
                    for j in range(i):
                        factor_list.remove(tup[j])

                    for kj in deepcopy(k_factor):
                        if (kj % ki==0):
                            k_factor.remove(kj)
                            k_factor.add(kj // ki)
                    comb=list(combinations(factor_list[idx:], i))
                    break
        i+=1
    return Counter(result)

R.<x>=ZZ[]
#g=(4*x+1)^2*(3*x^2-2)^3*(2*x^3+3)^4*(x-4)^5
#g=6*(x+1)*(x^2-2)*(x^3+3)*(x-4)
f=900*x^12+420*x^11+1009*x^10+1334*x^9+31138730*x^8+14532183*x^7+\
    34909817*x^6+46154742*x^5+18338274*x^4+4256084*x^3+519093*x^2+34613*x+1

factor_poly(f), factor(f), \
#factor_poly(g), factor(g), \
#factor_poly(h), factor(h)
Out:
(Counter({30*x^2+7*x+1: 2, x^5+34598*x+1: 1, x^3+x+1: 1}),
(30*x^2+7*x+1)^2*(x^3+x+1)* (x^5+34598*x+1))
```

5. 椭圆曲线整数分解方法。

分解大整数:980242044211985092736336639693704882547024923461160378944177135417401079000239371549507285503477867342392598562371419420753856222975767556120313862831650001。

```
def point_plus(R, S, a, n):
    T=[0, 0, 0]
    if R[2]==0:
        T=S
    elif R[0]*S[2]^2==S[0]*R[2]^2 and R[1]*S[2]^3==S[1]*R[2]^3:
        A=4*R[0]*R[1]^2 % n
        B=8*R[1]^4 % n
        C=(3*R[0]^2+a*R[2]^4) % n
        D=(C^2-2*A) % n
        T[0]=D % n
        T[1]=(C*(A-D)-B) % n
        T[2]=2*R[1]*R[2]% n
    else:
        A=S[0]*R[2]^2 % n
        B=S[1]*R[2]^3 % n
        C=(A-R[0]) % n
        D=(B-R[1]) % n
        T[0]=(D^2-C^3-2*R[0]*C^2) % n
        T[1]=(D*(R[0]*C^2-T[0])-R[1]*C^3) % n
        T[2]=R[2]*C % n
    return(T)

def factor_ecm(n, B, C):
    p=list(primes(2, B))
    i=0
    A=[]
    while i<C:
        data=randint(1, n-1)
        while (4*data^3+27) % n==0:
            data=randint(1, n-1)
        if not data in A:
            A.append(data)
            i=i+1
    for a in A:
        P=[0, 1, 1]
        for q in p:
            l=ceil(log(B) / log(q))
            k=q^l
            e=bin(k)
```

```
        e=e[2:len(e)]
        Q=[0, 0, 0]
        for i in range(len(e)):
            Q=point_plus(Q, Q, a, n)
            if gcd(Q[2], n)>1 and gcd(Q[2], n)<n:
                print(gcd(Q[2], n))
                return
            if e[i]=='1':
                Q=point_plus(Q, P, a, n)
                if gcd(Q[2], n)>1 and gcd(Q[2], n)<n:
                    print(gcd(Q[2], n))
                    return
        if Q[2]==0:
            break
        z_1=inverse_mod(Q[2], n)
        P[0]=Q[0]*(z_1)^2
        P[1]=Q[1]*(z_1)^3
    print("failed")
    return
```

利用 SageMath 的椭圆曲线加密库,椭圆曲线分解大整数程序还可以写为如下形式。

```
import secrets
#r表示随机选择多少条曲线,B表示上界
def factor_ec(n,r,B):
    F=Zmod(n)
    x=0
    for i in range(r):
        #y^2=x^3+ax+b
        x=secrets.randbelow(n)
        y=secrets.randbelow(n)
        a=secrets.randbelow(n)
        b=(y^2-x^3-a*x)% n
        E=EllipticCurve(F, [a, b])
        P=E(x,y)
        #B! P
        for j in range(2,B+1):
            c=j
            Q=E([0,1,0])
            while c> 0:
                if c%2==1:
                    d=gcd(Q[0]-P[0],n)
                    if d>1 and d!=n:
                        print(i,j,d)
```

```
                    return
                Q=Q+P
            P=P+P
            c=c//2
        #Q=j*P
        P=Q
```

A.4　第 4 章扩展阅读与实践提示

1. k 次同余方程的求法。

试利用有限域上多项式的分解求同余式

$$\begin{aligned}x^{104} &+ 11604925926x^{103} + 4741646395852322315 1x^{102}\\&+ 79771595941071917069283630666x^{101}\\&+ 457269316182964796548697129710642316 40x^{100} + x^{54}\\&+ 11604925926x^{53} + 47416463958523223151x^{52}\\&+ 79771595941071917069283630666x^{51}\\&+ 45726931618296479654869712971064231640x^{50} + x^{4}\\&+ 11604925926x^{3} + 47416463958523223151x^{2}\\&+ 79771595941071917069283630666x\\&+ 45726931618296479654869712971064231640\\&\equiv 0 \pmod{170141183460469231731687303715884105727}\end{aligned}$$

的解。

```
n=170141183460469231731687303715884105727 #n是素数
R.<x>=Zmod(n)[]
f=x^104+\
    11604925926*x^103+\
    47416463958523223151*x^102+\
    79771595941071917069283630666*x^101+\
    45726931618296479654869712971064231640*x^100+\
    x^54+\
    11604925926*x^53+\
    47416463958523223151*x^52+\
    79771595941071917069283630666*x^51+\
    45726931618296479654869712971064231640*x^50+\
    x^4+\
    11604925926*x^3+\
    47416463958523223151*x^2+\
    79771595941071917069283630666*x+\
    45726931618296479654869712971064231640
for fi in factor(f):
    if fi[0].degree()==1:
        print(fi[0].roots()[0][0])
```

```
Out:
170141183460469231731687303714649537837
170141183460469231731687303713538426826
170141183460469231731687303712427316715
170141183460469231731687303711316215604
124408896795071592237443461101805660170
124408896795071592237443461101805660169
45732286665397639494243842614078445558
45732286665397639494243842614078445557
```

2. 离散对数的求法。

试利用 Pollard ρ 方法求以下同余方程的解：

$$87123847233281^x \equiv 3948487454 \pmod{389834921328434963}$$

```
p=389834921328434963
alph0=87123847233281
beta0=3948487454
#alph0^x=beta0(mod p)
#p-1=2*211*2207*418567935853
#max_factor: max factor of p-1
max_factor=418567935853
alph=power_mod(alph0,(p-1)//max_factor,p)
beta=power_mod(beta0,(p-1)//max_factor,p)

def f(x):
    if x[0]% 3==1:
        return ((x[0]*beta)% p, x[1], x[2]+1)
    elif x[0] % 3==2:
        return ((x[0]*x[0])% p, x[1]+x[1], x[2]+x[2])
    else:
        return ((x[0]*alph)% p, x[1]+1, x[2])

def log_rho():
    a=randint(1,100)
    b=randint(1,100)
    x=((power_mod(alph,a,p)*power_mod(beta,b,p))% p,a,b)
    #x=(1,0,0)
    y=f(x)
    while y[0] !=x[0]:
        x=f(x)
        y=f(f(y))
        if x is None or y is None or (x[2]-y[2]) % max_factor==0:
            break
    if x is not None and y is not None and (x[2]-y[2]) % max_factor !=0:
        return (inverse_mod(x[2]-y[2], max_factor)*(y[1]-x[1]))% max_factor
```

```
    else:
        print("fail")
        return None

r=log_rho()
print('log%%maxfactor=%d' % r)
for i in range((p-1)//max_factor):
    if power_mod(alph0, r, p)==beta0 % p:
        print('log=%d' %  r)
        break
    r=r+max_factor
Out:
log%maxfactor=1823266097
log=161148238558735244
```

3. 二次筛法。

试分解整数：

1702646160105087332280732158184394368493306887859951176869105848938338517231131。

```
#Multiple Polynomial Quadratic Sieve
import time
def list_prod(a):return reduce(lambda x,y:x*y,a)
def my_mpqs(n, verbose=False):
    time1=time.clock()
    root_n=floor(sqrt(n))
    root_2n=floor(sqrt(n+n))

    # 素数基的上界,经验值
    jy=10
    bound=int(RDF(jy*log(n, 10)**2))

    prime=[]
    par_prime={}
    mod_root=[]
    log_p=[]
    num_prime=0
    hit_par_prime=0
    used_prime={}

    #从2开始,寻找小的素数列表,(n/p)=1,bcs p|y^2-n
    p=2
    while p<bound or num_prime<3:
```

```
        #Legendre (n|p) is only defined for odd p
        if p>2:
            leg=Legendre_symbol(n, p)
        else:
            leg=n & 1

        if leg==1:
            prime+=[p]
            mod_root+=[mod(n,p).sqrt().lift()]
            log_p+=[RDF(log(p, 10))]
            num_prime+=1
        elif leg==0:
            if verbose:
                    print 'trial division found factors:'
                    print p,'x', n/p,'=',n
                    return p
        p=next_prime(p)

    #x取值范围,经验值
    x_max=num_prime*10
    #x_max=num_prime*100

    #maximum value on the sieved range
    #f(x)取值范围
    m_val=(x_max*root_2n)>>1

    #fudging the threshold down a bm_valit makes it easier to find powers of
primes as factors
    #as well as partial-partial relationships, but it also makes the smooth-
ness check slower.
    # there's a happy medium somewhere, depending on how efficient the
smoothness check is

    thresh=RDF(log(m_val, 10)*0.735)

    #skip small primes. they contribute very little to the log sum
    #and add a lot of unnecessary entries to the table
    #instead, fudge the threshold down a bit, assuming~1/4 of them pass
    #去掉贡献小de小素数
    min_prime=next_prime(int(thresh*3))
    while Legendre_symbol(n, min_prime)!=1:
        min_prime=next_prime(min_prime)
    if min_prime> bound:
```

```
        print'somethint error'
        return 1
    pos_min_prime=prime.index(min_prime)

    fudge=sum(log_p[i] for i,p in enumerate(prime) if p<min_prime)/4
    thresh-=fudge

    if verbose:
        print'smoothness bound:', bound,'num_prime',num_prime
        print'sieve size:', x_max
        print'log threshold:', thresh
        print 'skipping primes less than:', min_prime

    num_poly=0
    root_A=floor(sqrt(root_2n / x_max))

    if verbose:
        print 'sieving for smooths...'

    mt=matrix(ZZ,0,num_prime+1)
    xlist=[]
    rowcount=0
    factor=1
    while factor==1 or factor==n:
        #find an integer value A such that:
        #A is=~sqrt(2*n) /x_max
        #A is a perfect square
        #sqrt(A) is prime, and n is a quadratic residue mod sqrt(A)

        while True:
            root_A=next_prime(root_A)
            leg=Legendre_symbol(n, root_A)
            if leg==1:
                break
            elif leg==0:
                if verbose:
                    print 'dumb luck found factors:'
                    print root_A, 'x', n/root_A,'=',n
                return root_A

        A=root_A*root_A

        #solve for an adequate B
```

```
        #B*B is a quadratic residue mod n, such that B*B-A*C=n
        #this is unsolvable if n is not a quadratic residue mod sqrt(A)
        b=mod(n, root_A).sqrt().lift()
        tmp=(b+b).inverse_mod(root_A)
        B=(b+(n-b*b)*tmp)% A
        #B*B-A*C=n<=>C=(B*B-n)/A
        C=(B*B-n)/A
        num_poly+=1
        if num_poly% 100==0:
            print 'num_poly:',num_poly,'rows:',mt.nrows(),'used_prime',
len(used_prime)
        #sieve for prime factors
        #(-x_max,xmax)
        sums=[0.0]*(2*x_max)
        sums_dict={}

        #只筛范围内的素数,partial 部分不筛
        for i in range(pos_min_prime+1,num_prime):
            p=prime[i]
            logp=log_p[i]

            if A% p==0:
                continue
            inv_A=A.inverse_mod(p)

            #modular root of the quadratic
            #f(x)=Ax^2+2Bx+c
            #Af(x)=(Ax+B)^2-(B*B-AC)
            #Ax+b=+-mod_root[i](modp),so x is
            a=((mod_root[i]-B)*inv_A)% p
            b=(-(mod_root[i]+B)*inv_A)% p

            k=0
            #每个循环更改一对值
            while k<x_max:
                #a+kp
                if k+a<x_max:
                    sums[k+a]+=logp
                    if sums[k+a]>thresh:
                        sums_dict[k+a]=1
                if k+b<x_max:
                    sums[k+b]+=logp
                    if sums[k+b]>thresh:
```

```
                sums_dict[k+b]=1
        if k:
            #a-kp
            x1=k-a+x_max
            x2=k-b+x_max

            sums[x1]+=logp
            if sums[x1]>thresh:
                sums_dict[x1]=1
            sums[x2]+=logp
            if sums[x2]>thresh:
                sums_dict[x2]=1
        k+=p

#check for smooths
factor=1
for i in sums_dict:

    if factor !=1 and factor!=n:
        break

    x=x_max-i if i >x_max else i
    #because B*B-n=A*C
    #(A*x+B)^2-n=A*A*x*x+2*A*B*x+B*B-n
    #             =A*(A*x*x+2*B*x+C)
    #gives the congruency
    #(A*x+B)^2=A*(A*x*x+2*B*x+C) (mod n)
    #because A is chosen to be square, it doesn't need to be sieved
    sieve_val=A*x*x+2*B*x+C
    row=vector(ZZ,num_prime+1)

    if sieve_val <0:
        #第一列用来表示正负
        row[0]=1
        sieve_val=-sieve_val

    j=0
    while j<num_prime and sieve_val!=1:
        while sieve_val% prime[j]==0:
            row[j+1]+=1
            sieve_val=sieve_val//prime[j]
        j+=1

    #完全分解成列表中的素数的乘积
```

```
if sieve_val==1:
    xlist.append((root_A,A*x+B))
else:
    if not par_prime.has_key(sieve_val):
          par_prime[sieve_val]=(root_A,A*x+B,row)
          continue
    else:
        hit_par_prime+=1
        print 'hit par_prime',hit_par_prime,'/',len(par_prime)
        xlist.append((root_A*par_prime[sieve_val][0]*sieve_val,
                     (A*x+B)*par_prime[sieve_val][1]))
        row=row+par_prime[sieve_val][2]
for j in range(1,len(row)):
      if row[j]!=0:
         used_prime[j]=1

#插入到矩阵最后一行
mt=mt.stack(row)
rowcount+=1

#GF(2)上寻找线性相关组
if rowcount>len(used_prime):
    ker=mt[0:rowcount].change_ring(GF(2)).left_kernel()
    s=ker.dimension()
    t=1
    while t<s:
        left=1
        right=1
        res=map(lift,ker[t])
        coef=mt.linear_combination_of_rows(res)
        for k in range(rowcount):
            if res[k]==1:
                left=(left*xlist[k][1])% n
                right=(right*xlist[k][0])% n
        for k in range(1,num_prime):
                if coef[k]!=0:
                     right=(right*(power_mod(prime[k-1],coef
                     [k]//2,n)))% n
            t+=1

            factor=gcd(left-right,n)
            if factor==1 or factor==n:
                continue
```

```
                else:
                    break
    if verbose:
        print 'factors found:'
        print factor, 'x', n/factor,'=',n
        print 'time elapsed: % f seconds'% (time.clock()-time1)
    return factor
```

A.5 第 8 章扩展阅读与实践提示

现有未知的 LFSR,捕获了其部分序列为 1001000011110100001110000011,试使用 BM 算法求出其特征多项式。

```
def Generable(n, f_n, ln, sequence):
    A=0
    if ln==0:
        A=0
    else:
        for i in range(ln):
            A+=(f_n[n][ln-i-1])*(sequence[n-i-1])
    return (A%2)==sequence[n]


def BM(sequence):
    f_n=[[0 for i in range(len(sequence))] for i in range(len(sequence)+1)]
    f_n[0][0]=1
    l=[0 for i in range(len(sequence)+1)]

    for i in range(len(sequence)):
        if Generable(i, f_n, l[i], sequence):
            for j in range(len(sequence)):
                f_n[i+1][j]=f_n[i][j]
                l[i+1]=l[i]
            continue
        else:
            if l_all_equal(l):
                f_n[i+1][0]=1
                f_n[i+1][i+1]=1
                l[i+1]=i+1
            else:
                j=i
                l[i+1]=max(l[i], i+1- l[i])
                while j <=i:
                    if l[j] <l[i]:
                        m=j
                        break
```

```
                j-=1
            if(m-l[m] > =i-l[i]):
                for k in range(i-l[i]-m+l[m]+1):
                    f_n[i+1][k]=(f_n[i][k]) % 2
                for k in range(i-l[i]-m+l[m], l[i+1]+1):
                    f_n[i+1][k]=(f_n[i][k]+f_n[m][k-(m-l[m]-i+l[i])])%2
            else:
                for k in range(i-l[i]-m+l[m]+1):
                    f_n[i+1][k]=(f_n[m][k]) % 2
                for k in range(i-l[i]-m+l[m], l[i+1]+1):
                    f_n[i+1][k]=(f_n[i][k-(i-l[i]-m+l[m])]+f_n[m][k])%2
    return f_n, l

def l_all_equal(l):
    for i in range(len(l)-1):
        if l[i] !=l[i+1]:
            return False
    return True

def print_f(f_n, i):
    result=''
    j=l[i]
    while j>=0 :
        if f_n[i][j] !=0:
            if j==0:
                result+='1'
            elif j==1:
                result+='x+'
            else:
                result+='x^'+str(j)+'+'
        j- =1
    return result

def Seq_to_list(sequence):
    result=[]
    for i in sequence:
        result.append(int(i))
    return result

if __name__=="__main__":
    S='1001000011110100001110000011'
    f_n, l= BM(Seq_to_list(S))
    print(print_f(f_n, len(S)))
Out:
x^14+x^13+x^12+x^11+x^9+x^8+x^6+x^5+x^3+x^2+1
```

附录 B　SageMath 常用函数

B.1　算术函数

1. 基本运算

In： `1+2,2-3,3*4,5/4,RDF(5/3),5//4,5%4,-3% 2,2^3,2**3,floor(4/3),ceil(4/3)`

　　##基本的加法、减法、乘法、保留精度除法、近似除法、整除、模运算、幂运算、下底、上底等运算，RDF==RealDoubleField 通常用来在近似计算中将表达式变为实数，会损失一定精度，但可提高计算效率。

Out：`(3,-1, 12, 5/4, 1.6666666666666667, 1, 1, 1, 8, 8, 1, 2)`

2. 最大公因数

In： `gcd(123,36)`

Out：`3`

In： `gcd([25,10,-5])`　　　　　##3 个以上整数求最大公因数，输入要用 list

Out：`5`

In： `gcd(8/15,20/27)`　　　　　##分子的最大公因数/分母的最小公倍数

Out：`4/135`

3. 扩展欧几里得算法，计算 sa+tb=gcd(a,b)

In： `g,s,t=xgcd(56,44);g,s,t`　　##4=4*56+(-5)*44

　　##计算 gcd(a,b)及 a,b，使得 sa+tb=gcd(a,b)

Out：`(4, 4,-5)`

4. 最小公倍数

In： `lcm(-10,25)`

Out：`50`

In： `lcm([2,10,30])`　　　　　##3 个以上整数求最小公倍数，输入要用 list

Out：`30`

In： `lcm(8/15,20/27)`　　　　　##分子的最小公倍数/分母的最大公因数

Out：`40/3`

5. 模幂运算

In： `power_mod(2,390,391)`　　　##2^390(mod 391)

Out：`285`

In： `power_mod(2,-1,7)`　　　　　##还可以求逆 2^{-1}(mod 7)

Out：`4`

6. 模逆运算

In： `inverse_mod(-5,14)`　　　　##求逆 $(-5)^{-1}$(mod 14)

Out：`11`

In： `timeit('inverse_mod(498923849032809432,3333333333333333333331)')`

　　##计算函数运算时间，求逆时，inverse_mod 的效率比 power_mod 的略高。

Out: 625 loops, best of 3: 1.23 μs per loop

In: timeit('power_mod(498923849032809432,-1,3333333333333333333331)')

Out: 625 loops, best of 3: 4.2 μs per loop

7. 中国剩余定理

In: crt(2, 1, 3, 5)　　　　##解同余式组 x=2(mod 3)和 x=1(mod 5)

Out: 11

In: crt([2, 1, 0], [3, 5, 22])　##3个以上同余式,输入要用 list

Out: 176

8. 素数相关函数

In: is_prime(19),is_prime(22343)　　　##判断 n 是否为素数

Out: (True, True)

In: nth_prime(1),nth_prime(2),nth_prime(1000)　##第 n 个素数

Out: (2, 3, 7919)

In: next_prime(2),next_prime(10)　　　##大于 n 的最小素数

Out: (3, 11)

In: previous_prime(10)　　　　　##小于 n 的最大素数

Out: 7

In: primes_first_n(10)　　　　　##前 n 个素数

Out: [2, 3, 5, 7, 11, 13, 17, 19, 23, 29]

In: list(primes(2,17))　　　　　##区间内的素数

Out: [2, 3, 5, 7, 11, 13]

In: euler_phi(20)　　　　　　##欧拉函数

Out: 8

9. 整数分解

In: factor(-100)　　　　　　##分解整数

Out: - 1* 2^2* 5^2

In: ecm(1234567)　　　　　　##椭圆曲线分解寻找素因子

```
Out: 'GMP-ECM 7.0.4 [configured with MPIR 3.0.0,--enable-asm-redc]
    [ECM]Input number is 1234567 (7 digits)
    Using B1=10, B2=84, polynomial x^1, sigma=1:4277771191
    Step 1 took 0ms
    Step 2 took 0ms
    **********Factor found in step 2: 1234567
```

In: qsieve(12345678901234567890123456789012345678902)
　##二次筛法寻找因子

```
Out: ([2,
     22,
     6418,
     70598,
     349745854025172608009389976741900498,
```

```
    3847204394276898688103289744160905478,
    1122334445566778899102132435364758698082],
    '')
In:  f=factor(-100);list(f),f.value()  ##获取整数素因子和相应次数
Out:([(2, 2), (5, 2)],-100)
In:  prime_divisors(-100)               ##仅列出整数的素因子
Out:[2, 5]
```

10. 二次剩余函数

```
In:  Legendre_symbol(2,37)              ##Legendre 符号
Out:-1
In:  Jacobi_symbol(2,37)                ##Jacobi 符号
Out:-1
In:  primitive_root(11),primitive_root(22)  ##计算整数的原根
Out:(2, 13)
```

B.2　代数系统

1. p 元有限域

```
In:  k1=GF(7)                           ##定义 k1 为元素个数为 7 的有限域
In:  a=k1(5);print k1.characteristic(),a^-1,a^10+1,a.log(3)
     ##将 a 设为有限域 k1 中的 5,以后与 a 相关的运算均在 k1 中进行,其中,
     a.log(3)是求以 3 为底,5 的离散对数
Out:7 3 3 5
In:  k1(2).nth_root(5),k1(2).sqrt()
     ##2 的 5 次方根,x^5=2(mod 7);2 的平方根,x^2=2(mod 7)
Out:(4, 3)
In:  k1.modulus(),k1.gen()
     ##模多项式及其根,缺省为 x-1,此时 gen 返回 x-1 的根 1
Out:(x+6, 1)
In:  k2=GF(7,modulus='primitive');k2.modulus(),k2.gen()
     ##一个本元多项式及其根,此时 gen()函数返回一个本原元,即本原多项式
     的一个根
Out:(x+4, 3)
In:  s=a.lift();print s,type(s),type(a)
     ##将域中的元素提升回整数,以后 s 的运算就按整数进行,而不是在 k1 中进
     行
Out:5
     < type 'sage.rings.integer.Integer'>
     < type 'sage.rings.finite_rings.integer_mod.Integermod_int'>
```

2. p^n 元有限域

```
In:  K1.<x> =GF(7^3,modulus='primitive')
     ##定义 K1 为元素个数为 7^3 的有限域,模为本原多项式,x 为模多项式的一
```

个根

```
In: K1.modulus(),K1.gen(),K1.order(),x.multiplicative_order()
    ##分别输出 K1 的本原多项式,多项式的根,K1 的元素个数,元素 x 的乘法阶
    ##x 是本原元,乘法阶等于 7^3-1=342
Out:(x^3+6*x^2+4, x, 343, 342)
In: x^100   ##在有限域 K1 中计算 x^100
Out:2*x^2+x+4
In: K2.<a>=GF(7^3,modulus=[1,0,2,1])
    ##定义 K2 为元素个数为 7^3 的有限域,模为指定不可约多项式 x^3+2*x^2
    +1,a 为模多项式的一个根
In: K2.modulus(),K2.gen(),K2.order(),a.multiplicative_order()
    ##分别输出 K2 的模多项式,多项式的根,K2 的元素个数,元素 a 的乘法阶
    ##多项式用 list 表示时,系数从低到高,a 不是本原元,阶不等于 342
Out:(x^3+2*x^2+1, a, 343, 38)
In: f=a^100;print (f,f.minimal_polynomial())
    ##计算 a^100 与其极小多项式
Out:(2*a^2+5*a+4, x^3+4*x^2+4*x+6)
In: f.minimal_polynomial()[0]
    ##多项式的系数可以通过 list 的方式取得
Out:6
In: f.polynomial(),f.polynomial()[0]
    ##如果要获取有限域中元素 f 的系数,可以将其先转化成多项式
Out:(2*a^2+5*a+4, 4)
In: K3=GF(7^3,'c')   ##上述有限域的另外一种写法
In: K3.modulus(),K3.gen(),K3.order()
Out:(x^3+6*x^2+4, c, 343)
In: c^100
    ##这种表示方法中,c 不能直接用作域中的元素
Out:NameError
    Traceback (most recent call last)
    <ipython-input-47-e83006da3f2e>in<module>()---->1 c**Integer(100)
    NameError: name 'c' is not defined
In: t=K3.gen();t^100
    ##可以先赋值给变量 t,再进行运算
Out:2*c^2+c+4
```

3. 整数环

```
In: r=Zmod(26)        ##定义 r
In: r=Integers(26)   ##以上 Zmod(26)的等价写法
In: a=r(9);b=r(8);a*b  ##变量会自动按照 mod(26)进行运算
Out:20
```

```
In： a^- 1 ,a.log(7),a.is_square(),a.sqrt()
    ##求逆,求离散对数(如果存在),判断是否为平方元,求平方根
Out:(3, 4, True, 3)
In： a.multiplicative_order(),a.additive_order()
    ##求 a 的乘法阶和加法阶
Out:(3, 26)
In： a.minimal_polynomial() ##求 a 的极小多项式
Out:x+17
In： mod(9,26) in r,mod(9,26).sqrt()
    ##Zmod 中元素的简写,这样可以不用事先定义 r=Zmod(26)
Out:(True, 3)
In： type(a),type(mod(9,26)),type(mod(9,26).lift())
    ##Zmod 中的元素不是 Integer,需要 lift 才能当成正常的 Integer 对待
Out:(<type 'sage.rings.finite_rings.integer_mod.Integermod_int'> ,
    <type 'sage.rings.finite_rings.integer_mod.Integermod_int'> ,
    <type 'sage.rings.integer.Integer'> )
```

4. 多项式环

1）一元多项式环

```
In： R.< x>=ZZ[]                ##定义 R 为整系数一元多项式环,文字为 x
In： f=4*x^2+4*x+1              ##定义 f 为整系数一元多项式
In： print(f.is_irreducible(),f.factor())  ##判断一元多项式是否可约
Out:(False, (2*x+1)^2)
In： print(f.factor_mod(2))     ##模素数 2 分解多项式
Out:1
In： print f.roots()            ##查找多项式的整数解
Out:[]
In： g=3*x^2+2*x+1; s=R([1,2,3]); print (g,s,g==s)
    ##可以用 list 定义多项式,其优点是可导入大量系数
Out:(3*x^2+2*x+1, 3*x^2+2*x+1, True)
```

2）多元多项式环

```
In： R.<x,y>=ZZ[]               ##定义 R 为整系数二元多项式环,文字为 x,y
In： f=x*y*(x^2+2*y^2+21)       ##定义 f 为 R 中的一个多项式
In： print f+x^2+x+y            ##多项式运算
Out:x^3*y+2*x*y^3+x^2+21*x*y+x+y
In： print f(1,1/2)             ##多项式的值
Out:45/4
In： print f.factor()           ##多项式的因式分解
Out:y*x*(x^2+2*y^2+21)
In： print f[1,3]               ##多项式 f 中 xy^3 的系数
Out:2
```

3）环上的多项式

```
In: R.<x>=Zmod(26)[]
In: f=(x+1)*(x^3+x+1)   ##定义环R上的一个多项式f
In: print (f,f.degree(),f(7),f^2,f.gcd(x+1),f.xgcd(x+1),f.quo_rem
    (3*x-1),f% (3*x- 1),f//(3*x- 1))
    ##多项式常用运算,多项式的次数,多项式的值,幂运算,最高公因式,扩展
      欧几里得除法,带余除法,模运算,整除
Out:(x^4+x^3+x^2+2*x+1, 4, 0, x^8+2*x^7+3*x^6+6*x^5+7*x^4+6*x^3
    +6*x^2+4*x+1, x+1, (x+1, 0, 1), (9*x^3+12*x^2+13*x+5, 6), 6,
    9*x^3+12*x^2+13*x+5)
In: print f.roots(multiplicities=False)   ##多项式求根,不考虑重数
Out:[7, 25]
In: print (power_mod(f,2,x^2+1),inverse_mod(f,x^2+x+1),gcd(f,x+
   1),lcm(f,x+1))
    ##多项式的模幂,模逆,最高公因式和最低公倍式
Out:(2*x, 25*x, x+1, x^4+x^3+x^2+2*x+1)
```

4）域上的多项式

```
In: R.<x>=Zmod(13)[]
In: f=(x+1)*(x^3+x+1)   ##定义环R上的一个多项式f
In: print (f,f.degree(),f(7),f^2,f.gcd(x+1),f.xgcd(x+1),f.quo_rem
    (3*x-1),f%(3*x- 1),f//(3*x-1))
    ##多项式常用运算,多项式的次数,多项式的值,幂运算,最高公因式,扩展
      欧几里得除法,带余除法,模运算,整除
Out:(x^4+x^3+x^2+2*x+1, 4, 0, x^8+2*x^7+3*x^6+6*x^5+7*x^4+
    6*x^3+6*x^2+4*x+1, x+1, (x+1, 0, 1), (9*x^3+12*x^2+5, 6), 6,
    9*x^3+12*x^2+5)
In: print (f.is_irreducible(),f.factor())
    ##判断多项式是否可约,多项式因式分解,当前仅支持模为素数的情况
Out:(False, (x+1)* (x+6)* (x^2+7*x+11))
In: print f.roots()             ##多项式求根,考虑重数
Out:[(12, 1), (7, 1)]
In: R.<x> =GF(13)[]             ##和Zmod(13)的定义等价
In: f=(x+1)* (x^3+x+1)
In: print (f,f.degree(),f(7),f^2,f.gcd(x+1),f.xgcd(x+1),f.quo_rem
    (3*x-1),f% (3*x- 1),f//(3*x- 1))
Out:(x^4+x^3+x^2+2*x+1, 4, 0, x^8+2*x^7+3*x^6+6*x^5+7*x^4+6*x^3
    +6*x^2+4*x+1, x+1, (x+1, 0, 1), (9*x^3+12*x^2+5, 6), 6, 9*x^3+
    12*x^2+5)
In: print (f.is_irreducible(),f.factor(),list(f.factor()))
Out:(False, (x+1)* (x+6)* (x^2+7*x+11), [(x+1, 1), (x+6, 1),(x^2+
```

```
    7*x+11, 1)])
In: print f.roots(multiplicities=False)  ##多项式求根,不考虑重数
Out:[12, 7]
```

5）多项式更换系数环

```
In: R.< x> =QQ[]                ##定义 R 为有理数域上的一元多项式环,文字为 x
In: f=x^2+1
In: print f.is_irreducible()   ##f 在有理数域上不可约
Out:True
In: print f.change_ring(CC).roots()  ##f 在复数域上可约
Out:[(- 1.00000000000000*I, 1), (1.00000000000000*I, 1)]
In: print f.is_irreducible()   ##由于 f 未重新赋值,所以其还是有理数域
                                 上的多项式
Out:True
In: g=f.change_ring(GF(2))      ##将 f 的系数环更换为 GF(2),并赋值给 g
In: print (g,g.factor(),g(5))  # g 是 GF(2)上的环
Out:(x^2+1, (x+1)^2, 0)
In: g=g.change_ring(QQ)         ##将 g 的系数环更换为有理数域
In: print g(5)
Out:26
```

B.3 矩阵操作

1. 矩阵定义

```
In: mt=matrix(ZZ,3,3)  ##定义整数环上的 3 行 3 列的矩阵,初始值全部为 0
In: mt=matrix(ZZ,0,3)    ##定义整数环上的 0 行 3 列的矩阵,以后动态添加行
In: mt=mt.stack(vector([1,2,3]))    ##矩阵后面添加一行
In: mt=mt.stack(vector([4,5,6]))
In: mt=mt.insert_row(1,vector([7,8,9])) ##在指定行号处插入一行
In: mt[2,2]=10                           ##可以直接修改矩阵中的元素
In: print (mt,mt.rank(),mt.is_invertible(),mt.nrows(),
    mt.ncols(),mt.determinant())
    ##is_invertible()是指 ZZ 上的逆矩阵
Out:([ 1  2  3]
    [ 7  8  9]
    [ 4  5  10], 3, False, 3, 3,-24)
In: mt=matrix(QQ,3,[1,2,3,4,5,10,7,8,9])  # 定义 QQ 上 3 列的矩阵,并赋值
In: print (mt,mt.rank(),mt.is_invertible(),mt.nrows(),
    mt.ncols(),mt.determinant())
    ##is_invertible()是指 QQ 上的逆矩阵
Out:([ 1  2  3]
    [ 4  5  10]
    [ 7  8  9], 3, True, 3, 3, 24)
```

```
In: mt=mt.change_ring(ZZ)
In: print (mt,mt.rank(),mt.is_invertible(),mt.nrows(),
    mt.ncols(),mt.determinant())
    ##is_invertible()是指 ZZ 上的逆矩阵
Out:([ 1  2  3]
    [ 4  5  10]
    [ 7  8  9], 3, False, 3, 3, 24)
```

2. 求解线性方程组和线性相关组

```
In: A=matrix(QQ,4,2, [0,-1, 1, 0,-2, 2, 1, 0])  ##4行,2列
In: B=matrix(QQ,2,2, [1, 0, 1,-1])           ##2行,2列
In: X=A.solve_left(B)                         ##求矩阵 X 满足 XA=B
In: print(X,X* A==B)                          ##X,2行,4列
Out:([0 1 0 0]
    [1 1 0 0], True)
In: A=matrix(QQ, 3, [1,2,3,-1,2,5,2,3,1])
In: b=vector(QQ,[1,2,3])
In: x=A \ b                                   ##x 满足 Ax=b
In: y=A.solve_right(b)                        ##等价于上面的写法
In: print x,y
Out:(-13/12, 23/12,-7/12) (-13/12, 23/12,-7/12)
In: A=matrix(QQ,4,2, [0,-1, 1, 0,-2, 2, 1, 0]);print A  ##4行,2列
Out:[ 0  -1]
    [ 1   0]
    [-2   2]
    [ 1   0]
In: X=A.left_kernel()
    ##X 满足 XA=0,用于找线性相关的行向量
In: print X
Out:Vector space of degree 4 and dimension 2 over Rational Field
    Basis matrix:
    [1   0   1/2   1]
    [0   1   0   -1]
    ##即[ 0  -1]+1/2*[-2  2]+ [ 1  0]=[ 0  0],[ 1  0]-[ 1  0]=[ 0  0]
In: print A.linear_combination_of_rows(X.gen(0))
    ##X.gen(0)即[  1   0   1/2   1]
    ##计算 X.gen(0)*A
Out:(0, 0)
In: print A.linear_combination_of_rows(X.gen(1))
    ##X.gen(1)即[  0   1   0  -1]
    ##计算 X.gen(1)*A
```

Out：(0, 0)

In：A=matrix(QQ,3,[1,2,3,4,5,6,7,8,9])　##3行,3列

In：X=A.right_kernel()　　##X满足 AX=0,用于找线性相关列向量

In：print(X)

Out：Vector space of degree 3 and dimension 1 over Rational Field

Basis matrix:

[1　-2　1]

3. LLL 格基约减算法

In：A= matrix(4, 8, [1, 0, 0, 0, 1, 1, 1,7,0, 1, 0, 0, 0, 0, 1, 1,0, 0, 1, 0, 0, 1, 1, 1,0, 0, 0, 1, 1, 0, 0, 0]);A　##4行,8列

Out：[1 0 0 0 1 1 1 7]

[0 1 0 0 0 0 1 1]

[0 0 1 0 0 1 1 1]

[0 0 0 1 1 0 0 0]

In：A.LLL()

##执行 LLL 算法,寻找最短正交基,输入按行向量计算

Out：[0　0　0　1　1　0　0　0]

[0　1　0　0　0　0　1　1]

[0　-1　1　0　0　1　0　0]

[1　-2　-1　0　1　0　-2　4]

附录C 符 号 表

表 C.1 符号表

符 号	含 义
$\mathbb{R}$, $\mathbb{Z}$	实数集、整数集
$\mid$, $\nmid$	整除,不整除
gcd, (a,b)	最大公因数,最高公因式,最大公约元
$(a_1,a_2,\cdots,a_m)$	最大公因数,有限生成理想
lcm, $[a,b]$	最小公倍数
$[a]$	实数 a 的高斯函数
$\{a\}$	实数 a 的小数部分
$\binom{m}{n}$	组合数
$a\equiv b \pmod m$	模 m 同余
$\bar{a}$	剩余类
$\varphi(m)$	m 的欧拉函数
$a^{-1} \pmod m$	a 模 m 的逆元
$\mathbb{Q}$, $\mathbb{R}$, $\mathbb{C}$	有理数域,实数集,复数集
$\subseteq$	包含,子域,子环
$\subsetneq$	包含但不相等
$\sqrt{-2}$	-2 的平方根,多项式 x^2+2 的根
$\mathbb{Q}[\sqrt{-2}]$	在有理数域上添加多项式 x^2+2 的根形成的域
$\mathbb{F}_q$	元素个数为 q 的有限域
$\mathbb{F}_q^*$	元素个数为 q 的有限域的乘法群
$\mathbb{Z}_m$	模 m 加法和乘法形成的环
$\mathbb{Z}_p$	模素数 p 加法和乘法形成的域
char$(\mathbb{F})$	域$\mathbb{F}$ 的特征
$\mathbb{F}[x]$	域$\mathbb{F}$ 上文字为 x 的多项式集合
$\deg f(x)$	多项式 $f(x)$的次数
$(f(x))_{g(x)}$	多项式 $f(x)$除以 $g(x)$的余式
$\mathbb{F}[x]_{f(x)}$	多项式模 $f(x)$加和乘形成的域
$f'(x)$, $f^{(n)}(x)$	函数的导式

续表

符　号	含　义
$\mathrm{ord}(a)$	群元素 a 的阶
$\langle g\rangle$	由 g 生成的循环群
$\left(\frac{b}{a}\right)$	勒让德符号,雅可比符号
$\mathbb{Z}_p^*\times\mathbb{Z}_q^*$	群$\mathbb{Z}_p^*$与$\mathbb{Z}_q^*$的直积
$\mathbb{Z}_m^*$	1 到 m 间与 m 互素的整数
$\mathrm{ind}_g a$	以 g 为底 a 的指标
$m\mathbb{Z}$	整数的 m 倍
$\ker(\delta)$	同态核
$R[x_1,x_2,\cdots,x_{k-1},x_k]$	环 R 上(文字为$x_1,x_2,\cdots,x_k$)的多项式环
$I+J,I\cap J,IJ$	理想 I,J 的最大公约理想,最小公倍理想和积
(a)	主理想
R/I	R 模 I 的剩余类环
$I_1\oplus I_2\oplus\cdots\oplus I_k$	直和
$a\sim b$	a 与 b 相伴
$[L:K]$	域扩张的次数
$\mathbb{Z}_{(1)}[x],\mathbb{Q}_{(1)}[x]$	分别表示$\mathbb{Z}[x]$,$\mathbb{Q}[x]$中首项系数为 1 的多项式子集
$\delta_i\|_K$	嵌入的定义域限制在 K 上
$\mathbb{Z}[\alpha]$	$\left\{\sum_{i=0}^{m}a_i\alpha^i \mid a_i\in\mathbb{Z},m\geqslant 0\right\}$
O_K	数域 K 的代数整数环
$N_{L/K}(\alpha)$	元素 $\alpha\in L$ 对于扩张 L/K 的范数
$T_{L/K}(\alpha)$	元素 $\alpha\in L$ 对于扩张 L/K 的迹
$N(\alpha)$	α 在$\mathbb{Q}$上的范数
$T(\alpha)$	α 在$\mathbb{Q}$上的迹
$\\|\boldsymbol{v}\\|_2,\\|\boldsymbol{v}\\|_\infty,\\|\boldsymbol{v}\\|_p$	向量的欧式范数,∞-范数,p-范数
$L(v_1,v_2,\cdots,v_n)$	$v_1,v_2,\cdots,v_n$ 生成的格
$\dim(L)$	格的维数
$\lambda_i(L)$	第 i 个逐次最小长度
$\mathrm{dist}(\boldsymbol{w},L)$	向量和格的距离
$\mathrm{vol}(B),\det(\boldsymbol{L})$	基础区域的体积,$\boldsymbol{L}$ 的行列式
$\mathbb{Z}_2^n$	$\mathbb{Z}_2$上的一个 n 维向量

续表

符　　号	含　　义
$W_f(w)$	循环 Walsh 谱
$S_f(w)$	线性 Walsh 谱
$d_H(f(x),l(x))$	$f(x)$和 $l(x)$的 Hamming 距离
$NL(f)$	函数 $f(x)$的非线性度

参 考 文 献

[1] 万哲先.代数和编码[M].3版.北京:高等教育出版社,2007.

[2] 陈恭亮.信息安全数学基础[M].北京:清华大学出版社,2004.

[3] 谢敏.信息安全数学基础[M].西安:西安电子科技大学出版社,2006.

[4] 冯克勤.代数数论[M].北京:科学出版社,2000.

[5] 潘承洞,潘承彪.代数数论[M].济南:山东大学出版社,2003.

[6] 周福才,徐剑.格理论与密码学[M].北京:科学出版社,2013.

[7] 温巧燕,钮心,杨义先.现代密码学中的布尔函数[M].北京:科学出版社,2000.